有机化学实验

黄艳仙　黄　敏　主编

科学出版社
北　京

内 容 简 介

全书共 9 章：第 1 章为有机化学实验的基础知识；第 2 章为有机化学实验的基本操作技术；第 3 章为有机化合物物理常数的测定及结构的鉴定；第 4 章为有机化合物的分离提纯方法与技术；第 5 章为基本操作实验，列入了 8 个实验；第 6 章为有机化合物的制备实验，列入了 20 个实验；第 7 章为有机化合物性质与官能团测试实验，列入了 5 个实验；第 8 章为设计性实验，列入了 4 个实验；第 9 章为研究型实验，列入了 6 个实验。书末附有一些常用的数据及有关知识，便于查阅使用。本书的编写，遵循循序渐进的学习规律，编排从简单到复杂，由浅入深，立足基础，强调综合性和实用性。

本书可作为普通高等学校化学、化工、材料、生物、食品、环境、医学、药学、农学等专业以及相近专业本科生的有机化学实验教材，也可供高等师范院校、高职高专学校化学化工专业的学生及教师使用。

图书在版编目(CIP)数据

有机化学实验 / 黄艳仙，黄敏主编. —北京：科学出版社，2016.6

ISBN 978-7-03-048468-0

Ⅰ. ①有… Ⅱ. ①黄… ②黄… Ⅲ. ① 有机化学–化学实验 Ⅳ. ① O62-33

中国版本图书馆 CIP 数据核字（2016）第 119639 号

责任编辑：郭慧玲 丁 里 / 责任校对：何艳萍

责任印制：徐晓晨 / 封面设计：迷底书装

科学出版社出版

北京东黄城根北街 16 号

邮政编码：100717

http://www.sciencep.com

北京九州迅驰传媒文化有限公司 印刷

科学出版社发行 各地新华书店经销

*

2016 年 6 月第 一 版 开本：720×1000 1/16

2021 年 1 月第五次印刷 印张：14 1/2

字数：298 000

定价：48.00 元

（如有印装质量问题，我社负责调换）

前　　言

有机化学实验是普通高等学校化学、化工、材料、生物、食品、环境、医学、药学、农学等专业的必修课程之一，是培养高素质、高技能新型人才的主体教学环节。为了适应21世纪高素质应用型人才的需要，编者结合多年的教学实践经验，并在参考其他高等学校出版的同类教材的基础上编写了本书。

有机化学实验用到的药品种类很多，而且多数药品是易燃易爆、有毒或具有腐蚀性的物质。为了保证有机化学实验正常进行，本书在有机化学实验的基础知识中详细介绍了有机化学实验室规则和有机化学实验室的安全措施；为了使实验者能安全、高效地完成有机化学实验，还介绍了有机化学实验的实施方法；同时收录了有机化学实验常用的参考书和工具书供读者查阅。

有机化学实验的基本操作技术是有机化学实验的重要组成部分。为了加强基本操作训练，加深学生对操作要点的理解和实践，本书在第5章单独编写了相应的基本操作实验，既可单独进行基本操作训练，又可安排在相应的合成实验中进行。

在有机化合物的制备实验中，采用经典的、有代表性的有机化学反应类型为主线，在加强合成实验训练、强化分离和纯化操作的指导思想下，在体现绿色化和减量化、基础性和提高性相结合原则的基础上精选了20个实验，每个实验都将反应、合成、分离、提纯、物理性质和结构表征等环节连成一体。实验后还有注释，对实验的难点、实验的成败关键和注意事项给予提示，有助于学生更好、更安全地完成每个实验；最后还附有思考题。

本书最大的特点是编写了设计性实验和研究型实验。设计性实验以学生为主体，给出实验要求和提示，锻炼学生的实验设计能力，有利于学生自主学习，提高实践能力和创新意识；研究型实验结合教师的科研内容，使学生在查阅文献的基础上设计实验方案，完成研究内容，撰写研究小论文，此类实验模拟了科学研究的基本过程，学生可以接受科研工作的全过程训练。在培养学生独立科研与创新意识的同时，使其了解学科发展与科技创新的前沿领域，受到良好科研氛围的熏陶。

本书由广东石油化工学院的黄艳仙、黄敏主编，蒋达洪、余梅、农兰平、贾惠芳老师参与了本书的编写，在此衷心感谢各位老师的辛勤工作。同时感谢科学出版社的郭慧玲编辑为本书的出版付出的艰辛劳动!

在本书编写过程中参考了一些教材和正式出版物中的有关内容和网络文献资料，在此向有关作者和出版社表示衷心的感谢！

由于编者水平有限，书中不妥之处在所难免，恳请读者批评指正。

编　者

2016 年 3 月

目　　录

第1章 有机化学实验的基础知识

1.1 有机化学实验室规则

有机化学实验所用到的药品种类很多，而且多数药品是易燃易爆、有毒或具有腐蚀性的物质。为了保证有机化学实验的正常进行，培养学生良好的实验习惯，学生必须遵守以下实验室规则：

(1)认真预习。进入实验室前，必须对所做的实验内容认真预习，写好预习报告，这样才能保证实验的顺利进行。

(2)熟悉环境，了解安全知识。进入实验室，首先要熟悉实验室及周围的环境，熟悉电源总闸、灭火器材、通风设备开关的位置和使用方法，了解实验室安全知识及实验室事故的预防与处理等知识。

(3)规范操作，仔细观察。做实验前应检查实验用品是否齐全，装置是否正确稳妥。实验时要集中精神、规范操作、细致观察、积极独立地思考，及时、如实地在专用记录本上记录实验过程、实验现象和实验结果，并妥善保存实验记录。使用易燃易爆或剧毒药品时，要特别提高警惕，千万不能麻痹大意。如遇意外事故，要保持镇静，及时采取适当措施并立即报告指导教师。

(4)遵从教师指导。实验时要听从教师指导，尊重实验室工作人员的工作，严格按照实验所规定的步骤、试剂的规格和用量进行实验。学生若有新的见解或建议，需要改变实验步骤、试剂规格及用量时，需征求教师同意后才可改变。如果实验失败，在分析原因并征得教师同意后，方可重做。

(5)保持实验室整洁与秩序。实验期间要保持实验室的安静、整洁，不得在实验室谈笑或高声喧哗，不得在实验室内外闲逛，不得做与实验无关的事情。仪器、药品应摆放有序，使用仪器器材或取用药品后，要立即恢复原状，送还原处。废酸、废碱应倒入废液缸，严禁倒入水槽；废纸、火柴梗、碎玻璃等固体废物应丢入废物箱，不得扔在地上或丢入水槽。实验完毕，要将仪器洗净，放入仪器柜，擦净实验台和试剂架，关闭水、电、煤气开关。值日生应负责整理公用器材，打扫实验室，倒净废液缸。离开实验室前，应检查水、电、煤气的开关，关好门窗。

(6)爱护仪器，厉行节约。要爱护实验室的仪器和设备，节约药品和其他易耗品，节约水、电、煤气，不得将仪器和药品携出室外。损坏仪器要填写仪器破损单，经指导教师签署意见后，凭原物向管理室换取新仪器。

(7)按时完成实验报告。实验后应按实验记录和数据独立完成实验报告，不得拼凑或抄袭他人的数据。书写实验报告要求条理清楚、字迹端正、绘图规范、分析讨论合理、结论明确，并按时交给指导教师批阅。

1.2 有机化学实验室的安全措施

实验室集中了大量的仪器设备、化学药品、易燃易爆及有毒物质。有的实验需要在高温、高压或强磁、微波、辐射等特殊条件下进行；有的要使用煤气、氧气等压缩气体，操作稍有不慎就有可能引起火灾、爆炸、触电、中毒、放射性伤害，以及污染环境等，造成人员伤亡或财产损失。因此，必须加强实验室的安全管理，采取切实可行的防护措施，减少或杜绝事故发生。只要实验工作人员思想集中，加强安全措施，严格执行操作规程，就一定能有效地维护实验室的安全，使实验正常地进行。

1.2.1 有机化学实验室的安全要求

(1) 进入实验室首先要熟悉安全用具如灭火器材、沙箱以及急救药箱的放置地点和使用方法。安全用具和急救药品不准移作他用。

(2) 实验开始前首先应检查仪器是否完整无损，装置是否正确稳妥，征求指导教师同意后才可进行实验。实验进行时，不准随便离开岗位，要注意反应进行的情况，检查反应装置有无漏气、破裂等现象。

(3) 使用易燃易爆物质时，应熟悉其特性及有关知识，严格遵守规程，易燃溶剂应保持最低用量，确需备用的应在安全的条件下储存，室内严禁烟火。

(4) 在实验过程中，尽量采用无毒或低毒物质代替剧毒物质。若必须使用有毒物品时，事先应充分了解其性质，并熟悉注意事项，限量发放使用，并妥善处理剩余毒物和残毒物品。

(5) 进行产生有毒气体的实验时，应尽可能密闭化，并加装气体吸收装置，实验要在通风良好的通风橱内进行。

(6) 使用腐蚀性物品时，要特别小心，严格按照操作规程，在通风橱内进行。使用完毕应立即盖好容器，谨防腐蚀性物质溅出灼伤皮肤、损坏仪器设备和衣物等。

(7) 当进行有可能发生危险的实验时，要根据实际情况采取必要的安全措施，如戴防护眼镜、面罩或穿防护衣服等。

(8) 实验结束要认真洗手，严禁在实验室内吸烟、喝水或吃食物。

(9) 废液应处理后排放，不能直接倒入下水道。

(10) 养成良好的用电习惯，保证人走电断。

1.2.2 实验室事故的预防

在有机化学实验室进行实验时，有可能由于某种原因引起安全事故。在出现事故时，一定要冷静，先疏散现场及周围人员，同时根据情况采取一定措施进行控制。当现场不可控制时，要拨打消防电话 119，同时安排人员从消防通道有序撤退。

1. 火灾的预防

实验室中使用的有机溶剂大多数是易燃的，着火是有机化学实验室常见的事故。因此，必须充分注意以下几点防火的基本原则：

(1) 在操作易燃溶剂时要特别注意：①远离火源，当附近有露置的易燃溶剂时，切勿点火；②切勿将易燃溶剂放在广口容器如烧杯内直接用火加热；③加热易燃溶剂时不能用明火，必须用水浴、油浴、沙浴或可调电压的电热套加热。

(2) 在进行易燃物质的实验时，应先将乙醇等易燃的物质移开。

(3) 蒸馏易燃的有机化合物时，装置不能漏气，发现漏气时，应立即停止加热，检查原因。若因塞子被腐蚀，则待冷却后换掉塞子；若漏气不严重，可用石膏封口。绝不能用蜡封口，因为蜡受热熔融，不仅起不到密封的作用，还会溶解于有机化合物中再次引起火灾，所以用蜡涂封不仅无济于事，还往往引起严重的后果。从蒸馏装置接收瓶出来的尾气的出口应远离火源，最好用橡皮管引到室外。

(4) 回流或蒸馏易燃的低沸点液体时，应注意：①放数粒沸石、素烧瓷片或一段封口的毛细管，以防止暴沸，若在加热后才发现未放入沸石这类物质，绝不能急躁，不能立即揭开瓶塞补放，而应停止加热，待被蒸馏的液体冷却后再加入，否则会因暴沸而发生事故；②严禁直接加热；③瓶内液体不超过瓶容积的 2/3；④加热速度宜慢不宜快，避免局部过热。总之，蒸馏或回流易燃的低沸点液体时，一定要谨慎小心，不能粗心大意。

(5) 用油浴加热蒸馏或回流时，必须十分注意避免由于冷凝用水溅入热油浴中致使油外溅到热源上而引起火灾的危险。发生危险的原因主要是橡皮管套进冷凝管的侧管连接不紧密，而开动水阀过快，水流过猛把橡皮管冲下来，或者由于套不紧而漏水，所以将橡皮管套入侧管时要很紧密，开动水闸要慢，使水流慢慢通入冷凝管中。

(6) 处理大量的可燃性液体应在通风橱中或在指定位置进行，室内应无火源。

(7) 不得把燃着或带有火星的火柴梗或纸条等乱抛乱掷，也不得丢入废物缸中，否则很容易发生危险事故。

(8) 使用氢气等易燃气体进行化学反应的实验必须做好防火防爆工作，室内应通风良好。

(9) 实验室使用的压缩气体钢瓶应保持最少的数量。钢瓶应放置在远离高温的牢固位置，以免碰倒；使用压缩气体钢瓶时，必须装上合适的控制阀、压力调节器。同时，瓶内气体不能用完，必须留有剩余压力。

2. 爆炸的预防

有机化学实验室预防爆炸的措施如下：

(1) 蒸馏装置必须正确，否则容易有发生爆炸的危险。

(2) 切勿使易燃易爆的气体接近火源，有机溶剂如乙醚和汽油等蒸气与空气相混时极为危险，可能会因一个火花或电花而引起爆炸。

(3) 对于易爆炸的固体，如重金属乙炔化物、苦味酸金属盐、三硝基甲苯等都不能重压或撞击，以免引起爆炸。对于危险的残渣，必须小心销毁。例如，重金属乙炔化物可用盐酸或稀硝酸进行分解，重氮化合物可通过加水煮沸来分解等。

(4) 卤代物切勿与金属钠接触，因为反应太猛会发生爆炸。

3. 中毒的预防

(1) 有毒化学品应认真操作，妥善保管，不许乱放。实验中所用的剧毒物质应由专人负责收发，并向使用有毒化学品者提出必须遵守的操作规程。实验后的有毒残渣必须做妥善而有效的处理，不准乱丢。

(2) 有些有毒物质会渗入皮肤，因此接触这些物质时必须戴橡皮手套，操作后立即洗手，切勿让毒品沾及五官或伤口。例如，氰化钠沾及伤口会随血液循环至全身，严重者会造成中毒死亡。

(3) 在反应过程中可能生成有毒或有腐蚀性气体的实验要在通风橱内进行，使用后的器皿应及时清洗。使用通风橱时，实验开始后不要把头伸入橱内。

4. 触电的预防

使用电器时，应防止人体与电器导电部分直接接触，不能用湿的手或手握湿的物体接触电插头。为防止触电，装置和设备的金属外壳等应连接地线，实验后应先切断电源，再将电源插头拔下。

1.2.3 事故的处理和急救

1. 火灾的处理

实验室如发生失火事故，要保持冷静，针对着火情况进行处理，积极而有序地参加灭火或撤离实验室。

如果发生小型失火事故，首先应尽量熄灭其他火源，关闭室内总电闸，移开附近的易燃物质，及时扑灭着火点，防止火势蔓延。少量有机溶剂着火，可用湿布、黄沙扑灭，不可用水浇，不能用嘴吹。细口容器内着火，可用湿布或石棉网盖灭。如果油类着火，可用沙子灭火，也可撒上干燥的固体碳酸钠或碳酸氢钠粉末扑灭。若火势较大，则使用泡沫灭火器。电器设备着火，应先切断电源，再用四氯化碳灭火器(通风不良的小实验室忌用，因为四氯化碳在高温时会生成剧毒的光气)或二氧化碳灭火器灭火，因为这些灭火剂不导电，不会使人触电。绝不能用水和泡沫灭火器灭火，因为水能导电，会使人触电。不管用哪一种灭火器，都应从火周围开始向火中心扑灭。衣服着火时，切勿惊慌，应赶快脱下衣服或用石棉布、厚外套覆盖着火处，切忌在实验室内乱跑。情况危急时可就地卧倒打滚，盖上毛毯，或用水冲淋，使火熄灭。

如果发生火灾事故，应关闭室内总电闸，移开附近的易燃物质，组织师生撤离实验室，并及时拨打 119 报警。

2. 玻璃割伤

玻璃割伤是常见的事故，受伤后要仔细观察伤口是否有玻璃碎粒，若伤势不严重，让血流片刻，再用消毒棉花和硼酸水(或双氧水)洗净伤口，涂上碘酒包扎好；若伤口深、流血不止，可在伤口上下 10cm 处用纱布扎紧，从而减慢流血，有助血凝，并立即到医务室就诊。

3. 药品的灼伤

1) 酸灼伤

皮肤：立即用大量水冲洗，然后用 5%碳酸氢钠溶液洗涤，再涂上油膏，并将伤口包扎好。

眼睛：抹去溅在眼睛外面的酸，立即用水冲洗，然后用洗眼杯或橡皮管套在水龙头上慢慢地用水对准眼睛冲洗，再用稀碳酸氢钠溶液洗涤，最后滴少许蓖麻油。

衣服：先用水冲洗，再用稀氨水洗，最后用水冲洗。

地板：先撒石灰粉，再用水冲洗。

2) 碱灼伤

皮肤：先用水冲洗，然后用饱和硼酸溶液或 1%乙酸溶液洗涤，再涂上油膏，并包扎好。

眼睛：抹去溅在眼睛外面的碱，用水冲洗，再用饱和硼酸溶液洗涤，最后滴入蓖麻油。

衣服：先用水冲洗，然后用 10%乙酸溶液洗涤，再用稀氨水中和多余的乙酸，最后用水冲洗。

3) 溴灼伤

应立即用乙醇洗涤，再涂上甘油，用力按摩，将伤处包好。如果眼睛受到溴蒸气的刺激，暂时不能睁开，可对着盛有卤仿或乙醇的瓶子注视片刻。

上述急救法仅为暂时减轻疼痛的措施。若伤势较重，在急救之后应速送医院诊治。

4. 烫伤

轻伤者涂上万花油，重伤者涂上烫伤膏后立即送医务室诊治。

5. 中毒

溅入口中尚未咽下的毒物应立即吐出，用大量水冲洗口腔；如已吞下，应根据毒物的性质服用不同的解毒剂，并立即送医急救。

(1) 腐蚀性毒物中毒。对于强酸，先饮大量的水，再服氢氧化铝膏、鸡蛋清；对于强碱，也要先饮大量的水，然后服用醋、酸果汁、鸡蛋清。无论酸或碱中毒都需灌注牛奶，不要吃呕吐剂。

(2) 刺激性及神经性毒物中毒。先服牛奶或鸡蛋使之缓和，再服用硫酸镁溶液(约30g溶于一杯水中)催吐，有时可以用手指伸入喉部按压催吐后，立即送医院。

(3) 吸入气体中毒。将中毒者移至室外，解开衣领及纽扣。吸入少量氯气和溴气者，可用碳酸氢钠溶液漱口。

1.2.4 急救用具

(1) 消防器材。消防器材有泡沫灭火器、四氯化碳灭火器、二氧化碳灭火器、沙箱、毛毡、棉胎和水龙头等。

(2) 急救药箱。急救药箱中含有红药水、紫药水、碘酒、双氧水、饱和硼酸溶液、1%乙酸溶液、5%碳酸氢钠溶液、75%医用酒精、烫伤膏、万花油、药用蓖麻油、硼酸膏或凡士林、磺胺药粉、洗眼杯、消毒棉花、纱布、胶布、剪刀、镊子、橡皮管等。

1.3 有机化学实验的实施

有机化学实验是一门理论联系实际的综合性较强的课程，对培养学生独立工作的能力具有重要作用。实验前预习、仔细进行实验操作和撰写实验报告是安全、高效地完成有机化学实验教学目标的三个重要环节。

1.3.1 实验预习和预习报告

实验预习是做好实验的第一步，应首先认真阅读实验教材及相关参考资料，做到实验目的明确、实验原理清楚、熟悉实验内容和实验方法、明确实验条件和实验中有关注意事项。在此基础上，简明、扼要地写出预习报告。预习报告包括以下内容：

(1) 实验目的。

(2) 实验原理。合成实验可用反应方程式写出主反应及主要副反应，并简述反应机理。

(3) 查阅并列出主要试剂和产物的物理常数及性质，将需用的试剂及预期产物的物理性质、用量、产物的理论产量列于表中，如 1-溴丁烷的制备(表 1-1 和表 1-2)。

表 1-1　制备 1-溴丁烷所用试剂的物理性质及用量

试剂	相对分子质量	相对密度 d_4^{20}	沸点/℃	用量/g	物质的量/mol
n-C_4H_9OH	74.12	0.810	118	7.41	0.10
NaBr	102.91	3.203	1390	12.5	0.12
H_2SO_4	98.08	1.840	—	26.8	0.27

表 1-2　制备 1-溴丁烷所得产品和副产品的物理性质及产量

化合物	相对分子质量	相对密度 d_4^{20}	沸点/℃	产量：理论/实测
n-C_4H_9Br	137.03	1.275	102	13.70/
$CH_3CH_2CH{=}CH_2$	56.10	0.595	−6	
$C_4H_9OC_4H_9$	130.23	0.769	141	

(4) 画出主要反应装置图，简述实验步骤及操作。

(5) 做合成实验时，应画出粗产物纯化的流程图。

(6) 对实验中可能出现的问题，特别是安全问题，要写出防范措施和解决办法。

1.3.2　实验操作和实验记录

实验开始前应检查实验用品是否齐全，安装仪器装置要正确妥当，实验时精神要集中，操作要规范，要积极独立思考，及时、如实地在专用记录本上记录实验过程、观察到的实验现象和实验结果，对实验现象和结果进行分析并作出科学的解释，努力提高分析问题和解决问题的能力和实验技能。

完整而准确的记录是实验工作的重要组成部分，如果遗失这样的记录即意味着实验工作白做。一份适当的记录包括实验步骤(做过什么)、实验现象(发生过什么)及结论(结果意味着什么)。因此，应准备一个专用实验记录本，记录内容如下：

(1) 实验标题。

(2) 实验时间。

(3) 实验原理，如合成反应的主要反应方程式。

(4) 所用仪器及药品，包括仪器的型号，药品的规格、产地及用量等。

(5) 主要实验装置图。

(6) 实验步骤及实验过程中所发生的实验现象及实验数据。采用图表法记录如下：

实验步骤	现象	解释	其他

(7) 实验产品和表征等。

1.3.3 实验报告

实验后要及时进行总结，书写实验报告并按时交给教师批阅。

实验报告的书写是一项重要的基本技能训练。它不仅是对每次实验的总结，更重要的是可以初步培养和训练学生的逻辑归纳能力、综合分析能力和文字表达能力，为科学论文写作打下基础。因此，参加实验的每位学生均应及时认真地书写实验报告。要求内容实事求是，分析全面具体，文字简练通顺，誊写清楚整洁。

对于不同类型的实验，实验报告的格式与要求略有不同，但基本应包括：①实验题目；②实验目的；③实验原理，主、副反应方程式及反应机理；④主要仪器的名称及型号，主要试剂的名称、规格、用量及物理常数和产物的名称、物理常数；⑤实验装置图；⑥实验步骤及现象；⑦实验结果与讨论。

对实验结果进行讨论是实验报告的重要组成部分。它包括实验者的心得体会，做好实验的关键，实验结果的可靠程度与合理性评价等。这是把直接的感性认识提高到理性思维的必要步骤，也是科学实验中不可缺少的一个环节。

1.4 有机化学实验常用的参考书和工具书

化学文献是对化学领域中科学研究、生产实践等的记录和总结，通过文献的查阅可以了解某个课题的研究历史及目前国内外研究水平和发展动向。这些丰富的资料能提供大量的信息，充实头脑，开拓视野。学会查阅化学文献，对提高学生分析问题和解决问题的能力，更好地完成有机化学实验是十分重要的。

1.4.1 工具书、词典和手册

(1)王箴编. 2000. 化工辞典. 4版. 北京：化学工业出版社.

这是一本综合性化工工具书，其中列出了化合物的分子式、结构式及其理化性质，并有简要的制备方法和用途介绍。

(2)黄天守编译. 1982. 化学化工药学大辞典. 台北：大学图书公司.

这是一本关于化学、医药及化工方面的工具书。该书取材广泛，收录了近万种常用物质，采用英文名称按序排列。每一名词各自成一独立单元，其内容包括组成、结构、性质用途(含药效)及参考文献等。该书内容新颖，叙述详细。书末附有多个有机化学人名反应。

(3)樊能廷编. 1992. 有机合成事典. 北京：北京理工大学出版社.

该书收集了1700多个有机化合物的理化性质及详细的合成方法，附有分子式索引、各化合物在美国化学文摘上的登录号等。

(4)段长强等编. 1988. 现代化学试剂手册(第一分册)：通用试剂. 北京：化学工业出版社.

书中收录了多种常用化学试剂和溶剂，分别介绍品名、结构式(有机)、分子式、相对分子质量、理化性质、合成方法及提纯方法、用途、安全与储存等内容，并附有主要参考文献，书末还有中、英文名称索引。

(5) 佩林 D D，阿马里戈 W L F，佩林 D R 著，时雨译. 1987. 实验室化学药品的提纯方法. 2 版. 北京：化学工业出版社.

(6) 中国科学院自然科学名词编订室译. 1964. 汉译海氏有机化合物词典. 北京：科学出版社.

本书收集了有机化合物 28 000 余种，内容有结构式、来源、理化性质，及其衍生物等，并附有制法的参考文献。

(7) Heilboron I V. 1995. *Dictionary of Organic Compounds*，6th ed.

这套词典收集了常见有机化合物 28 000 种，连同衍生物约 60 000 种，包括有机化合物的组成、分子式、结构式、来源、性状、物理常数、化学性质及衍生物等，并列出了制备该化合物的主要文献。各化合物按英文字母排列。该书从 1965 年起每年出一本补编，对上一年出现的主要化合物予以介绍。

(8) Stecher P G. 1983. *The Merck Index*，10th ed.

这是美国 Merck 公司出版的一本词典，初版于 1889 年，1983 年出版第 10 版，它收集了 10 000 多种化合物的性质、制法和用途，4500 多个结构式，42 000 多条化学产品和药物的命名。在“Organic Name Reactions”部分中，介绍了在国外文献资料中常见的人名反应，列出了反应条件及最初发表论文的作者和出处，并同时列出了有关反应的综述性文献资料的出处，以便进一步查阅。卷末有分子式和主题索引。

(9) *Beilstein Handbuch der Organischen Chemie*(贝尔斯坦有机化学手册)。

该书最早在 1881～1883 年出版了两卷，是当时所有学科中分类最全面的参考书。从 1910 年的第一补编(E Ⅰ)至 1959 年第四补编(E Ⅳ)以德文出版，1960 年起第五补编以英文出版。

在各卷中，Beilstein 手册均按化合物官能团的种类来排列，一种化合物始终以同样的分类体系来处理。因此，一旦得到一个化合物的系统号，就很容易地在整个手册中找到它。

在最初的补编(E Ⅰ～E Ⅳ)中有分子式和化合物的名称索引，但化合物名称是德文。1991 年出版了英文的百年累积索引，对所有化合物提供了物质名称和分子式索引，所引文献覆盖了 1779～1959 年所列的内容。此外，还有一些指南和德文词典描述了 Beilstein 手册的用途。

SANDRA(结构和评论分析)的计算机程序可用于检索 Beilstein 手册中的化合物。SANDRA 可以通过一种物质的结构或基础结构给出所需物质的系统号，即使该物质没有收集在 Beilstein 手册中。通过 STN 计算机软件和对话窗口，可以连接 Beilstein 在线。Beilstein 在线除了包括 1779～1959 年的英文信息外，还有大量的从 1960 年起的数据。Beilstein 在线文件可通过多种方式查看，如化学文摘、登录号、化学基础结构、物理性质以及印刷版中没有引入的一些参数。为了能更全面、更有效地使用 Beilstein 在线，已经出版了 Beilstein Current Facts，其是一个基于计算机信息体系的 CE-ROM 光盘，是一个全面的信息系统。其每季度更新，不仅可以访问以前已知化合物的新数据，还可以提供新化合物的基础数值。

自 1905 年起，Beilstein 启动了一个称为 Crossfire 的体系，通过访问一个专用的客户服务器体系，利用因特网可以连接超过 600 万种化合物和 500 万个反应的基础数据库。Crossfire 体系除 STN 和 DIAIOG 有一个更有效的图形界面体系外，它还有一个优点就是不收取上网费用。

(10) Armarego W L F，2013. *Purification of Laboratory Chemicals*，7th ed.

1.4.2 期刊

(1) 中文期刊。主要有《中国科学》、《化学学报》、《有机化学》、《高等学校化学学报》、《应用科学》、《催化学报》、《化学世界》、《化学通报》和各综合性大学学报(自然科学版)等。

(2) 英文期刊。与有机化学有关的英文期刊最常用的有：①*Journal of the American Chemical Society*，简称 *J. Am. Chem. Soc.*；②*Angewandte Chemie International Edition*，简称 *Angew. Chem. Int. Ed.*；③*The Journal of Organic Chemistry*，简称 *J. Org. Chem.*；④*Tetrahedron*；⑤*Tetrahedron Letter*，简称 *Tetrahedron Lett.*；⑥*Synthesis*；⑦*Organic Letter*，简称 *Org. Lett.*；⑧*Synthesis Communication*，简称 *Synth.Commun.*；⑨*Heterocycles*；⑩*Chemical Communication*，简称 *Chem.Commun.*；⑪*Journal of Heterocyclic Chemistry*，简称 *J. Heterocycl. Chem.*。

上述期刊目前均已有网上资源，可快速地查阅到最新的文献资料。

1.4.3 化学文摘

化学文摘是将大量分散的文献加以收集、摘录、分类整理后的一种期刊，以美国化学文摘(*Chemical Abstract*，简称 CA)最为重要。CA 的索引比较完善，有期索引、卷索引，每 10 卷有累积索引，可通过分子式索引(formula index)、化学物质索引(chemical substance index)、普通主题索引(general subject index)、作者索引(author index)、专利索引(patent index)等进行检索。

1.4.4 网络信息资源

(1) 高校图书馆网站：http：//lib.njtech. edu. cn；http：//www. lib. tsinghua. edu.cn；http：//www. lib. seu. edu. cn；http：//www. lib. ecust. edu. cn 等。进入有关学校的图书馆网站可以查阅中国期刊网的有关资料。绝大多数的中国期刊都进入了中国期刊网，有关期刊可通过主题词、作者、期刊名称等查找。有关网络上还提供了 CA 检索功能。

(2) 中国国家图书馆：http：//www. nlc. gov. cn。

(3)化学学科信息门户：http：//chin.csdl.ac.cn。建立并可靠运行 Internet 化学专业信息资源和信息服务的门户网站，提供权威和可靠的化学信息导航，整合文献信息资源系统及其检索利用，并逐步支持开放式集成定制。

(4)万方数据资源系统：http：//www.wanfangdata.com.cn。可查阅基础科学、农业科学、人文科学、医药卫生和工业技术等领域的期刊。还可查数据库，包括企业与产品、专业文献、期刊会议、学位论文、科技成果、中国专刊等。

(5)中国国家知识产权局专利检索与查询：http：//www.sipo.gov.cn/zljsfl。化学工作者可从化工方面逐步查找检索课题；根据专利号，可获得专利摘要；用户注册后可获得专利全文检索服务。

(6)http：//www. chempensoftware. com/organicreactions. htm，可查阅有机化学人名反应。收集了数百个常见的有机化学人名反应以及相应的文献。

(7)化合物性质检索：http：//chemfinder.cambridgesoft. com。该链接是剑桥软件公司的免费登录数据库服务。可通过系统名、俗名、CAS 登录号查询物质的物理化学常数，包括相对分子质量、熔点、沸点、溶解性等。

(8)美国化学会期刊网：http：//pubs. acs. org。包括了美国化学会出版的各种期刊，如 *Journal of the American Chemical Society*，*The Journal of Organic Chemistry* 等。

第 2 章　有机化学实验的基本操作技术

2.1　常用玻璃仪器及洗涤保养

2.1.1　普通玻璃仪器

有机实验常用仪器介绍见表 2-1 和图 2-1。有机实验玻璃仪器按其口塞及接口是否标准，分为标准口玻璃仪器及普通玻璃仪器两类。除试管等少数玻璃仪器外，一般不能直接用火加热。锥形瓶不耐压，不能作减压用。厚壁玻璃器皿(如抽滤瓶)不耐热，故不能加热。广口仪器(如烧杯)不能存放易挥发的有机溶剂。带活塞的玻璃器皿用过洗净后应在活塞与接口间垫上纸片，以防粘住。如已粘住可在接口四周涂上润滑剂或有机溶剂后用电吹风吹热风，或用水煮后再用木块轻敲塞子，使之松开。使用玻璃仪器皆应轻拿轻放。容易滑动的仪器(如圆底烧瓶)，不要重叠放置，以免打破。此外，不能用温度计做搅拌棒用，也不能用来测量超过刻度范围的温度。温度计用后要缓慢冷却，不可立即用冷水冲洗以免炸裂。

表 2-1　常用玻璃仪器的主要用途、使用注意事项一览表

名称	主要用途	注意事项
烧杯	配制溶液、溶解样品等	受热要均匀，一般不可烧干
锥形瓶	加热处理试样和定量分析滴定	非标准口要保持原配塞，受热时要打开瓶塞，受热要均匀
圆(平)底烧瓶	加热及蒸馏液体，也可做反应器	一般避免直接用火加热，隔石棉网或用各种加热浴加热
量筒、量杯	粗略地量取一定的液体	不能加热，不能在其中配制溶液，不能在烘箱中烘烤
容量瓶	配制准确体积的标准溶液或被测溶液	非标准的接口要保持原配塞；不能在烘烤箱中烘烤，不能加热，使用时先检查是否漏液
移液管	准确地定量移取液体	不能加热，上端和尖端不可磕破
刻度吸管	准确地定量移取液体	不能加热，上端和尖端不可磕破
滴定管	用于滴定操作；分酸式、碱式滴定管	碱式滴定管不能装酸性及强氧化性溶液，以免腐蚀橡皮管
普通漏斗	用于一般过滤	不能用火直接加热

续表

名称	主要用途	注意事项
分液(滴液、球形、梨形)漏斗	分开两种互不相溶的液体；用于萃取(多用梨形)、反应中加液体(多用球形及滴液漏斗)	接口旋塞必须原配，漏水的漏斗不能使用
试管：普通试管、离心试管	定性分析检验；离心试管可在离心机中借离心作用分离溶液和沉淀	硬质玻璃制的试管可直接在火焰上加热，但不能骤冷；离心试管只能在水浴中加热
冷凝管：直形、球形、蛇形、空气冷凝管	用于冷却蒸馏出的液体，蛇形冷凝管适用于冷凝低沸点液体蒸气，空气冷凝管用于冷凝沸点 140℃以上的液体蒸气	不可骤冷骤热，注意从下口进冷却水，上口出水
抽滤瓶、布氏漏斗	两者配套用于减压过滤	抽滤瓶属于厚壁容器，能耐负压，不可加热；滤纸要略小于漏斗的内径，才能紧贴
研钵	研磨固体物质，不能研磨与玻璃作用的物质	不能撞击，不能烘烤
干燥器	保持物质的干燥，也可干燥少量制备的产品	盖子接口处涂适量凡士林，不可将红热的物体放入，放入热的物体后要不时开盖以免盖子跳起或冷却后打不开
垂熔玻璃漏斗	过滤	必须抽滤；不能骤冷骤热；不能过滤氢氟酸、碱等
标准磨口组合仪器	有机化学及有机半微量分析中制备及分离	接口处无需涂润滑剂；安装时不可受歪斜压力

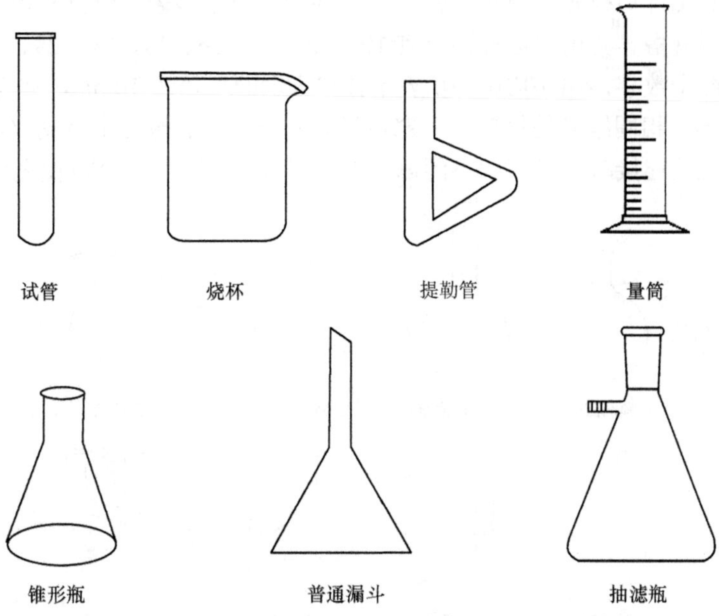

图 2-1　普通玻璃仪器

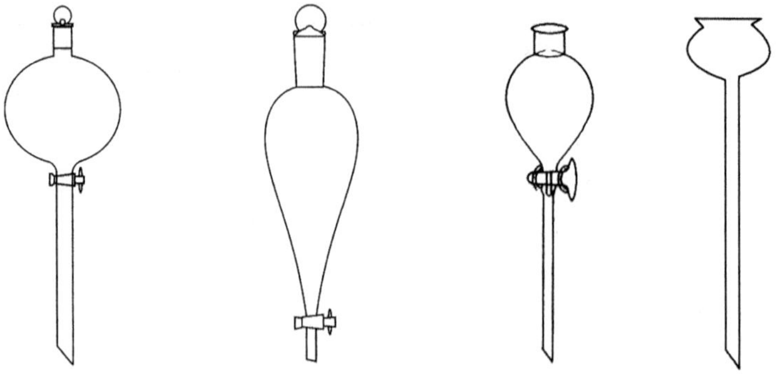

球形分液漏斗　梨形分液漏斗　滴液漏斗　长颈漏斗

图 2-1(续)

2.1.2　标准口玻璃仪器

标准口玻璃仪器是具有标准化接口或磨塞的玻璃仪器。由于仪器口塞尺寸的标准化、系统化以及磨砂密合，凡属于同类规格的接口均可任意连接，各部件能组装成多种配套仪器。使用标准接口玻璃仪器，既可免去配塞子的麻烦，又能避免反应物或产物被塞子沾污的危险，口塞磨砂性能良好，密合性可达较高真空度，对蒸馏尤其减压蒸馏有利，对于毒物或挥发性液体的实验较为安全。

标准口玻璃仪器(图 2-2)均按国际通用的技术标准制造，当某个部件损坏时，可以选购补充。标准口仪器的每个部件在其口塞的上或下显著部位具有烤印的白色标志，用于表明规格。常用的标准接口有 10、12、14、16、19、24、29、34、40 等。有的标注有两个数字，如 10/30，10 表示接口大端的直径为 10mm，30 表示接口的高度为 30mm，相同编号的接口、磨塞可以紧密连接。有时两个玻璃仪器因接口编号不同无法直接连接时，可借助不同编号的接口接头(或称大小头)使之连接。

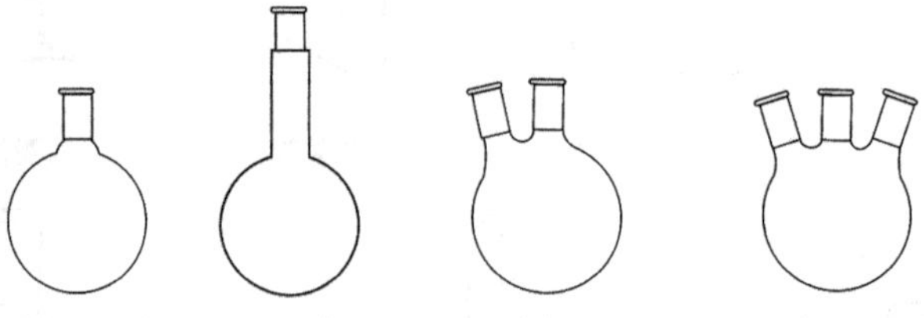

短颈圆底烧瓶　长颈圆底烧瓶　二颈烧瓶　三颈烧瓶

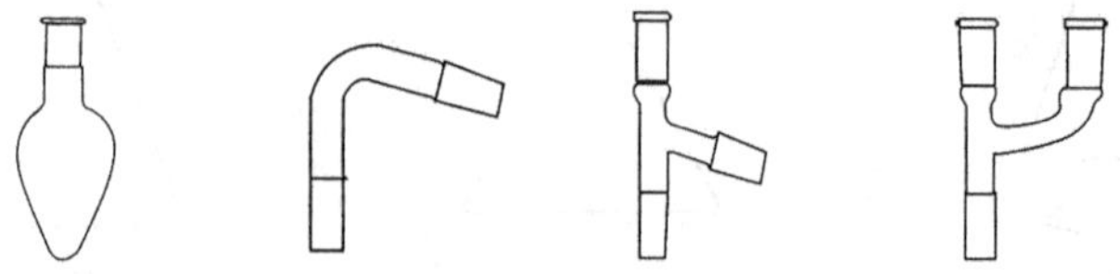

梨形烧瓶　75°蒸馏弯头　蒸馏头　二口接管

图 2-2　标准口玻璃仪器

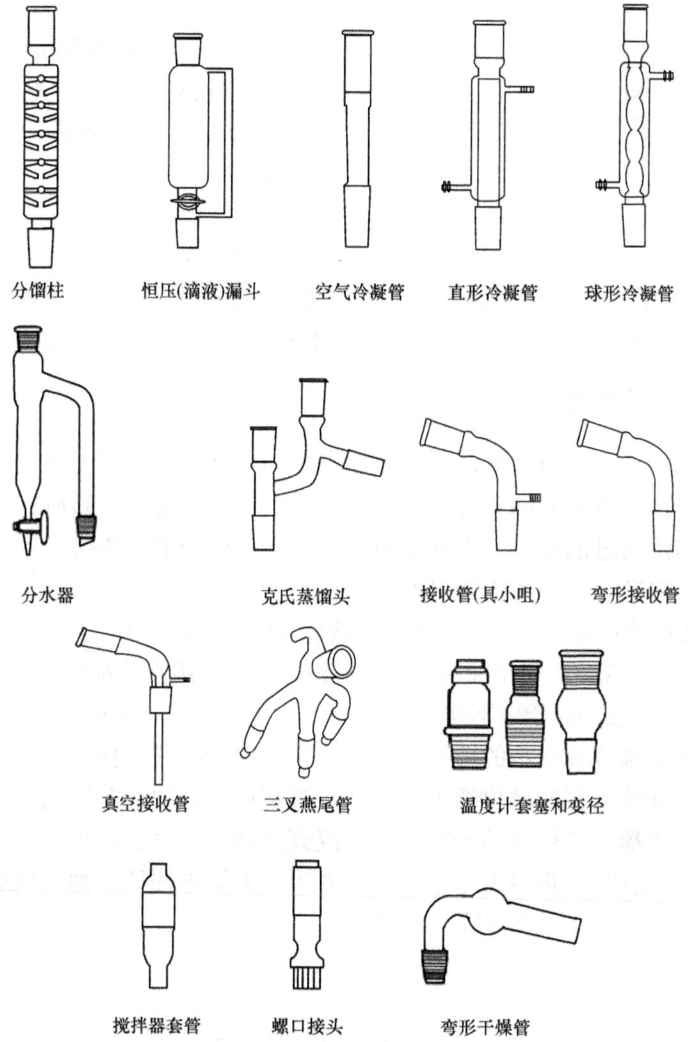

图 2-2(续)

使用标准口玻璃仪器应注意以下几点：

(1)接口应保持清洁，使用前宜用软布揩拭干净，但不能附上棉絮。若粘有固体杂物，会使接口对接不严密导致漏气；若粘有硬质杂物，更会损坏接口。

(2)装配时，把接口和磨塞轻轻地对旋连接，不宜用力过猛，不能装得太紧，只要达到润滑密闭要求即可。

(3)一般用途的接口无需涂润滑剂，以免沾污反应物或产物。若反应中有强碱，则应涂润滑剂，以免接口连接处因碱腐蚀粘牢而无法拆开。减压蒸馏时，接口应涂真空脂，以免漏气。

(4)用后应立即拆卸洗净。否则，若长时间放置，接口连接处常会粘牢，以致拆卸困难。

(5) 安装由多件标准口玻璃仪器组成的装置时，应注意安装正确、整齐、稳妥，使接口连接处不受歪斜的压力。装拆时应注意相对的角度，不能在角度偏差时进行硬性装拆，否则易将仪器折断，特别在加热时，仪器受热，张力更大，极易造成破损。

2.1.3 金属用具

有机实验中常用的金属用具有铁架台、铁夹、铁圈、三脚架、水浴锅、镊子、剪刀、三角锉刀、圆锉刀、压塞机、打孔器、水蒸气发生器、不锈钢刮刀、升降台等。

2.1.4 玻璃仪器的清洗

要想得到满意的实验结果，必须使用干净的玻璃仪器，因为少量杂质的存在可能阻止反应或催化不必要的副反应，使我们无法获得正确的实验研究结果。每次实验后应立即清洗用过的仪器，否则残渣会变硬，难以用溶剂洗去，残渣还可能会腐蚀玻璃仪器，使进一步清洗变得困难。

对大多数玻璃仪器只需选择大小和形状适宜的刷子，用水和洗涤剂就能基本上刷洗干净。若仍有油珠，可用工业丙酮或乙醇洗，然后再用水冲洗直至玻璃表面无油珠为止。一个洗净的玻璃仪器应不挂水珠(洗净的仪器倒置时，水流出后器壁不挂水珠)。

对附有少量难洗残余物的玻璃仪器，应尽量地刮除残余物后用铬酸洗液去除。洗涤时先加几滴洗液至玻璃仪器干燥部分，观察现象，如不发生剧烈反应，再加几毫升洗液用力振摇，使仪器的全部表面都浸到洗液。然后放置片刻，倒出剩余的洗液(可回收继续使用)，再用大量水冲洗。对附有大量难洗残余物的玻璃仪器，可用乙醇-NaOH 洗液浸泡一段时间后，用水冲洗。

1. 铬酸洗液的配制

	处方 1	处方 2
重铬酸钾(钠)	10g	200g
纯化水	10mL	100mL(或适量)
浓硫酸	100mL	1500mL

称取处方量的重铬酸钾置于干燥研钵中研细，将此细粉加入盛有适量水的玻璃容器内，加热、搅拌使之溶解，待冷后，将此玻璃容器放在冷水浴中，缓慢地将浓硫酸缓慢加入，并不断搅拌，勿使温度过高。会发现容器内混合物的颜色逐渐变深，同时注意冷却，加完混匀即得铬酸洗液。

说明：

(1) 浓硫酸遇水能产生强烈放热反应，故需等铬酸溶液冷却后，再将浓硫酸缓慢加入，边加边搅拌，不能采取相反操作，以防暴溅。

(2) 用洗液清洁玻璃仪器之前，最好先用水冲洗仪器，待风干后，再用铬酸洗液洗涤，这样可减少洗液的消耗和避免稀释而降低洗涤效果。

(3) 本品可重复使用，但溶液呈绿色时已失去氧化效力，不可再用，但能再生。再生方法：取废液滤出杂质，不断搅拌下缓慢加入高锰酸钾粉末，每升废液加 6～8g，至反应完毕，溶液呈棕色为止。静置沉淀，倾出上层清液，在 160℃以下加热，使水分部分蒸发，得浓稠状棕黑色溶液，放冷，再加入适量浓硫酸，混匀，使析出的重铬酸钾溶解，备用。

(4) 硫酸具有腐蚀性，配制时需小心。

(5) 用铬酸洗液洗涤仪器，是利用其与污物起化学反应的作用将污物洗去，故要浸泡一定时间，一般放置过夜(根据情况)；有时可加热一下，使洗液与污物有充分作用的机会。

2. 乙醇-NaOH 洗液的配制

乙醇-NaOH 洗液的配制只需将固体 NaOH 溶于工业乙醇中即可。

另外，附有大量难洗残余物的玻璃仪器(如反应器等)还可以用超声波清洗器(图 2-3)进行洗涤。

图 2-3　超声波清洗器

2.1.5　玻璃仪器的干燥

1. 晾干

不急用的仪器，可将仪器口向下放在仪器架上在无尘处自然干燥。

2. 烘干

急用的仪器可用气流烘干器(图 2-4)干燥(温度在 60～70℃为宜)，或用电吹风机吹干，或在烘箱(图 2-5)中烘干。一般干燥玻璃仪器时应先沥干，无水滴下时才可放入烘箱进行升温加热，将温度控制在 100～120℃。实验室中的烘箱是公用仪器，往烘箱中放玻璃仪器时应自上而下依次放入，以免残留的水滴流下使下层已烘热的玻璃仪器炸裂。取出烘干后的仪器时应用干布衬手，防止烫伤。取出后不能碰水，以防炸裂。取出后的热玻璃器皿，若任其自行冷却，则器壁常会凝上水汽。可用电吹风机吹入冷风助其冷却，以减少壁上凝聚的水汽。

在干燥时应注意，计量玻璃仪器应自然沥干，不能在烘箱中烘烤。若反应需在绝对无水的条件下进行，所用仪器在经电热烘箱或气流烘干器干燥后，应趁热放入保干器中，或装配上事先准备好的干燥管，再让其自然冷却。

图 2-4　气流烘干器

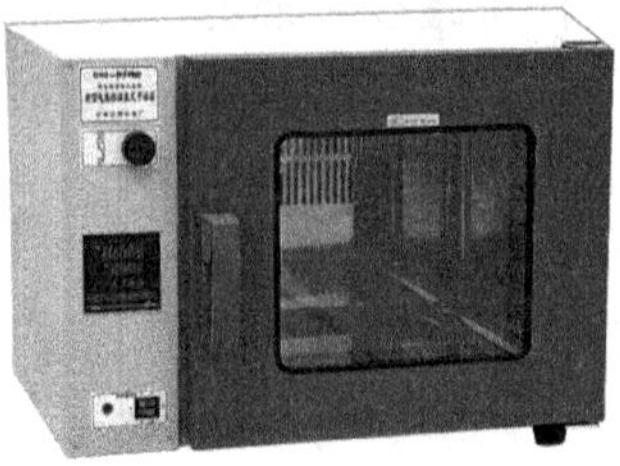

图 2-5　烘箱

2.2　称量与移液

2.2.1　托盘天平

在有机化学实验室中，常用于称量物体质量的仪器是托盘天平。托盘天平的最大称量值为 1000g 或 500g，能称准到 1g。若用药物托盘天平，最大称量值为 100g，能称准到 0.1g。这些托盘天平的最大称量值虽然不同，但原理是相同的，它们都有一根中间有支点的杠杆，杠杆两边各装有一个托盘(图 2-6)。左边托盘放置被称量的物体，右边托盘放砝码，杠杆支点处连有一指针，指针后有标尺。在称量前，先观察两臂是否平衡，指针是否在标尺中央。如果不在中央，可以调节两端的平衡螺丝，使指针指向标尺中央，两臂即平衡。称量时，将物体放在左盘上，在右盘上加砝码，用镊子(不要直接用手)先加大砝码，然后加较小的砝码，最后移动游码，直至指针指在标尺中央，表示两边质量相等。右盘上砝码的克数加上游码在游码尺上所指的克数便是物体的质量。托盘天平用完后，应将砝码放回盒中，游码复原至刻度 0。托盘天平应保持清洁，所称物体不能直接放在托盘上，而应放在清洁、干燥的表面皿、称量纸或烧杯中进行称量。

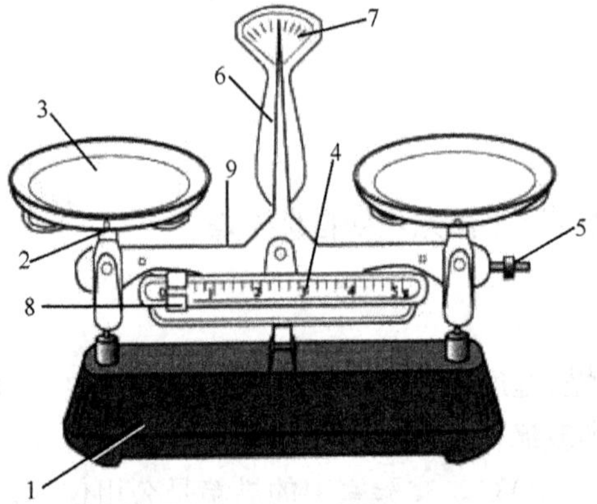

图 2-6　托盘天平

1. 底座；2. 托盘架；3. 托盘；4. 游码标尺；5. 平衡调节螺母；6. 指针；7. 标尺；8. 游码；9. 横梁

2.2.2　电子天平

随着现代技术的进步，机械天平逐渐被电子天平(图 2-7)代替。电子天平的优点是读数快，有的电子天平可直接称量出被称量物体的净质量，不需要计算。常用的天平有最低读数(或称感量)为 0.01g 的普通电子天平、0.001g 的托盘天平和 0.0001g 的分析天平。有机化学制备实验的称量允许误差在 1%左右，一般情况下使用最低读数为 0.01g 的天平就足够准确了。但微量合成实验需要使用最低读数为 0.001g 或 0.0001g 的天平。在称量时，不允许将被称量的物质直接放在天平托盘上，需要在托盘上放一张尺寸合适的称量纸，再放被称量的固体物质，或者使用称量瓶、反应瓶等盛装被称量的物质。要随时清理散落在天平周围的物质，保持天平的清洁。

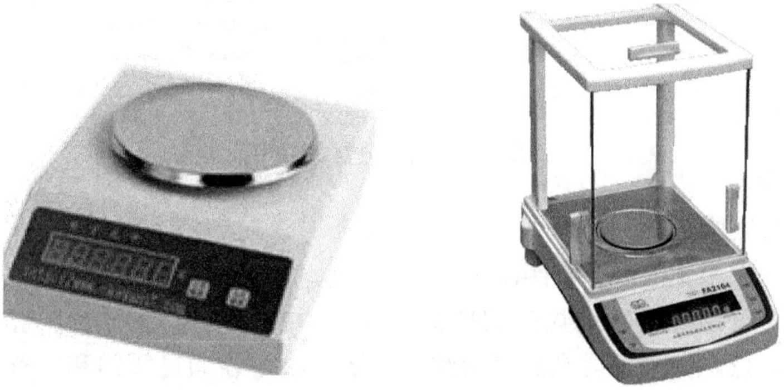

图 2-7　电子天平

2.2.3　液体物质的量取

实验中常用量筒、量杯、移液管等准确量取液体物质。液体物质也可以用托盘天平、电子天平等称量，称量时要用烧杯、称量瓶、反应瓶等盛装被称量的物质，注意不要把液体滴落到托盘上。

2.3　简单玻璃加工技术

在有机化学实验中，经常需要用到各种形状的玻璃管、滴管和不同直径的毛细管，要求对玻璃管进行加工，以满足实验的需要。因此，掌握玻璃工操作的基本实验技能是很有必要的。

2.3.1　酒精喷灯和煤气灯的使用

1. 酒精喷灯的构造及使用方法

酒精喷灯是实验室进行玻璃管加工时常用的加热工具，其火焰温度可以达到 1000℃左右。常用的酒精喷灯有座式和挂式两种，构造如图 2-8 所示。座式酒精喷灯的酒精储存在灯座内，挂式酒精喷灯的酒精壶悬挂于高处，可以随时向壶内添加酒精，因此喷灯可以连续使用，使用不受时间限制。

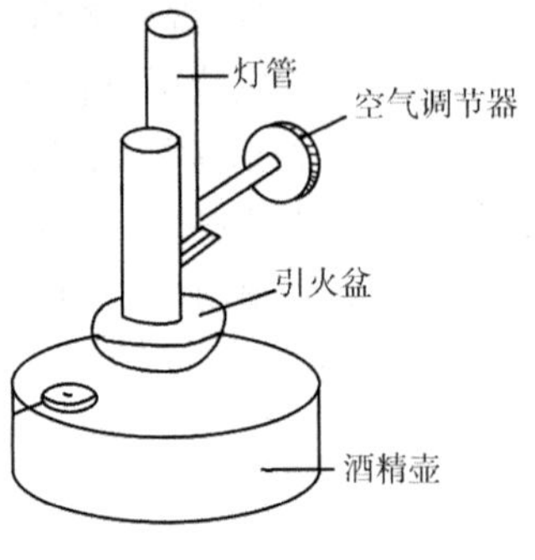

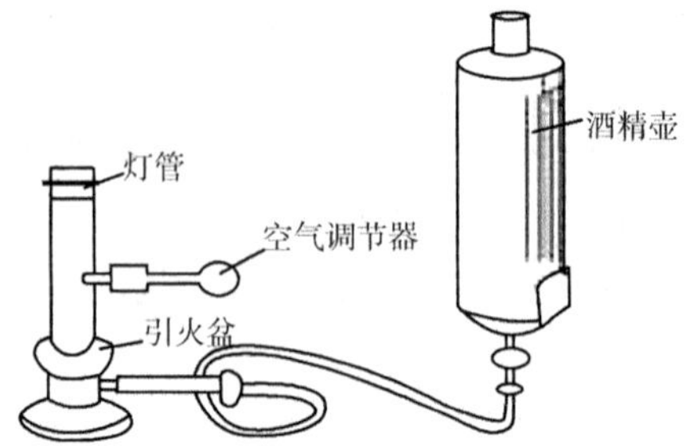

图 2-8　酒精喷灯的构造

以挂式酒精喷灯为例说明使用方法。先在引火盆中注入酒精，使不要向外溢出为好，然后点燃引火盆内的酒精，以加热灯管。待引火盆内酒精燃烧殆尽时，开启开头阀门，这时由于酒精在灼热的灯管内气化，并与来自气孔的空气混合，用火柴在灯管管口处点燃，即可得到高温火焰。火焰大小可以通过阀门和空气调节器调节。工作完毕将阀门关毕，火焰就会慢慢熄灭。

注意，在开启开关、点燃之前，灯管必须充分灼烧，否则酒精在灯管内未全部气化，将以液态酒精由管口喷出，形成“火雨”甚至引起火灾。不用时，必须倒出壶中的酒精，以免酒精泄漏，造成危险。

2. 煤气灯的构造及使用方法

实验室所用煤气灯的式样较多，但构造原理基本相同，常用的煤气灯构造如图 2-9 所示。它由灯管和灯座两部分组成，灯管与灯座通过螺纹相连。灯管的下端有空气入口和煤气入口，通过调节开启程度可以控制空气和煤气的进气量，达到控制火焰的目的。

煤气灯开启时，首先将煤气灯的进空气的螺旋阀门关闭，使空气无法进入，打开煤气管道两通阀门，然后点燃火柴，打开在煤气灯底部的进气阀门，点燃煤气灯。点燃后调节进空气的螺旋阀门至出现蓝色火焰，并能明显看出内外焰的区别为止。在拉制玻璃管时，一般要求火焰尽量调至最大。

3. 火焰的结构

煤气灯(或酒精喷灯)的火焰可分为外焰、内焰和焰心，也可分为氧化焰、还原焰和焰心(图 2-10)。火焰温度通常可达 700～1000℃，火焰温度最高处在氧化焰和还原焰之间。一般拉制玻璃管都要求在氧化焰和还原焰交接处，即火焰高度的 2/3 处加热。

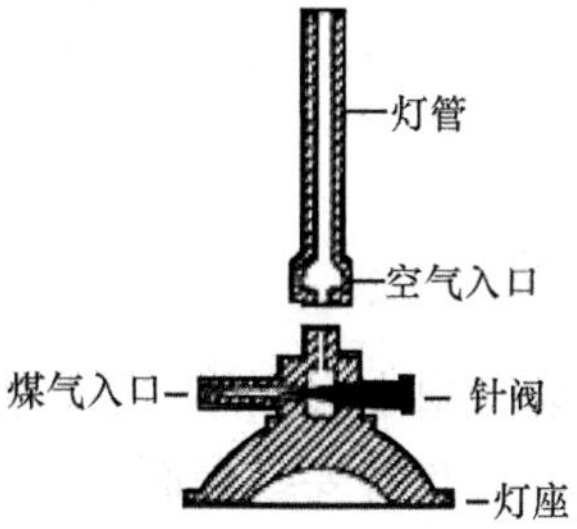

图 2-9　煤气灯的构造

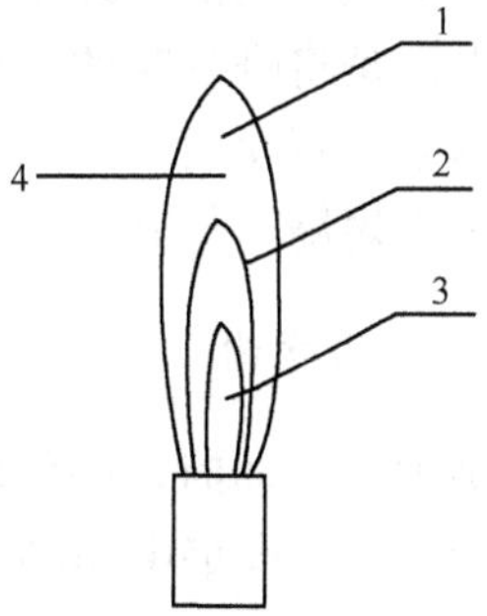

图 2-10　火焰结构

1. 氧化焰；2. 还原焰；3. 焰心；4. 温度最高处

2.3.2　玻璃管加工

1. 玻璃管的洗净

玻璃管在加工之前需要洗净。玻璃管内的灰尘用水冲洗就可洗净。对于较粗的玻璃管，可以用两端缚有线绳的布条通过玻璃管，然后来回拉动，擦去管内的脏物。如果玻璃管保存得好，比较干净，也可以不洗，仅用布把玻璃管外面拭净，就可以使用。当管内附有油腻的东西，用水不能洗净，用布条也不能擦净时，可把长玻璃管适当地割短，浸在铬酸洗液中，然后取出用水冲洗。

洗净的玻璃管必须干燥后才能加工，可在空气中晾干、用热空气吹干或在烘箱中烘干，但不宜用灯火直接烤干，以免破裂。

2. 玻璃管的切割和圆口

将玻璃管平放在桌子的边缘，左手按住要切割的部位(玻璃管的中部)，右手用锉刀的棱边(也可用薄砂轮)在要切割的部位用力向前或向后锉(注意：只能朝一个方向锉，不可来回锉)。当锉出一个深而短的凹痕后，用两手握住玻璃管并用拇指顶在凹痕后轻轻一折，玻璃管即断为两节，如图 2-11 所示。

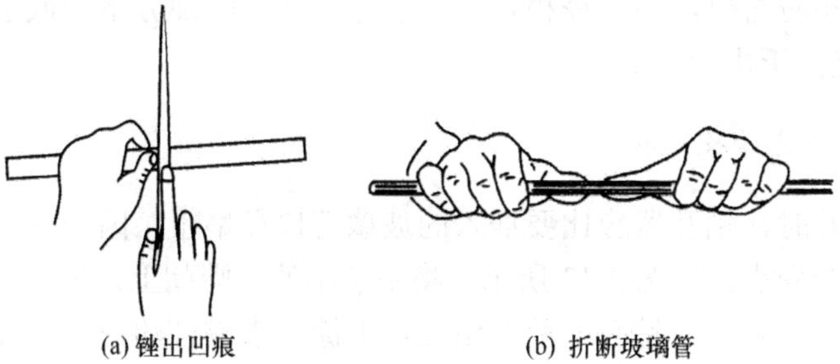

(a) 锉出凹痕　(b) 折断玻璃管

图 2-11　玻璃管的切割

玻璃管切割断面的边缘很锋利，易割破皮肤、衣物、胶管等，必须对其进行处理。具体办法是将刚割断的玻璃管倾斜 45°，断口放在火焰的外焰中灼烧，同时不断转动玻璃管，直至管口变平滑，取出玻璃管放在石棉网上冷却。将玻璃管断口放在喷灯火焰中灼烧，使其平滑，这一过程称为圆口。

3. 玻璃管的弯曲

进行玻璃管弯曲时，先将洁净、两端圆口的玻璃管用小火预热一下，然后双手平握玻璃管，放在火焰中加热。受热长度为 3～5cm，加热时要缓慢而均匀地转动玻璃管，转动应朝同一个方向同步进行，且双手距离应保持稳定，以防玻璃管软化时发生扭曲、拉伸或缩短。当玻璃管加热到发黄变软时，即可从火焰中取出，等 1～2s 后，两手向上向里轻托，准确地弯曲成所需要的角度，如图 2-12 所示。

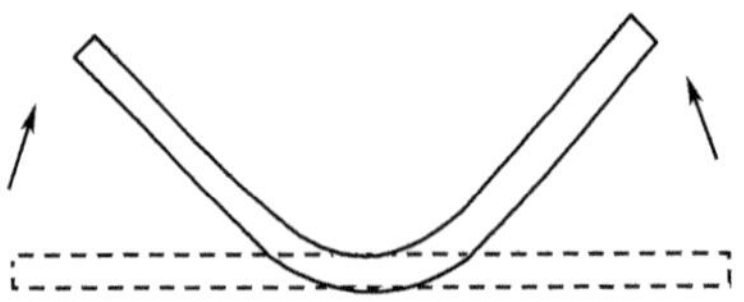

图 2-12　玻璃管的弯曲

弯玻璃管时，若所需角度较小，可分几次弯成。需分几次弯成的玻璃管，在做第二次、第三次弯曲时应在受热部位的偏左或偏右处进行加热和弯曲，这样弯曲处不易缩陷。

4. 玻璃管的拉伸

两肘搁在桌面上，用两手握住玻璃管的两端，掌心相对，加热方法和玻璃管弯曲时相同，只不过加热过程要长一些。当玻璃管被烧成红黄色时，才从火焰中取出。然后两肘仍搁在桌面上，同时两手平稳地沿水平方向做相反方向的移动，一直拉至所需的规格为止。

2.3.3　塞子的钻孔

需要在塞子内插入玻璃管或温度计时，必须在塞子上钻孔。钻孔的工具是钻孔器，它是一组直径不等的金属管，一端有柄，另一端很锋利，用于钻孔。

1. 塞子的选择

塞子的大小应与仪器的口径相符，塞子进入瓶颈的部分不能低于塞子本身高度的 1/2，也不能高于本身的 2/3。

2. 钻孔器的选择及钻孔

橡皮塞钻孔时，钻孔器应比要插入的玻璃管口径略粗，因为橡皮塞有弹性，孔道钻成后孔径会变小。如图 2-13 所示，将塞子小的一端朝上，平放在木板上，左手持塞，右手握住钻孔器，钻孔之前在钻孔器上涂点水或甘油，将钻孔器按在选定的位置上，朝一个方向旋转，同时用力向下压。注意，钻孔器应垂直于塞子，不能左右摆动，也不能倾斜，以免把孔从侧面钻穿。当钻至一半时，以反方向旋转，并向上拔，取出钻孔器。

按同样的方法在塞子的大头钻孔，注意要对准小头的打孔位置，直到两端的圆孔贯穿为止。拔出钻孔器，将钻孔器中的橡皮取出。钻孔后，检查孔道是否合适，若玻璃管轻松插入圆孔，说明孔过大，孔和玻璃管间密封不严，塞子不能使用；若塞孔稍小或不光滑，可用圆锉修整。

软木塞钻孔时，钻孔器应比要插入的玻璃管口径略细或接近。钻孔时软木塞应放在压塞机上压紧，以防在钻孔时破裂。

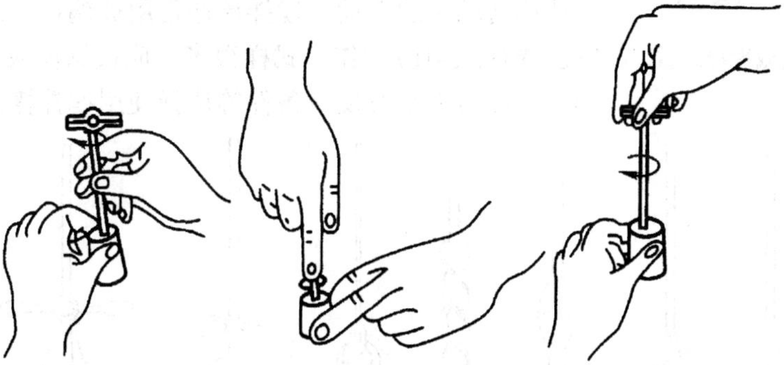

图 2-13　钻孔的方法

3. 玻璃管插入橡皮塞的方法

先用水或甘油润湿选好的玻璃管的一端(如插入温度计时即水银球部分)，然后左手拿住塞子，右手握住玻璃管的一端(距离管口约 4cm 处)，稍稍用力转动逐渐插入。必须注意：首先，右手握住玻璃管的位置与塞子的距离应保持在 4cm 左右，不能太远；其次，用力不能过大，以免折断玻璃管刺破手掌，用布包住玻璃管较为安全。插入或者拔出弯曲管时，手指不能握在弯曲的地方。

2.4　搅 拌 技 术

搅拌是有机合成实验中常用的基本操作，通过搅拌使反应混合物更均匀，同时也使反应体系的温度更均匀，有利于反应的正常进行，特别是多相反应体系，搅拌是必不可少的操作。搅拌的方式主要有三种：人工搅拌、机械搅拌和磁力搅拌。简单的、反应时间不长且反应过程无有毒、有害气体逸出的制备实验可以用人工搅拌；反应体系复杂、量大的、反应时间长的有机合成实验，常用机械或磁力搅拌。

2.4.1　机械搅拌

机械搅拌装置(图 2-14)是由支架、电动机、调速器、搅拌棒和搅拌密封装置组

图 2-14　机械搅拌装置

成。电动机是动力部分，固定在支架上，由调速器调节其转动快慢；搅拌棒与电动机相连，当接通电源后，电动机就带动搅拌棒转动而进行搅拌；搅拌密封装置是搅拌棒与反应器连接的装置，它可以使反应在密封体系中进行。

搅拌的效率在很大程度上取决于搅拌棒的结构。可根据反应器的大小、形状、瓶口的大小及反应条件的要求，选择较为合适的搅拌棒。搅拌棒与电动机的转轴连在一起，要求搅拌棒必须与电动机的转轴同心，转动灵活，以减少搅拌棒转动时的摆动。搅拌棒通常用玻璃(图 2-15)或聚四氟乙烯(图 2-16)制作，式样很多，应根据反应器的大小、形状、瓶口大小及反应条件等选择使用搅拌棒。

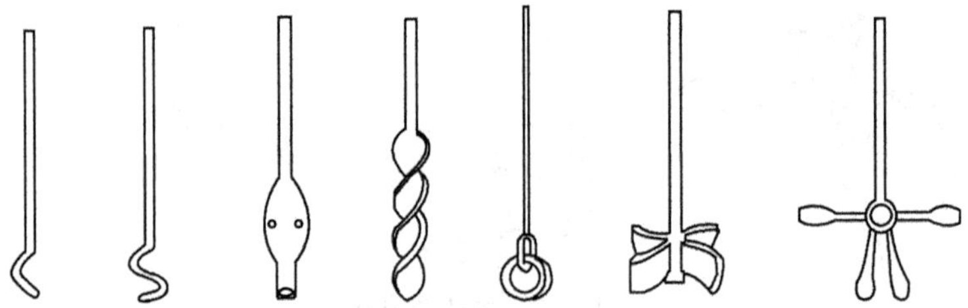

图 2-15　玻璃搅拌棒

搅拌器和反应器连接处的密封用搅拌器套管、聚四氟乙烯搅拌塞等，如图 2-17 所示。在装配搅拌装置时，要注意选择合适的搅拌棒，搅拌棒与反应器之间不能产生扭力，搅拌棒下端距瓶底应有 5～10mm 的距离，且搅拌棒不能接触到反应器底部，以免搅拌过程中损坏反应器。

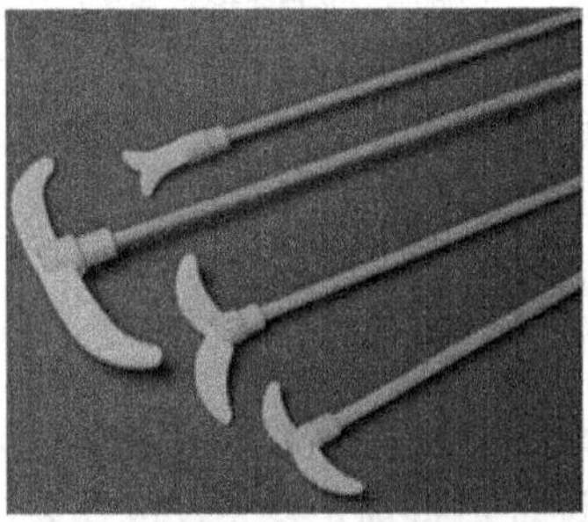

图 2-16　聚四氟乙烯搅拌棒

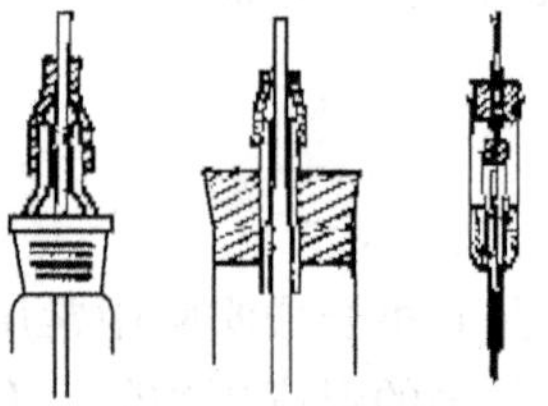

图 2-17　常用密封装置

2.4.2　磁力搅拌

磁力搅拌器(图 2-18)是利用垂直固定于电动机转轴上旋转的条形磁铁带动玻璃容器中的搅拌磁棒进行工作的。搅拌磁棒的中心是一根铁条，其外包裹一层热稳定性和化学稳定性很强的聚四氟乙烯，足以保证铁条不会被腐蚀。搅拌磁棒有条形的，长度为 5～50mm，可以根据反应瓶的大小选择适当长度的搅拌磁棒。此外，还有比较小的三角形搅拌磁棒，主要用于小尖底反应瓶中物料的搅拌。

图 2-18　数显恒温磁力搅拌器

通常磁力搅拌与加热装置、控温装置集成在一起。使用时，只要将磁棒投入反应器中，将反应器置于搅拌台上即可，该法具有安全性高、使用方便、操作简单的特点。通常对于 2000mL 以内非均相体系的一般性搅拌，磁力搅拌都是理想的选择。此外，磁力搅拌尤其适合于微量有机化学实验和涉及对空气、水蒸气敏感的且具有高度反应活性的化合物的反应。但磁力搅拌的缺点是对于一些黏稠液或是有大量固体参加或生成的反应，磁力搅拌器无法顺利使用，这时就应选用机械搅拌器作为搅拌动力。

2.5　加热、回流技术

2.5.1　加热与热源

实验室常用的热源有煤气、酒精和电能。为了加速有机化学反应，往往需要加热，加热方式分为直接加热和间接加热。在有机化学实验室里一般不用直接加热，因为直接加热很容易因受热不均匀，导致局部过热，甚至仪器破裂。在实验室安全规则中明确规定禁止用明火直接加热易燃的溶剂。

为了保证加热均匀，一般使用热浴间接加热，作为传热的介质有空气、水、液态有机化合物、熔融的盐和金属。根据加热温度、升温速度等的需要，常采用以下手段。

1. 空气浴

空气浴是利用热空气间接加热，对于沸点在 80℃以上的液体均可采用。把容器放在石棉网上用酒精灯加热，或用电炉或电热板加热，就是最简单的空气浴。但是，直接加热容器受热不均匀，故不能用于回流低沸点易燃的液体或者减压蒸馏。

半球形的电热套(图 2-19)属于较好的空气浴，因为电热套中的电热丝是被玻璃纤维包裹着的，一般可加热至 400℃，具有热效率高、不易引起着火的优点，主要用作普通蒸馏、回流加热的热源，是有机化学实验室中常用的一种简便、安全的加热装置。电热套的容积一般与烧瓶的容积相匹配，从 50mL 起，各种规格均有。需要强调的是，当一些易燃液体(如乙醇、乙醚等)洒在电热套上时，仍有引起火灾的危险。因此，电热套也属于明火加热装置，在蒸馏易燃易爆有机化合物(如乙醚)时，不能用电热套直接加热。在蒸馏过程中随着容器内的物质逐渐减少，会使容器壁过热。在蒸馏过程中，不断降低垫电热套的升降台的高度，就会减少烧焦现象。有的电热套带有控温功能或磁力搅拌功能，可以通过控温旋钮调节加热温度，没有控温功能的电热套可以通过外加调压变压器(图 2-20)控制加热温度。

图 2-19　电热套

图 2-20　调压变压器

调压变压器是调节电源电压的一种装置，常用于调节电炉、电热套的加热温度，调整电动搅拌器的转速等。使用时应注意：①电源应接到注明为输入端的接线柱上，输出端的接线柱与搅拌器或电炉等的导线连接，切勿接错，同时变压器应有良好的接地装置；②调节旋钮时应当均匀缓慢，防止因剧烈摩擦而引起火花及炭刷接触点受损；③不允许长期过载，以防止烧毁或缩短使用期限；④炭刷及绕线组接触表面应保持清洁，经常用软布抹去灰尘；⑤使用完毕应将旋钮调回零位，并切断电源，放在干燥通风处，不得靠近有腐蚀性的物体。

2. 水浴

当加热的温度不超过 100℃时，最好使用水浴加热，将反应容器置入水浴锅中，使水浴液面稍高出反应器内的液面，对水浴锅进行加热，使水浴温度达到所需的温度范围。与空气浴加热相比，水浴加热均匀，温度易控制，适于低沸点物质回流加热。

使用水浴时勿使容器触及水浴器壁及其底部，由于水浴中的水不断蒸发，因此需要适当添加热水，使水浴中水面保持稍高于容器内的液面。但是，必须强调指出，当进行钾和钠的操作时，绝不能在水浴上进行。如果加热温度接近 100℃，可用沸水浴或水蒸气浴。如果加热温度稍高于 100℃，则可选用适当无机盐类的饱和水溶液作为热溶液。某些无机盐饱和水溶液做热浴液的最高温度见表 2-2。

表 2-2　某些无机盐饱和水溶液做热浴液的最高温度

盐类	饱和水溶液的沸点/℃
NaCl	109
$MgSO_4$	108
KNO_3	116
$CaCl_2$	180

恒温水浴箱(图 2-21)是化学和生物实验室常用的实验仪器，它能够长时间提供恒定温度，从而能满足一些特殊反应的温度要求。

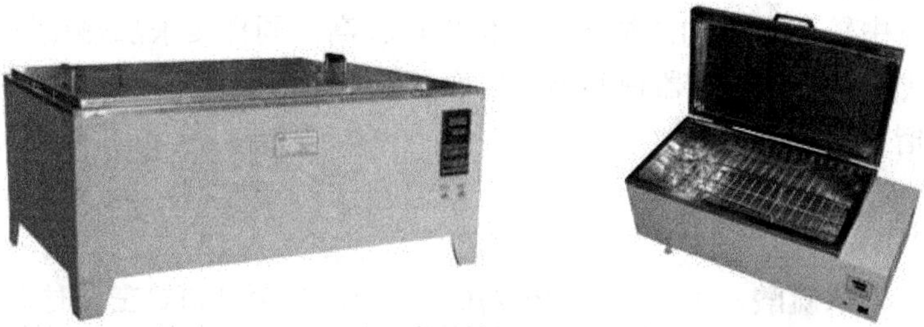

图 2-21　恒温水浴箱

恒温水浴箱使用的是 220V 交流电源，应在使用前确定电源电压，并确保具有安全接地装置。加水时应注意离上盖板不低于 8cm，必须用软水，最好用蒸馏水，切勿使用井水、河水、泉水等硬水，以防加热管爆裂及影响恒温灵敏度。使用时先把仪器放入恒温水浴箱，再插电源。打开电源，然后将恒温部分的设定测量开关打至需设定温度(数显)，电源进入“ON”指示，这时仪器已在加热，待控温指示进入“OFF”时，表明水箱水温已达到了所设定的温度，待水温下降时，指示又进入加温“ON”状态。如需快速降低工作温度，应关闭或调整数显温度设定指数，然后用乳胶管的任意一头接入冷水或自来水，另一头由乳胶管接入水池中进行循环冷却，水箱里的水将会很快冷凝下来。

恒温水浴箱在使用前要详细阅读说明书，使用时先加水到水位线，水位不能过高，以防水溢出造成实验失误，最后接通电源。为延长仪器使用寿命，应注意勿使控温箱内受潮，防止漏电。

3. 油浴

油浴的适用温度为 100～250℃，优点是使反应物受热均匀，反应物的温度一般低于油浴液 20℃。常用的油浴液有以下几种：

(1)甘油。可以加热到 140～150℃，温度过高时则会分解。

(2)植物油。例如，菜籽油、蓖麻油和花生油等，可以加热到 220℃，常加入 1%对苯二酚等抗氧化剂，便于久用，温度过高时则会分解，达到闪点时可能会燃烧，所以使用时要小心。

(3)石蜡。能加热到 200℃左右，冷却到室温时凝成固体，保存方便。

(4)液状石蜡。可以加热到 200℃左右，温度稍高并不分解，但较易燃烧。用油浴加热时要特别小心，防止着火，当油受热冒烟时，应立即停止加热。油浴中应挂一支温度计，用于观察油浴的温度和有无过热现象，以便调节火焰控制温度。油量不能过多，否则受热后有溢出而引起火灾的危险。使用油浴时要极力防止产生可能引起油浴燃烧的因素。加热完毕取出反应容器时，仍用铁夹夹住反应器使其离开液面悬置片刻，待容器壁上附着的油滴完后，用纸或干布揩干。

(5)硅油和真空泵油。加热温度都可达到250℃，热稳定性好，透明度好，安全，是目前实验室中较为常用的油浴之一，但价格较高。同样要求加热完毕取出反应容器时，仍用铁夹夹住反应容器使其离开液面悬置片刻，待容器壁上附着的油滴完后，用纸或干布揩干。

4. 酸液浴

使用酸液为浓硫酸，可热至250～270℃，当加热至300℃左右时则分解，生成白烟，若酌情添加硫酸钾，则加热温度可升到350℃左右(表2-3)。

表2-3　浓硫酸-硫酸钾热浴液加热温度

加热温度/℃	组成(质量分数)	
	浓硫酸(相对密度1.84)	硫酸钾
≈325	70%	30%
≈365	60%	40%

上述混合物冷却时，即成半固体或固体，因此温度计应在液体未完全冷却前取出。

5. 砂浴

砂浴一般是用钢盆装干燥的细海砂(或河砂)，然后把反应容器半埋砂中加热。加热沸点在80℃以上的液体时可以采用，特别适用于加热温度在220℃以上者，但砂浴的缺点是传热慢，温度上升慢，且不易控制，因此砂层要薄一些。砂浴中应插入温度计，温度计水银球要靠近反应器。

6. 金属浴

金属浴又称干式恒温器、干式加热器。金属浴是采用微机控制和半导体制冷技术制造的一款恒温金属浴产品，仪器可配置多种模块，可广泛应用于样品的保存、各种酶的保存和反应、核酸和蛋白质的变性处理、电泳的预变性和血清凝固等。

2.5.2　加热回流装置

很多有机化学反应需要在反应体系的溶剂或液体反应物的沸点附近进行，这时就要用回流装置(图2-22)。

图2-22(a)是普通加热回流装置；图2-22(b)是防潮加热回流装置；图2-22(c)是带有气体吸收的回流装置，适用于回流时有水溶性气体(如HCl、HBr、SO_2等)产生的实验；图2-22(d)为回流时可以同时滴加液体的装置；图2-22(e)是连接分水器

的回流装置。

在回流装置中，一般多采用球形冷凝管，因为蒸气与冷凝管的接触面积较大，冷凝效果较好，尤其适合于低沸点溶剂的回流操作。当回流温度高于140℃时就要选用空气冷凝管。

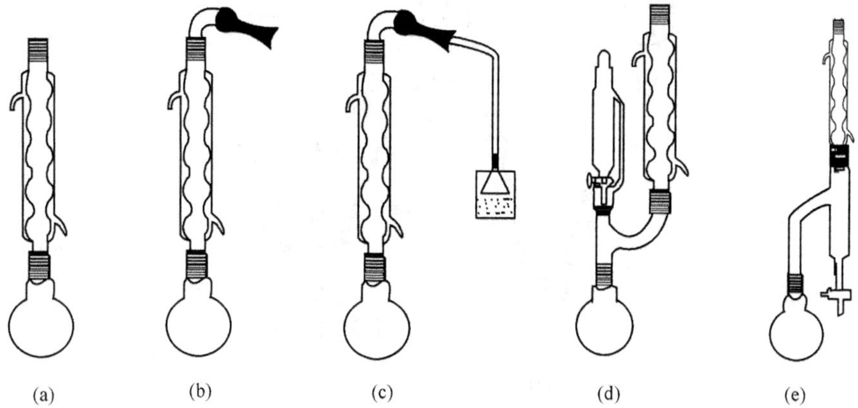

图 2-22　各类组合加热回流装置

回流加热前应先放些沸石，根据瓶内液体的沸腾温度，可选用水浴、油浴、电热套加热或石棉网直接加热等方式。若条件允许，一般不采用隔石棉网直接用明火加热的方式。回流速度控制在液体蒸气浸润不超过两个球为宜。

2.5.3　加热搅拌装置

1. 加热搅拌装置

当反应在均相溶液中进行时一般不需要搅拌，因为加热时溶液存在一定程度的对流，从而保持液体各部分均匀地受热。如果是非均相间反应，或反应物之一进行逐渐滴加时，为了尽可能使其迅速均匀地混合，以避免因局部过浓过热而导致其他副反应发生或有机化合物的分解；有时反应产物是固体，如不搅拌将影响反应顺利进行，在这些情况下均需进行搅拌。在许多合成实验中若使用搅拌装置不但可以较好地控制反应温度，同时也能缩短反应时间和提高产率。常用的搅拌装置如图 2-23 所示。图 2-23(a)是带测量反应温度的回流搅拌装置；图 2-23(b)是可以同时进行搅拌、回流和自滴液漏斗加入液体的实验装置；图 2-23(c)的装置还可同时测量反应的温度；图 2-23(d)是带干燥管的电动搅拌装置；图 2-23(e)是磁力搅拌回流反应装置。

2. 仪器装配方法

仪器装配得正确与否，与实验的成功有很大关系。首先，在装配一套装置时，

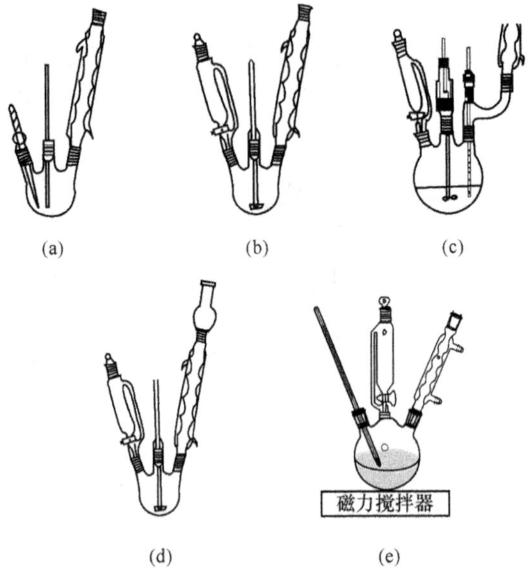

图 2-23　搅拌装置

所选用的玻璃仪器和配件都必须是干净的，否则，往往会影响产物的质量和产量。其次，所选用的器材要恰当。例如，在需要加热的实验中，如需选用圆底烧瓶，应选用坚固的，其容积大小应使所盛的反应物占其容积的 1/2 左右，最多也不超过 2/3。再次，装配时，应首先选好主要仪器的位置，按照一定的顺序逐个装配起来。仪器装配要求做到严密、正确、整齐和稳妥。在常压下进行的装置，应与大气相通，不能密闭。最后，铁夹的双钳应贴有橡皮或绒布，或缠上石棉绳、布条等，否则，容易将仪器夹坏。总之，使用玻璃仪器时，最基本的原则是切忌对玻璃仪器的任何部位施加过度的压力或使其扭歪，因为扭歪的玻璃仪器在加热搅拌时容易破裂。

安装仪器遵循的原则：

(1) 安装时，先下后上，从左到右；拆卸方向相反。

(2) 安装好的装置，前后成一个平面，左右成一条直线。

2.5.4　微波加热合成装置

微波是频率在 300MHz～300GHz 的电磁波，微波的波长为 0.1～100cm，能量较低，比分子之间的范德华力还小，只能激发分子的转动能级，不能直接打开化学键。目前比较一致的观点认为，微波加快化学反应主要是靠加热反应体系来实现的。但同时也发现，微波还可直接作用于反应本身，改变反应类型及机理等，引起所谓的“非热效应”。

当微波与物质分子相互作用时，物质分子受微波作用会随着其电场的改变而产生取向和极化，吸收微波能量，这些吸收了能量的分子在与周围的其他分子碰撞中把能量传递给其他分子，从而使溶液温度升高。微波加热是物体吸收微波后本身发热，加热从物体内部、外部一起进行，能做到里外一起加热。

实验中微波合成一般在家用微波炉或经改装后的微波炉中进行，目前已有专用微波合成反应仪。反应仪器一般采用不吸收微波的玻璃仪器或聚四氟乙烯材料。对于无挥发性的反应体系(包括反应物、产物、溶剂和催化剂等)，可直接置于微波炉中的开口反应器中反应，但缺点是难以对反应条件加以调控。常用微波化学反应装置如图 2-24 所示。微波化学反应仪主要由微波催化仪主机、接触式温度传感器、磁力搅拌系统、回流冷凝系统等组成。为满足不同的反应要求，有些微波化学反应装置还特设了惰性保护气体接入口，以及机械和磁力两种搅拌方式。这两种搅拌方式可随时切换，搅拌速度连续可调，并在屏幕上实时显示。反应过程中可进行冷凝回流、滴液和分水等操作。

微波技术在有机合成中的应用十分广泛。目前研究过并取得明显效果的有机反应有加成、取代、消除、水解、氧化、烷(酰)基化、酯化、缩合和环合等。例如，反式丁烯二酸与甲醇的双酯化反应，微波照射 50min，产率为 82%，而传统加热方法达到相同产率需 480min。马来酸酐与蒽在二甘醇二甲醚中发生第尔斯-阿尔德(Diels-Alder)反应，用微波照射 1min，产率达 90%，而传统加热方法则需 90min。微波合成方法不仅使反应速率比常规方法加快数百倍甚至数千倍，还能提高反应选择性和产率，使过去许多难以发生或速率很慢的化学反应或物理过程变得容易实现并能够高速完成。

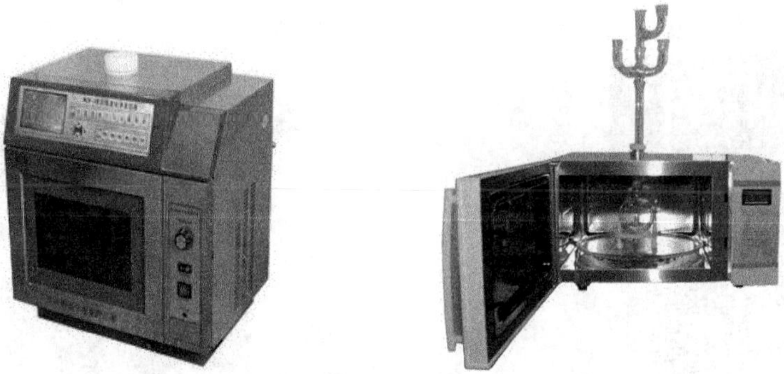

图 2-24　常用微波化学反应装置

微波作为加热源，属于非明火型热源。尽管微波加热加速有机化学反应的机理尚未完全清楚，但微波能提高有机化学反应速率和反应产率已成为不可辩驳的事实。微波有机合成技术是有机合成中的研究热点之一，随着新的研究成果不断出现，其应用范围将会日益扩大。

2.6　冷 却 技 术

在有机化学实验中，某些操作和反应要在特定的低温条件下进行，保持低温才有利于有机化合物的生成和提纯，所以需采用一定的冷却剂进行冷却。冷却技术主要用于以下几个方面：

(1)某些反应要在特定的低温条件下进行，如重氮化反应一般在 0～5℃进行。

(2)沸点很低的有机化合物，冷却时可以减少损失。

(3)冷却可加速结晶的析出。

(4)高度真空蒸馏装置中使用冷却剂冷却。

根据不同温度要求，选用适当的冷却剂冷却。冷却的方法有直接冷却法和间接冷却法两种。直接冷却法是直接将冰或冷水加入被冷却的物料中，此法简便有效，冷却速度快。但只能在不影响被冷却物料品质的情况下使用。大多数情况下使用间接冷却法，即通过玻璃壁，向周围的冷却介质散热，达到降温的目的。以下是常用的间接冷却剂：

(1)水。水是首选的冷却剂，具有价廉、不燃、热容量大等优点。可直接接自来水冷却。为了节约用水，实验室常用冷却水循环机(图 2-25)。

(2)冰水混合冷却剂。冰水混合冷却剂可冷却至 0～5℃，用它比单纯用冰块有较大的冷却效能。因为冰水混合物与容器的器壁充分接触，可取得迅速冷却的效果。实验室中使用的少量冰可用冰箱(柜)提前准备。如用冰量较大，可以用专用制冰机制冰(图 2-26)。

图 2-25　冷却水循环机

图 2-26　制冰机

(3)冰盐混合冷却剂。在碎冰中酌加适量的盐类可使冷却温度达 0℃以下。例如，普通的食盐与碎冰的混合物(质量比 33∶100)，其温度可降至−21.3℃，在实际操作中冷却温度为−5～−18℃。

为了使冰(水)盐混合物能达到预期的冷却温度，按表 2-4 和表 2-5 的配方在配制冷却剂时要将盐类物质与冰块分别仔细地粉碎，然后仔细地混合均匀，在盛装冷却剂的容器外面，用保温材料仔细地加以保护，使之较长时间维持在低温状态。冰块过大，混合不均匀，保温措施差，则所配制的冷却剂不可能达到预期的低温。

表 2-4　一种盐及水(冰)组成的冷却剂

盐类	用量/g	冷却温度/℃
	每 100g 水	
KCl	30	0.6
$CH_3COONa\cdot 3H_2O$	95	–4.0
NH_4Cl	30	–5.1
$NaNO_3$	75	–5.3
NH_4NO_3	60	–13.6
$CaCl_2\cdot 6H_2O$	167	–15.0
	每 100g 冰	
NH_4Cl	25	–15.4
KCl	30	–11.1
NH_4NO_3	45	–16.7
$NaNO_3$	50	–17.7
NaCl	33	–21.3
$CaCl_2\cdot 6H_2O$	204	–19.7

表 2-5　两种盐及水(冰)组成的冷却剂

盐类	用量/[g · (100gH_2O)$^{-1}$]	冷却温度/℃
$NH_4Cl+KNO_3$	31+20	–7.2
$NH_4Cl+NaNO_3$	24+53	–5.8
$NH_4NO_3+NaNO_3$	79+61	–14.0
$NH_4Cl+KNO_3$	26+13.5	–17.9
$NH_4Cl+NaCl$	20+40	–30.0
$NH_4Cl+NaNO_3$	13+37.5	–30.1
NH_4NO_3+NaCl	42+42	–40.0

除上述冰水浴或冰盐浴外，若无冰，则可用某些盐类溶于水(吸热)作为冷却剂使用。

(4)低温冷却剂。干冰和液氮是方便而廉价的低温冷却剂，还可使用表 2-6 中的配方配制成特定低温的冷却剂。

表 2-6　常用冷却剂组成及最低冷却温度

冷却剂的组成	最低冷却温度/℃
液氮	–33
干冰+乙醇	–72

续表

冷却剂的组成	最低冷却温度/℃
干冰+丙酮	–78
干冰+乙醚	–100
液氨+乙醚	–116
液态空气	–193
液氮	–196

固体 CO_2(干冰)必须在铁研缸(不能用瓷研缸)中粉碎，操作时应戴护目镜和手套。在配制时，将固体 CO_2 加入到工业酒精(或其他溶剂)中，并进行搅拌。还可使用液氮得到更低的温度，可冷却至–196℃。液态空气随其存放时间的长短，温度有所变化。在适当的液体(如戊烷)中通液态空气可以得到任意给定的低温。

应该注意，如果制冷温度低于–38℃，测温时应采用内装液态有机化合物的低温温度计，而不能使用水银温度计(水银凝固点为–38.9℃)。

2.7 干燥技术

固体有机化合物在进行定性、定量以及在测定熔点前，都必须使其完全干燥，否则将会影响结果的准确性。液态有机化合物在蒸馏前通常要先进行干燥以除去水分，这样可以使液体沸点以前的馏分(前馏分)大大减少；也可以破坏某些液态有机化合物与水生成的共沸混合物。另外，很多有机化学反应需要在绝对无水条件下进行，不但所用的原料及溶剂要干燥，而且要防止空气中的潮气侵入反应容器。因此，在有机化学实验中，试剂和产品的干燥具有十分重要的意义。

干燥方法大致可分为物理法和化学法两种。物理法有加热挥发、吸附、分馏、利用共沸蒸馏将水分带走等方式，还常用离子交换树脂和分子筛等来进行脱水干燥。

化学法是以干燥剂来进行去水，其去水作用又可分为两类：

(1)能与水可逆地结合生成水合物，如氯化钙、硫酸镁等。

(2)与水发生不可逆的化学反应而生成一个新的化合物，如金属钠、五氧化二磷。

实验室中应用最广泛的是化学法中的第一类干燥剂。例如，用无水硫酸镁来干燥含水的液态有机化合物时，无论加入多少无水硫酸镁，在25℃时所能达到的最低蒸气压为0.13kPa。也就是说全部除去水分是不可能的；若加入的量过多，将会使液态有机化合物的吸附损失增多；若加入的量不足，不能达到有效除水，则其蒸气压就要比 0.13kPa 高。通常这类干燥剂成为水合物需要一定的平衡时间，这就是液体有机化合物进行干燥时要放置较久的原因。干燥剂吸收水分是可逆的，温度升高时蒸气压也升高。因此，为了缩短生成水合物的平衡时间，干燥时常在水浴上加热，然后再在尽量低的温度下放置，以提高干燥效果。这就是液态有机化合物在进行蒸馏以前，必须将这类干燥剂滤去的原因。

2.7.1　液体的干燥

1. 常用干燥剂

常用干燥剂的种类很多，选用时必须注意以下几点：

(1)干燥剂与有机化合物应不发生任何化学反应，对有机化合物也无催化作用。

(2)干燥剂不溶于液态有机化合物中。

(3)干燥剂的干燥速度快，吸水量大，价格低。

各类有机化合物的常用干燥剂见表 2-7。

表 2-7　各类有机化合物的常用干燥剂

液态有机化合物	适用的干燥剂
醚类、烷烃、芳香烃	$CaCl_2$、Na、P_2O_5
醇类	K_2CO_3、$MgSO_4$、Na_2SO_4、CaO
醛类	$MgSO_4$、Na_2SO_4
酮类	$MgSO_4$、Na_2SO_4、K_2CO_3
酸类	$MgSO_4$、Na_2SO_4
酯类	$MgSO_4$、Na_2SO_4、K_2CO_3
卤代烃	$MgSO_4$、Na_2SO_4、P_2O_5、$CaCl_2$
有机碱类(胺类)	NaOH、KOH

下面介绍几种常用干燥剂的性能。

(1)无水氯化钙。价廉、吸水能力强，是最常用的干燥剂之一，与水化合可生成 $CaCl_2 \cdot H_2O$、$CaCl_2 \cdot 2H_2O$、$CaCl_2 \cdot 4H_2O$ 或 $CaCl_2 \cdot 6H_2O$(在 30℃以下)。适于烃类、卤代烃、醚类等有机化合物的干燥，不适于醇、胺和某些醛、酮、酯等有机化合物的干燥，因为无水氯化钙能与它们形成配合物。工业品中可能含有氢氧化钙或氧化钙，故不宜用作酸(或酸性液体)的干燥剂。

(2)无水硫酸镁。中性盐，不与有机化合物和酸性物质起作用。可作为各类有机化合物的干燥剂，与水生成 $MgSO_4 \cdot 7H_2O$(48℃以下)。价较廉，吸水量大，故可用于不能用无水氯化钙来干燥的许多化合物。

(3)无水硫酸钠。它的用途和无水硫酸镁相似，价廉，但吸水能力和吸水速度都差一些。与水结合生成 $Na_2SO_4 \cdot 10H_2O$(37℃以下)。当有机化合物水分较多时，常先用本品处理后再用其他干燥剂处理。

(4)无水碳酸钾。吸水能力一般，与水生成 $K_2CO_3 \cdot 1/2H_2O$，作用慢，可用于干燥醇、酯、酮等中性有机化合物和生物碱等一般的有机碱性物质。但不适于干燥酸、酚或其他酸性物质。

(5) 金属钠。醚、烷烃等有机化合物用无水氯化钙或硫酸镁处理后，若仍含有微量的水分，可加入金属钠(切成薄片或压成丝)除去。不宜用作醇、酯、酸、卤代烃、醛、酮及某些胺等能与碱起反应或易被还原的有机化合物的干燥剂。

(6) 五氧化二磷。吸水性强，是一种强力干燥剂。适于干燥醚、烃、卤代烃等中的痕量水分，不适于干燥醇、酸、胺、酮等物质。由于五氧化二磷的价格比较贵，而且不能再生，因此在用五氧化二磷干燥前，可先用其他廉价的干燥剂预干燥。

(7) 氢氧化钾(钠)。吸水性很强，用于干燥胺、杂环等碱性化合物。由于氢氧化钾(钠)能和很多有机化合物(如酸、酯、酚和酰胺等)起反应，也能溶于某些液体有机化合物中，因此它的使用范围很有限。

(8) 氧化钙。适用于低级醇类的干燥。氧化钙和氢氧化钙均不溶于醇类，对热都很稳定，又均不挥发，故不必从醇中除去，即可对醇进行蒸馏。由于它具有碱性，因此不能用于酸性化合物和酯的干燥。

2. 干燥剂用量

一般对于含亲水基团的化合物(如醇、醚、胺等)，所用的干燥剂要过量多些。由于干燥剂也能吸附一部分液体，因此干燥剂的用量要严格控制。必要时，可先加入一些干燥剂干燥，过滤后再用干燥效能较强的干燥剂。一般干燥剂用量为每 10mL 液体需 0.5～1g，但由于液体中的水分含量不等，干燥剂的质量、颗粒大小和干燥时的温度等不同以及干燥剂也可能吸附一些副产物(如氯化钙吸收醇)等，很难规定具体的数量，上述数据仅供参考。在实际操作中，干燥一定时间后，观察块状干燥剂的形态，若它的大部分棱角还清楚可辨，这表明干燥剂的量已足够。若是用无水硫酸镁等粉末状干燥剂，则在摇动后，有部分粉末悬浮在液体中，即可认为干燥剂的量已足够。

3. 液体有机化合物干燥操作

液体有机化合物的干燥一般在干燥的三角烧瓶内进行。在干燥前应将被干燥液体中的水分尽可能分离干净。宁可损失一些有机化合物，不应有任何可见的水层。将该液体置于锥形瓶中，取适量的干燥剂直接放入液体中(干燥剂颗粒大小要适宜，太大时因比表面积小吸水很慢，且干燥剂内部不起作用；太小时则因比表面积太大不易过滤，吸附很多有机物)，用空心塞塞紧，振摇片刻。如果发现干燥剂附着瓶壁，互相黏结，通常表示干燥剂不够，应继续添加；如果在液态有机化合物中存在较多的水分，这时常可能出现少量的水层，必须将此水层分去或用吸管将水层吸去，再加入一些新的干燥剂，振摇后放置一段时间。有时在干燥前液体呈浑浊状，经干燥后变为澄清，这并不一定说明它已不含水分，澄清与否和水在该化合物中的溶解度有关。然后将已干燥液体通过置有折叠滤纸的漏斗直接滤入烧瓶中进行蒸馏。对于某些干燥剂，如金属钠、生石灰、五氧化二磷等，由于它们和水反应生成比较稳定的产物，有时可不必过滤而直接进行蒸馏。

蒸馏或分馏法除水：利用分馏或二元、三元共沸混合物来除去水分，属于物理方法。对于不与水生成共沸混合物的液态有机化合物，如甲醇和水的混合物，由于沸点相差较大，用精密分馏柱即可完全分开。有时利用某些有机化合物可与水生成共沸混合物的特性，向待干燥的有机化合物中加入另一种有机化合物，利用此有机化合物与水形成最低共沸点的性质，在蒸馏时逐渐将水带出，从而达到干燥的目的。

2.7.2　固体的干燥

由重结晶得到的固体常带水分或有机溶剂，应根据化合物的性质选择适当的方法进行干燥。

1. 自然晾干

自然晾开是最简便、最经济的干燥方法。把待干燥的化合物在一张滤纸上面薄薄地摊开，用另一张滤纸覆盖起来，在空气中慢慢晾干。

2. 烘箱干燥

对热稳定的固体可以放在烘箱(图 2-27)内烘干，加热的温度切忌超过该固体的熔点，以免固体变色和分解。

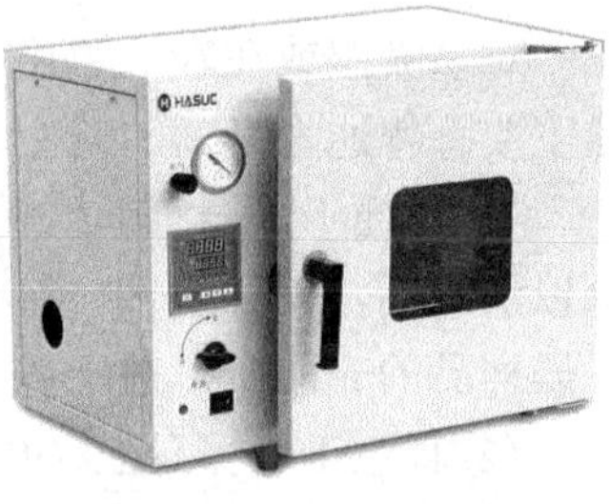

图 2-27　烘箱

烘箱用于干燥玻璃仪器或烘干无腐蚀性、加热时不分解的物品。挥发性易燃物或刚用乙醇、丙酮淋洗过的玻璃仪器切勿放入烘箱内，以免发生爆炸。烘箱使用说明：放入样品(样品要放在烧杯、表面皿、瓷舟或金属托盘等容器上)，打开电源开关，依次设定好烘烤温度、烘烤时间。然后按启动按钮，此时烤箱会自动加热，自动运风。到了设定温度后，待计时器自动计时，到达所设定的时间时，会自动切断电源(加热和运风自动关闭)。烘烤完毕，关闭电源，冷却后取出已干燥物品。

3. 真空恒温干燥箱干燥

真空恒温干燥箱(图 2-28)是工作空间处于负压状态的干燥箱。真空恒温干燥箱有内置加热装置，与真空泵相连，有温度和真空度指示，可以干燥较大量的物质。真空恒温干燥箱广泛应用于生物化学、化工制药、医疗卫生、农业科研、环境保护等研究领域，作粉末干燥、烘培以及各类玻璃容器的消毒和灭菌用。特别适用于对

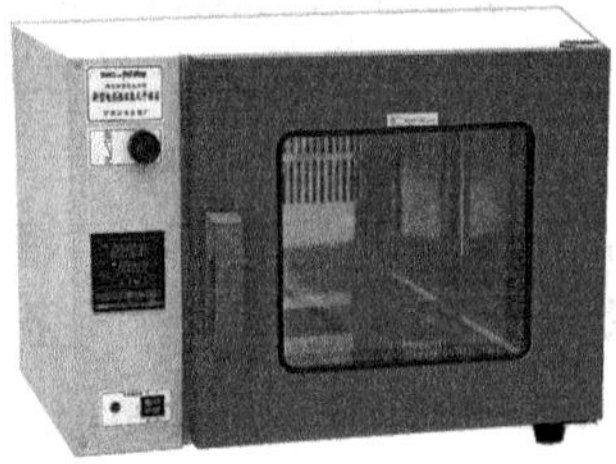

图 2-28　真空恒温干燥箱

干燥热敏性、易分解、易氧化物质和复杂成分物品进行快速高效的干燥处理。真空恒温干燥箱使用说明：放入样品(样品要放在烧杯、表面皿、瓷舟或金属托盘等容器上)，接上电源后，即可开启加热开关，再将温控旋钮由“0”位顺时针旋至一定刻度，此时烘箱内即开始升温，红色指示灯亮起。打开真空泵，关闭缓冲瓶通大气阀门，打开通干燥箱阀门，开始抽真空。当温度升至工作温度时，即将控温器旋钮按逆时针方向缓慢旋回，旋至指示灯刚熄灭，在指示灯明灭交替处即为恒温定点温度。由真空表所显示的真空度为真空恒温干燥箱内的真空度，根据待干燥物品的情况确定干燥时间。干燥结束后，先关闭真空恒温干燥箱电源，再打开通大气阀门，待真空表指示“0”后，才能开箱取出已干燥物品。

4. 红外灯干燥箱干燥

将样品放在烧杯、表面皿、瓷舟或金属托盘等容器上，放入红外灯干燥箱，接上电源后，使用红外灯直接照射待干燥固体，达到干燥目的。其特点是穿透性强，干燥速度快。

5. 干燥器干燥

对易吸湿或在较高温度干燥会分解或变色的固体化合物可用干燥器干燥，干燥器主要有普通干燥器、真空干燥器和真空恒温干燥器三种。

(1)普通干燥器(图 2-29)。普通干燥器盖与缸身之间的平面经过磨砂，在磨砂处涂以润滑脂，使之密闭。缸中有多孔瓷板，瓷板下面放置干燥剂，上面放置盛有待干燥样品的表面皿，盖上盖子，放置干燥。

(2)真空干燥器(图 2-30)。真空干燥器的干燥效率比普通干燥器好。真空干燥器上有玻璃活塞，用以抽真空，活塞下端呈弯钩状，口向上，防止在通大气时，因空气流入太快将固体冲散。最好另用一表面皿覆盖盛有样品的表面皿。在用水泵或真空泵抽气过程中，干燥器外围最好能以金属丝(或用布)围住，以确保安全。

使用的干燥剂应按样品所含的溶剂来选择。例如，五氧化二磷可吸水，生石灰可吸水和酸，无水氯化钙可吸水和醇，氢氧化钠吸收水和酸；石蜡片可吸收乙醚、氯仿、四氯化碳和苯等。有时在干燥器中同时放置两种干燥剂，如在底部放浓硫酸(在1L 浓硫酸中溶有 18g 硫酸钡的溶液放在干燥器底部，若已吸收了大量水分，则硫酸钡就沉淀出来，表明已不再适用于干燥而需更换)。另用浅的器皿盛氢氧化钠放在瓷板上，这样来吸收水和酸，效率更高。

图 2-29　普通干燥器

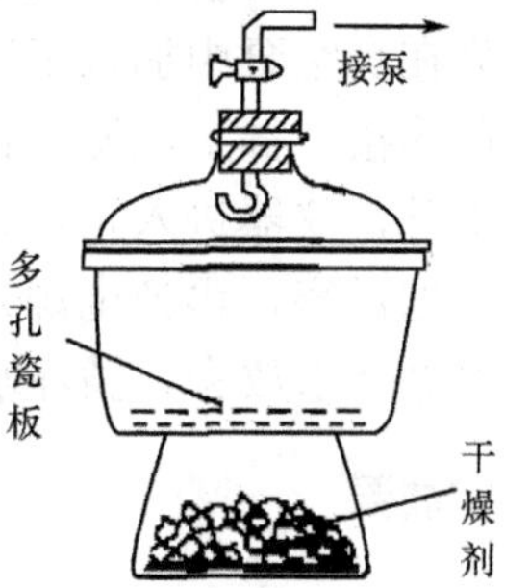

图 2-30　真空干燥器

(3)真空恒温干燥器(又称干燥枪，图 2-31)。对于一些在烘箱和普通干燥器中干燥或经红外线干燥还不能达到分析测试要求的样品，可用真空恒温干燥器干燥。

真空恒温干燥器的优点是干燥效率高，尤其是除去结晶水和结晶醇的效果好。使用前，应根据被干燥样品和被除去溶剂的性质选好载热溶剂(溶剂沸点应低于样品熔点)，将载热溶剂装进圆底烧瓶中。将装有样品的“干燥舟”放入干燥室，接上盛有五氧化二磷的曲颈瓶，用水泵或油泵减压。加热使溶剂回流，溶剂的蒸气充满夹层，样品就在减压和恒温的干燥室内被干燥。整个过程中，应每隔一定时间抽气一次，以便及时排除样品中挥发出来的溶剂蒸气，同时可使干燥室内保持一定的真空度。干燥完毕先去掉热源，待温度降至接近室温时，缓慢地解除真空，将样品取出置于普通干燥器中保存。真空恒温干燥器只适用于少量样品的干燥。

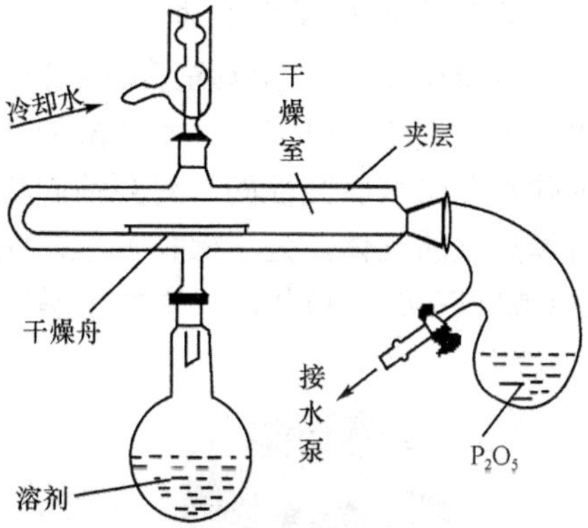

图 2-31　真空恒温干燥器(干燥枪)

2.8　抽真空设备及操作

2.8.1　循环水式真空泵

水泵分玻璃水泵和金属水泵，其效能与其结构、水压及水温有关。水泵所能达到的最低压力为当时室温下的水蒸气压。例如，水温为 6～8℃，水蒸气压为 0.93～1.07kPa。在夏天，水温为 30℃，则水蒸气压为 4.2kPa 左右。使用水泵进行减压蒸馏时常将其与缓冲瓶配合使用，以防止水的倒吸。

循环水式真空泵(图 2-32)代替普通水泵可以节约用水，另外还带有测压装置。

循环水式真空泵是实验室在减压要求不高时常用的抽气减压设备。使用循环水式真空泵时，先在真空泵中加入干净的循环水，将真空泵抽气口接上真空胶管并与抽滤瓶或缓冲瓶连接。插上电源，打开电源开关，关闭缓冲瓶上的两通活塞，真空表显示真空度上升，仪器进入正常运行状态，抽真空开始。抽真空结束后，先慢慢打开缓冲瓶的两通活塞，再把电源开关关闭，否则容易使循环水倒抽。长时间不用真空泵时，需将循环水放去。循环水最好能经常更换。

2.8.2　真空油泵

若要较低的压力，那就要使用油泵了。真空油泵(图 2-33)是对密封容器抽除气体而获得高真空度的基本设备，它的工作介质是油，它可单独使用，也可作为各类真空系统的前级泵和预抽泵。广泛应用于制冷、印刷、医疗、制药、食品包装、仪器、化工、半导体、电真空、气体分析、理化实验等。

油泵的效能取决于油泵的机械结构以及真空泵油的好坏(油的蒸气压必须很低)。好的油泵能抽至真空度为 0.133kPa。油泵结构较精密，工作条件要求较严。如果有挥发性的有机溶剂、水或酸的蒸气，都会损坏油泵。因此，真空油泵不适用于抽除对金属有腐蚀性的、对泵油起化学反应的、含有颗粒尘埃的以及含氧过量的、有爆炸性的气体。为了保护油泵，应在泵前面装填有硅胶(或氯化钙)、粒状氢氧化钠(或碱石灰)、粒状活性炭的干燥塔。此外，真空油泵不能作压缩泵或输送泵用。

图 2-32　循环水式真空泵

图 2-33　真空油泵

真空油泵在运转时，泵抽气口先敞开通大气，运转时间不得超过 3min，然后关闭通大气阀门开始抽气。使用完毕，先把泵抽气口与大气连通，再关闭电源。

真空油泵及四周环境应该保持清洁，防止杂物进入泵内。泵在运转过程中，油箱内的泵油量不得低于油标中心。不同种类和牌号的真空泵油，不可混合使用。泵在使用中，因系统损坏等特殊事故，进气口突然暴露在大气中时，应尽快停泵，并切断与系统连接的管道，防止喷油，污染场地。

真空泵由于存放或使用不当，水分或其他挥发性物质进入泵内而影响极限真空度，应打开气镇阀净化。当泵油受固体杂质或化学物质污染时，应更换泵油。换油步骤如下：先开泵运转半小时，使油变稀，然后停泵，旋下加油塞，放出脏油，再敞开进气口运转2min，此间可从进气口缓慢加入少量清洁的真空泵油，冲洗泵芯，脏油放完后，将放油塞旋上，并拧紧，旋下加油塞，利用漏斗从进油口加入清洁的真空油，再旋上加油塞。真空油泵不用时，应用橡皮塞帽把进、排气口塞好，以免脏物落入泵内。

2.9　旋转蒸发仪

2.9.1　基本简介

旋转蒸发仪主要用于在减压条件下连续蒸馏大量易挥发性溶剂。尤其对萃取液的浓缩和色谱分离时的接收液的蒸馏，可以分离和纯化反应产物。旋转蒸发仪的基本原理是减压蒸馏，也就是在减压情况下，当溶剂蒸馏时，蒸馏烧瓶在连续转动。

旋转蒸发仪的主要部件包括旋转马达、真空系统、蒸发器、冷凝器和接收器组成(图2-34)。蒸发器是一个带有标准磨口接口的梨形或圆底烧瓶，通过一高度回流蛇形冷凝管与减压泵相连，回流冷凝管另一开口与带有磨口的接收烧瓶相连，用于接收被蒸发的有机溶剂。在冷凝管与减压泵之间有一个三通活塞，当体系与大气相通时，可以将蒸馏烧瓶和接液烧瓶取下，进行溶剂转移，当体系与减压泵相通时，则体系应处于减压状态。

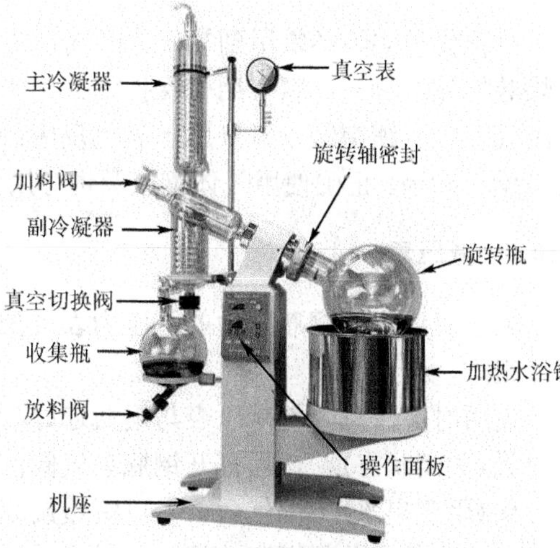

图2-34　旋转蒸发仪

2.9.2　工作原理

通过电子控制，使烧瓶在最适合速度下恒速旋转，以增大蒸发面积。通过真空泵使蒸发烧瓶处于负压状态。蒸发烧瓶在旋转的同时置于水浴锅中恒温加热，瓶内溶液在负压下在旋转烧瓶内进行加热扩散蒸发。旋转蒸发仪系统可以密封减压至400～600mmHg(1mmHg=1.333 22×10^2Pa)；用加热浴加热蒸馏烧瓶中的溶剂，加热温度可接近该溶剂的沸点；同时还可进行旋转，速度为50～160r/min，使溶剂形成薄膜，增大蒸发面积。此外，在高效冷却器作用下，可将热蒸气迅速液化，从而加快蒸发速率。由于蒸发仪的不断旋转，可免加沸石而不会暴沸。

2.9.3 使用方法

按说明书要求安装好旋转蒸发仪，接好冷却水，接通电源。把待蒸发溶液(溶液量一般不超过 50%为宜)倒入旋转蒸发烧瓶中，安装在转动接口上，并用连接固定器件固定好。打开真空泵，检查系统是否漏气，然后开通冷却水，打开转动开关(开机前先将调速旋钮左旋到最小)，从零调节转速至所需速度，一般大蒸发瓶用中低速，黏度大的溶液用较低转速。用水浴加热开始蒸馏。若溶液量太多，可使用吸料口分批吸入蒸发料液。蒸馏结束后，先撤去水浴，然后通大气，再关闭转动开关，最后关闭真空泵和旋转蒸发仪电源。

旋转蒸发仪使用注意事项：①玻璃零件接装应轻拿轻放，装前应洗干净、擦干或烘干；②各接口、密封面密封圈及接头安装前都需要涂一层真空脂；③加热槽通电前必须加水，不允许干烧；④若真空抽不上来需检查各接头接口是否密封、密封圈是否有效、主轴与密封圈之间的真空脂是否涂好、真空泵及其皮管是否漏气或玻璃件是否有裂缝、碎裂、损坏的现象。

2.10 气体钢瓶及用气操作

有机化学实验经常用到氧气、氯气、二氧化碳、氢气、光气、压缩空气、氨气、乙炔等气体。氮气、氩气用作保护气，用于避免反应体系中易氧化的组分发生氧化等副反应；压缩空气、氧气用于氧化反应；氢气、氯气、氨气、光气、二氧化碳等用作反应物等。正确使用气体钢瓶及进行用气实验操作，对于实验室安全极为重要。

2.10.1 减压表

减压表由指示钢瓶压力的总压力表、控制压力的减压阀和减压后的分压力表三部分组成。

使用时应注意，把减压表与钢瓶连好(勿猛拧！)后，将减压表的调压阀旋到最松位置(关闭状态)，然后打开钢瓶总气阀门，总压力表即显示瓶内气体总压。检查各接头(用肥皂水)不漏气后，方可缓慢旋紧调压阀门，使气体缓缓送入系统。使用完毕时，应首先关紧钢瓶总阀门，排空系统的气体，待总压力表与分压力表均指到“0”时，再旋松调压阀门。如钢瓶与减压表连接部分漏气，应加垫圈使之密封，切不可用麻丝等物品堵漏，特别是氧气钢瓶及减压表绝对不能涂油。

2.10.2 钢瓶

钢瓶又称高压气瓶，是一种在加压下储存或运送气体的容器，通常有铸钢的、低合金钢的等。氢气、氮气、氧气、空气等在钢瓶中呈压缩气状态，二氧化碳、氨气、氯气、石油气等在钢瓶中呈液化状态。乙炔钢瓶内装有多孔性物质(如木屑、活性炭等)和丙酮，乙炔气体在压力下溶于其中。为了防止各种钢瓶混用，全国统一规定了瓶身、横条以及标字的颜色，以示区别。现将常用的几种钢瓶的标字颜色摘录于表 2-8 中。

表 2-8 常见几种钢瓶的标字颜色

气体类别	瓶身颜色	横条颜色	标字颜色
氮气	黑	棕	黄
空气	黑		白
二氧化碳	黑		黄
氧气	天蓝		黑
氢气	深绿		红
氯气	草绿	红	白
氨气	黄	白	黑
其他可燃性气体	红		
其他不可燃性气体	黑		

使用钢瓶时应注意：

(1)钢瓶应放置在阴凉、干燥、远离热源的地方，避免热晒。氢气钢瓶应放在与实验室隔开的气瓶房内。实验室中应尽量少放钢瓶。

(2)搬运钢瓶时要旋上瓶帽，套上橡皮圈，轻拿轻放，防止摔碰或剧烈振动。

(3)使用钢瓶时，若直立放置应有支架或用钢丝绑住，以免歪倒；若水平放置应垫稳，防止滚动，还应防止油和其他有机化合物沾污钢瓶。

(4)钢瓶使用时要用减压表，各种减压表不得混用。一般可燃性气体(氢气、乙炔等)钢瓶的气门螺纹是反向的，不燃或助燃性气体(氮气、氧气等)钢瓶的气门螺纹是正向的。开启气门时应站在减压表的另一侧，以防减压表脱出而伤人。

(5)钢瓶中的气体不可用完，应留有 0.5%表压以上的气体，以防止重新灌气时发生危险。

(6)用可燃性气体时一定要有防止回火的装置(有的减压表带有此种装置)。在导管中塞细铜丝网，管路中加液封可以起到保护作用。

(7)钢瓶应定期试压检验(一般钢瓶三年检验一次)。逾期未检验或锈蚀严重或漏气的钢瓶，不得使用。

2.10.3 用气操作

使用氮气、氩气等保护气体以及氧气、压缩空气、少量二氧化碳等无毒无害的反应气体时，可在敞口容器中进行，用气时直接将气体用导气管通入反应体系中即可；使用氯气、光气、氨气等有毒有害的气体时，要在密闭耐压容器中进行，若使用少量的这些气体，要在反应器上连接气体吸收装置；使用氢气、乙炔等易燃易爆气体时，要在密闭耐压容器中进行，且要注意不能漏气，以免发生危险。

2.11 气体吸收装置及使用

许多反应可能产生有害气体，这些反应一定要在通风橱或通风良好的地方进行，并连接气体吸收装置。气体吸收装置(图 2-35)用于吸收反应过程中生成的有刺激性和水溶性气体(如 HCl、NH_3、SO_2 等)，图 2-35(a)和 2-35(b)所示装置可用作少量气体的吸收装置。图 2-35(a)中的玻璃漏斗应略微倾斜使漏斗口一半在水中，一半在水面上，这样可防止气体逸出，也可防止水倒吸至反应瓶中。若反应过程中有大量气体生成或气体逸出很快时，可使用图 2-35(c)的装置，水自上端流入(可利用冷凝管流出的水)抽滤瓶中，在恒定的平面上溢出。待吸收的气体也从上端进入，粗的玻璃管恰好伸入水面，被水封住，以防止气体逸入大气中。图中粗玻璃管也可用 Y 形管代替。

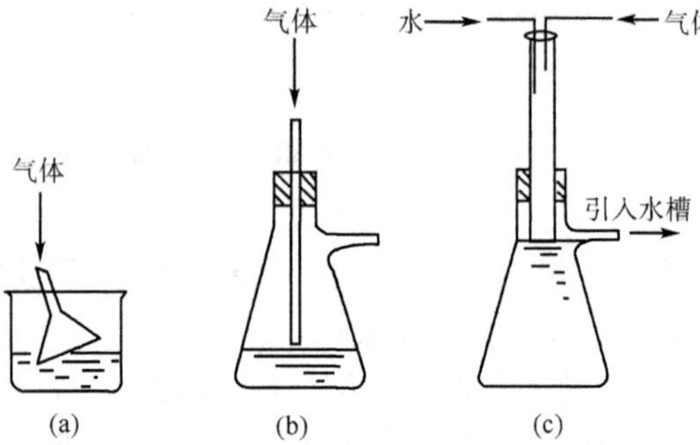

图 2-35 气体吸收装置

第 3 章　有机化合物物理常数的测定及结构的鉴定

3.1　有机化合物物理常数的测定

3.1.1　熔点的测定及温度计的校正

1. 基本原理

熔点是指物质在一定大气压下固态与液态处于平衡时的温度。固体熔点的测定通常是将晶体加热到一定温度，晶体就开始由固态转变为液态，测定此时的温度就是该晶体的熔点。

纯净的固体有机化合物一般都有固定的熔点，而且熔点范围(又称熔程或熔距，是指由始熔至全熔的温度间隔)很小，一般不超过 0.5～1℃；若物质不纯，熔点就会下降，且熔点范围就会扩大。利用这一性质可以判断物质的纯度和鉴别未知化合物。例如，在实际工作中得到一个未知化合物，测得其熔点与某一已知化合物的熔点相同或者十分相近时，将未知样品与已知样品等量混合后测定其混合熔点。若熔点没有变化，且熔点范围不超过 1℃，一般可以认为二者是同一物质，如果混合熔点发生变化，熔点范围大，则可判定它们不是同一物质。这种鉴定方法称为混合熔点法。

有少数易分解的化合物，虽然很纯净，但也没有固定的熔点，熔点范围也较大。这是因为它们受热后，在尚未熔化之前就已局部分解，由于分解产物的存在，因此相当于给样品掺入了杂质。这类物质分解的早晚与加热的速率有关，往往是加热快测得的熔点高，加热慢测得的熔点低。

有时在测定熔点时，发现样品的熔化过程有颜色变化，或有气体放出，说明物质发生了分解，此时的温度是其分解点，报告熔点时应该说明，如 220℃(分解)。

2. 测定方法

有机化合物的熔点常用毛细管法和显微熔点测定仪法来测定。

1)毛细管法测熔点

(1)热浴的准备与安装。把提勒管(b 形管)垂直固定在铁架台上，装入浴液至液面刚好到侧管上口沿(图 3-1)。

(2)样品的装填。选取一根直径约 1mm，长 9～10cm 的毛细管，用灯焰将其一端熔封。再取待测样品少许放在干净的表面皿上，研细(否则会使测定熔点范围增大)

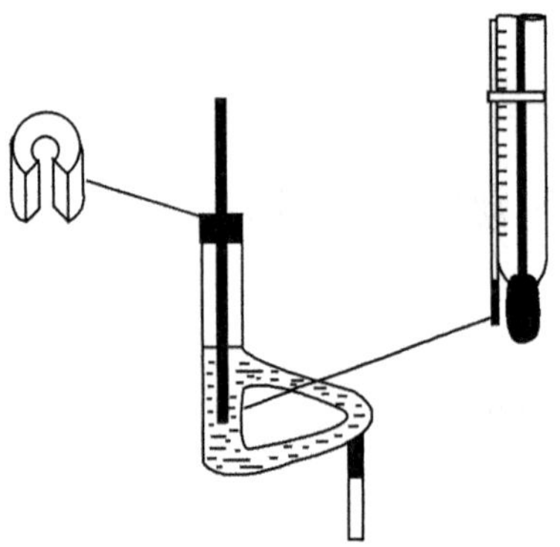

图 3-1　毛细管法测定熔点装置

聚成小堆，使毛细管的开口端插入样品粉末堆中数次，至毛细管内样品的高度为 2～3mm 为止，然后把毛细管翻转过来，开口端朝上，熔封端朝下，将其投入一根直立于实验台面的 30～40cm 长的玻璃管内，让其自由下落，使样品粉末填入管底，夯实。填好的毛细管应是样品柱表面光滑、均匀、紧密（这是确保实验准确度的关键步骤之一），否则会使导热不迅速、不均匀，测定结果有偏差。

(3) 实验装置的安装。把装填好的毛细管用小橡皮圈固定在温度计的一侧，让样品柱紧贴在温度计水银球的中央部位（橡皮圈应尽量套在靠近毛细管的开口端，切勿让其接触浴液面），然后用开口塞子把温度计固定好，使温度计及样品管垂直悬浸在热浴中，温度计的水银球应处在提勒管两侧口的中间部位，不与浴壁接触，样品柱应面对观察者。

(4) 加热操作与观测。安装好装置后，把灯焰固定在其侧管外端下方加热，这样浴液因受热发生循环流动而起到传热搅拌作用。开始可较快加热（每分钟升温 4～6℃），距离熔点约 10℃时，改用小火加热（每分钟升温 1～2℃），越接近熔点（距熔点约 2℃）升温速度越慢（每分钟 0.2～0.3℃）（注意：正确掌握升温速度是准确测定熔点的关键），此期间要特别注意观察样品；当发现样品柱面由光滑变粗糙，出现塌落、凹陷现象，且伴有小液珠出现时，表示样品已开始熔化（初熔），记录此时温度，继续小火加热，直到样品全部转化为透明液体时（全熔），记录此温度，此即样品的熔点。

第二次测定时浴液温度需冷至熔点以下 40℃左右，且须更换毛细管（因为有时某些化合物部分分解，有些经加热会转变为具有不同熔点的其他结晶形式），两次结果差别应在 1℃以内。

2) 显微熔点测定仪法测熔点

用显微熔点测定仪测定熔点具有样品用量少（通常少于 0.1mg），可观察出样品在被加热过程中晶形的转化及变化过程，能精确读出样品的初熔温度值与全熔温度值，并能测定高熔点样品（室温～350℃）等优点。显微熔点测定仪的型号有很多，不同型号的熔点测定仪的使用方法和操作步骤不同，但大同小异，使用前最好仔细阅读仪器使用说明书，小心操作，仔细观察。

以 X-4 型显微熔点测定仪（图 3-2）为例，介绍测定熔点的方法。

(1) 仪器的基本构造。显微熔点测定仪主要由显微镜、加热台和温度检测器三大部分组成。仪器采用加热台和显微镜组合成一体的结构，温度检测器为插入式，使用方便，简单可靠。

(2) 测定熔点操作。首先将待测物品进行干燥处理，然后用蘸有丙酮或乙醇的脱脂棉将载玻片擦拭干净并吹干，将感温棒轻轻插入加热台的感温插孔内。取适量待测样品(不大于 0.1mg)用两个载玻片夹住，轻轻研磨、压实，让样品形成很薄的一层，放置在热台中央，盖上隔热玻璃。调节显微镜的调焦手轮，直到看见清晰的待测样品图像。开启电源加热，用可调变压器调节加热速度。开始升温速度可快一些，快接近预计熔点温度时缓慢升温，此时要注意观察晶体变化，当晶体棱角变圆或出现明显液滴时，表明已开始熔化(初熔)，记录此温度，继而晶体变成小圆珠(全熔)，记录此温度，即为该物质的熔点。如果结晶迅速地熔化成透明液滴并连成片，说明熔点已过，这是由加热过快造成的，需要重新测定。重复测试时，需待加热台温度下降到待测样品熔点温度以下 40℃左右。

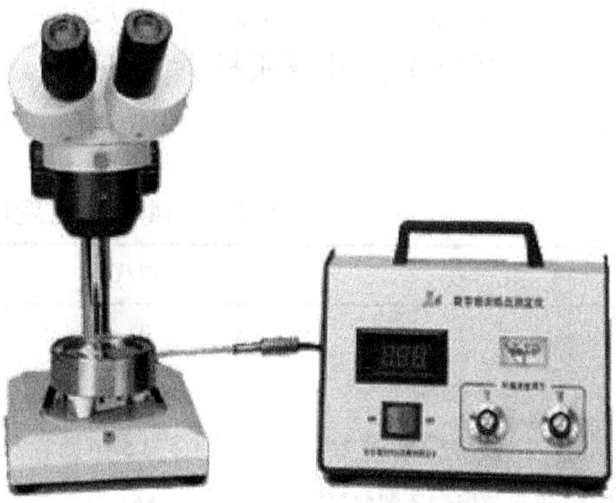

图 3-2　X-4 型显微熔点测定仪

测量完毕后，应及时切断电源，稍冷，用镊子取下载玻片，将散热器放在加热台上，加速冷却。随后用丙酮拭洗载玻片，晾干，以备再用。待仪器完全冷却后，整理好全部零部件，安放在仪器箱中，并将实验台面收拾干净。

3. 温度计的校正

用普通温度计测定的熔点与真实熔点通常有一定的偏差。其原因可能来自两方面：一方面是温度计的刻度不准确，或是由于长期使用中，反复加热与冷却而导致温度计的零点变动。另一方面则是由于温度计的刻度是在汞柱全部均匀受热的情况下刻出来的，而在测定熔点时，仅将温度计的一部分浸入热溶液中，有一大段汞柱外露在浴液面以上。结果外露的汞柱所指示的温度值就会偏低。因此，若要得到精确的熔点值，必须对温度计进行校正。

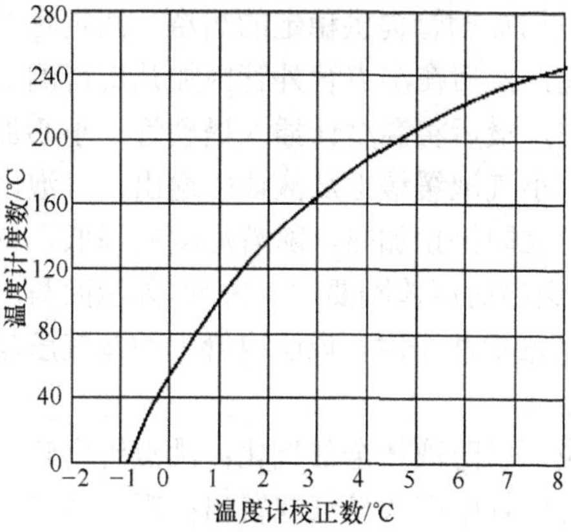

图 3-3　温度计刻度校正曲线

常用的校正方法是用纯净化合物的熔点作标准进行校正。具体步骤是：将待校正的温度计浸入水-冰(蒸馏水冻结而成)的混合液中，标定其零点。然后用此温度计分别测定一系列已知熔点的标准样品的熔点。用观察到的熔点值 t_2(℃)作纵坐标，以观察值 t_2 与标准熔点值 t_1 之差 Δt 为横坐标作图，即得到一条校正曲线(图 3-3)，这样凡是用这支温度计测得的温度均可在曲线上找到校正数值(用此法校正的温度计，可不必再进行外露汞柱读数校正)。表 3-1 是供校正温度计刻度用的纯化合物及其熔点。

表 3-1　供校正温度计刻度用的化合物的熔点

化合物	熔点/℃	化合物	熔点/℃
水-冰	0	乙酰苯胺	114
α-萘胺	50	苯甲酸	122
二苯胺	53.5	脲	132
对硝基苯甲酸乙酯	56	水杨酸	159
苯甲酸苯酯	69	对苯二酚	170
8-羟基喹啉	76	马尿酸	187
香荚兰醛	82	3，5 二硝基苯甲酸	205
间二硝基苯	89.5	蒽	216
α-萘酚	96	对硝基苯甲酸	239
邻苯二酚	104	酚酞	265
间苯二酚	112	蒽醌	285

3.1.2　沸点及其测定

液体的蒸气压与温度成正比。当蒸气压达到与外界压力相等时，液体沸腾，此时的温度称为该化合物在此压力下的沸点。沸点是液体有机化合物重要的物理性质，纯净的液体有机化合物一般都具有固定的沸点。通过沸点的测定可以初步判断液体的纯度。沸点的测定有常量法和微量法两种，常量法测定沸点采用蒸馏装置，在操作上与蒸馏相同，详见蒸馏操作。

微量法测定沸点可用图 3-4 的装置，可以用提勒管提供稳定的热浴。测定时首先将沸点管外管与温度计用橡皮圈固定在一起，然后在沸点管外管内加几滴待测液体，将沸点管内管开口端向下插入被测液体中，最后将温度计插入提勒管。小心加热提勒管，由于内管中气体受热膨胀，很快有小气泡缓缓地从液体中逸出。气泡由缓慢逸出变为快速且连续不断地往外冒，此时立即停止加热，随着温度的降低，气泡逸出的速度也明显地减慢。当看到气泡不再逸出而液体刚要进入内管(外液面与内液面等高)的一刻，马上记录此时的温度。当两液面相平时，说明内管中的蒸气压与外界压力相等，这时的温度即为该液体的沸点。

微量法测定沸点时应注意，加热不能过快，以防液体全部气化；沸点管内管中的空气要尽量赶净，正式测定前，应让沸点管内管中有大量气泡冒出；观察要仔细及时并重复几次，其误差不得超过 1℃。

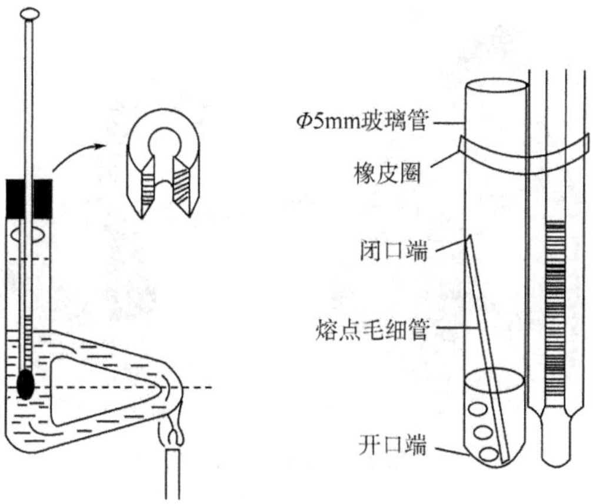

图 3-4　微量法沸点测定装置

3.1.3　折射率及其测定

折射率(又称折光率)是有机化合物的重要物理常数之一。它是液体物质的纯度标志，可作为定性鉴定的手段，也可用于确定液体混合物的组成。

1. 基本原理

一般地说，光在两种不同介质中的传播速度是不相同的，所以光线从一种介质进入另一种介质时，若它的传播方向与两种介质的界面不垂直，则在界面处的传播方向会发生改变，这种现象称为光的折射现象。

根据折射定律，折射率是光线入射角与折射角的正弦之比，即 $n=\sin\alpha/\sin\beta$。其中，n 为折射率；$\sin\alpha$ 为光线入射角的正弦；$\sin\beta$ 为折射角的正弦。化合物的折射率与它的结构及入射光线的波长、温度、压强等因素有关。通常大气压的变化的影响不明显，只是在精密的测定工作中才考虑压强因素。所以折射率的表示须注明所用的光线和测定时的温度，常用 n_D^t 表示，D 是以钠灯的 D 线(589nm)做光源。常用的折射仪虽然是用白光为光源，但用棱镜系统加以补偿，实际测得的仍为钠光 D 线的折射率；t 是测定折射率时的温度。

2. 测定方法

折射率的测定常用的是阿贝(Abbe)折射仪(图 3-5)。阿贝折射仪操作简便、容易掌握，是有机化学实验室中的常用仪器。

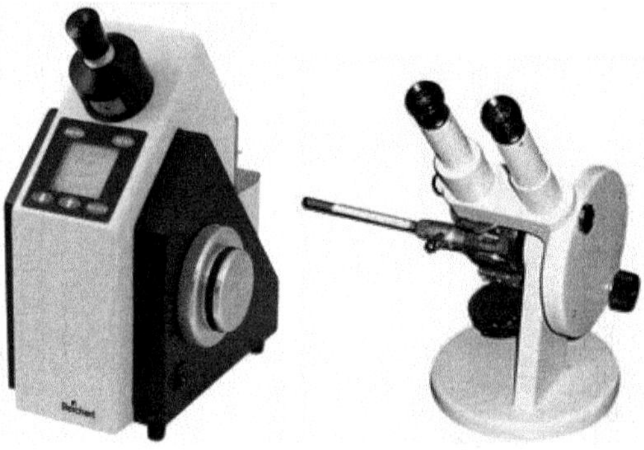

图 3-5　阿贝折射仪

阿贝折射仪的使用方法如下：

(1)将阿贝折射仪置于靠窗口的桌上或白炽灯前，但避免阳光直射。将折射仪与恒温水浴连接，调节所需要的温度，同时检查保温套的温度计是否精确。

(2)松开锁钮，打开棱镜，滴加 1～2 滴丙酮于玻璃面上，合上两棱镜，待镜面全部被丙酮湿润后再打开，用擦镜纸轻擦干净。

(3)用重蒸蒸馏水进行较正。

打开棱镜，滴加 1 滴蒸馏水于下面镜面上，在保持下面镜面水平的情况下关闭棱镜，转动刻度盘罩外手柄(棱镜被转动)，使刻度盘上的读数等于蒸馏水的折射率($n_D^{20}=1.332\,99$，$n_D^{25}=1.3325$)。调节反射镜使入射光进入棱镜组，并从测量望远镜中观察，使视场最明亮，然后调节测量镜(目镜)，使视场十字线交点最清晰。

转动消色调节器，消除色散，得到清晰的明暗界线，然后用仪器附带的小旋棒旋动位于镜筒外壁中部的调节螺丝，使明暗线对准十字交点，校正即完毕。

(4)测定。

用丙酮清洗镜面后，滴加 1～2 滴样品于毛玻璃面上，闭合两棱镜，旋紧锁钮。如样品很易挥发，可用滴管从棱镜间小槽中滴入。

转动刻度盘罩外手柄(棱镜被转动)，使刻度盘上的读数为最小，调节反射镜使光进入棱镜组，并从测量望远镜中观察，使视场最明亮，再调节目镜，使视场十字线交点最清晰。

再次转动罩外手柄，使刻度盘上的读数逐渐增大，直至观察到视场中出现半明半暗现象，并在交界处有彩色光带[图 3-6(a)]，这时转动消色散手柄，使彩色光带消失，得到清晰的明暗分界线[图 3-6(b)]，继续转动罩外手柄使明暗分界线正好与目镜中的十字线交点重合[图 3-6(c)]。从刻度盘上直接读取折射率。

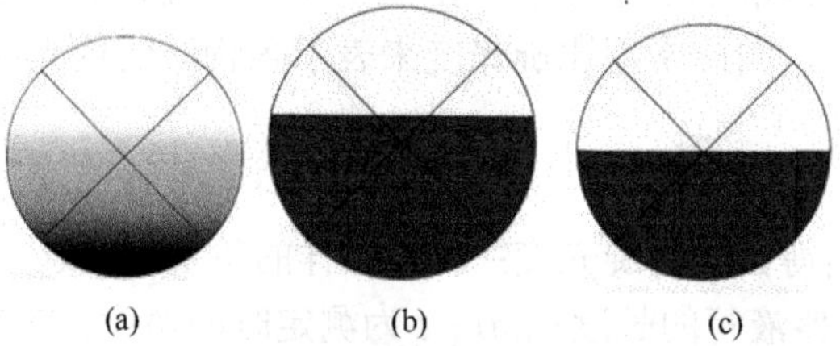

图 3-6　调节过程中在目镜中看到的图像

(5)注意事项。

使用阿贝折射仪时应注意：①要特别注意保护棱镜镜面，滴加液体时防止滴管口划到镜面；②每次擦拭镜面时，只许用擦镜纸轻擦，测试完毕，也要用丙酮洗净镜面，待干燥后才能合拢棱镜；③不能测量带有酸性、碱性或腐蚀性的液体；④若无恒温槽，所得数据要加以修正，通常温度每升高 1℃，液态化合物的折射率降低(3.5～5.5)$\times 10^{-4}$。

3.1.4　旋光度及其测定

1. 基本原理

只在一个平面上振动的光称为平面偏振光，简称偏振光。物质能使偏振光的振动平面旋转的性质称为旋光性或光学活性。具有旋光性的物质称为旋光性物质或光学活性物质。旋光性物质使偏振面旋转的角度称为旋光度。旋光度有右旋、左旋之分，偏振光向右旋转(顺时针方向)称为“右旋”，用符号“+”表示；偏振光向左旋转(逆时针方向)称为“左旋”，用符号“−”表示。许多有机化合物，特别是很多的天然有机化合物，如氨基酸、生物碱和碳水化合物等，都具有旋光性。通过旋光度的测定可检查旋光性物质的纯度和含量，甚至可测定旋光性物质的反应速率常数，因此旋光度的测定对于确定某些有机反应的反应机理也是很有意义的。

旋光仪是测定物质旋光度的仪器，主要由一个光源、两个尼科尔棱镜和一个盛测试样品的盛液管组成。普通光经第一个棱镜(起偏镜)变成偏振光，然后通过盛液管，再由第二个棱镜(检偏镜)检验偏振光的振动方向是否发生了旋转，观察旋转的方向并确定旋转的角度(图 3-7)。

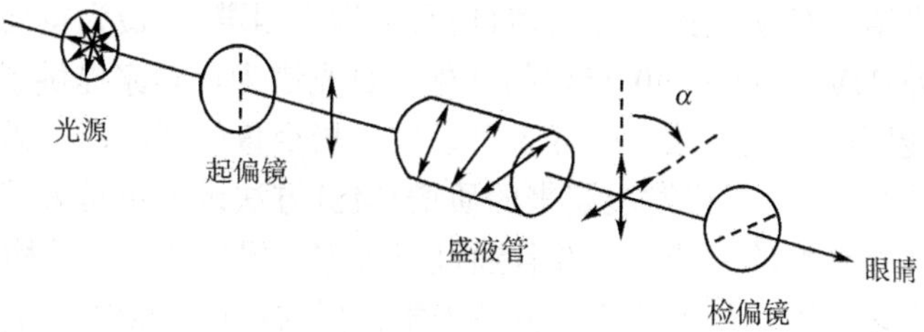

图 3-7　旋光仪示意图

物质的旋光度与溶液的质量浓度、溶剂、温度、盛液管(旋光管)长度和所用光源的波长等都有关系，因此常用比旋光度来表示各物质的旋光性：

$$[\alpha]_{\mathrm{D}}^{t}=\frac{\alpha}{cL}$$

式中，α 为旋光仪测得试样的旋光度；c 为试样的质量浓度($\mathrm{g\cdot mL^{-1}}$)，若试样为纯液体则为密度；L 为盛液管的长度(dm)；t 为测定时的温度；D 为旋光仪使用的钠光光源的波长(589.3nm)。

2. 旋光仪的使用方法

(1)开机。将仪器电源接入 220V 交流电源，打开电源开关，这时钠光灯应启亮，需经 5min 钠光灯预热，使之发光稳定。打开直流开关，若直流开关扳上后，钠光灯熄灭，则再将直流开关上下重复扳动一两次，使钠光灯在直流下点亮，为正常。打开测量开关，这时数码管应有数字显示。

(2)零点的校正。将装有蒸馏水或其他空白溶剂的样品管放入样品室，盖上箱盖，待示数稳定后，按清零按钮。样品管中若有气泡，应先让气泡浮在凸颈处。通光面两端的雾状水滴应用软布揩干。试管螺帽不宜旋得过紧，以免产生应力，影响读数。样品管安放时应注意标记的位置和方向。按下复测开关，使读数盘仍回到零处。重复操作三次。

(3)测定旋光度。将盛液管取出，倒掉空白溶剂，用待测溶液冲洗两三次，将待测样品注入盛液管，按相同的位置和方向放入样品室内，盖好箱盖。仪器数显窗将显示出该样品的旋光度。逐次按下复测按钮，重复读几次数据，取平均值作为样品的测定结果。

(4)关机。仪器使用完毕后，应依次关闭测量、光源、电源开关。

3.2 有机化合物的结构鉴定

3.2.1 概述

有机化合物的结构测定是有机化学基本内容的重要组成部分。20 世纪 30～50 年代发展起来的波谱学知识为阐明有机化合物结构提供了强有力的工具，其中以紫外光谱、红外光谱、核磁共振谱和质谱(通常称为“四谱”)最为重要。20 世纪 30 年代发展的紫外(UV)光谱和 40 年代的红外(IR)光谱为化学家提供了识别有机化合物生色基和官能团的有效方法。研究者可以采用极少量的样品，非破坏性的实验得到有关结构的信息。50 年代发展起来的质谱(MS)方法进一步带来革命性的影响，质谱实验可给出化合物的分子式，并且通过裂解方式提供分子的结构信息。

对有机结构化学影响最大的谱学方法当推核磁共振谱(NMR)。它对有机化学的影响是迅速的并且是震撼性的。近 50 年来，有机波谱学尤其是 NMR 技术的发展改革了天然产物结构鉴定的方法。波谱技术已成为探究大自然中分子内部秘密的最可靠、最有效的手段。今天波谱学已成为天然有机化学家使用的不可或缺的工具。可以预期，即使在将来的千年岁月它们也一定是必不可少的。随着波谱技术的飞速发展，将会有更多的新技术为化学家所掌握，那时测定天然产物结构将会变得更加容易。

本章主要介绍红外光谱、核磁共振谱和质谱的基本知识及应用。

3.2.2　红外光谱

红外光谱(infrared spectroscopy，IR)的研究开始于 20 世纪初期，自 1940 年商品红外光谱仪问世以来，红外光谱在有机化学研究中得到广泛的应用。20 世纪初，Coblentz 已发表了 100 多种有机化合物的红外光谱图，为有机化学家提供了鉴别未知化合物的有力手段。到 70 年代，在电子计算机蓬勃发展的基础上，傅里叶变换红外光谱(FTIR)实验技术进入现代化学家的实验室，成为结构分析的重要工具。它以高灵敏度、高分辨率、快速扫描、联机操作和高度计算机化的全新面貌使经典的红外光谱技术再获新生。

1. 基本原理

当一束具有连续波长的红外光通过物质，使物质分子中某个基团的振动频率或转动频率和红外光的频率一致时，分子就吸收能量由原来的基态振(转)动能级跃迁到能量较高的振(转)动能级，分子吸收红外辐射后发生振动和转动能级的跃迁，该处波长的光就被物质吸收。所以，红外光谱法实质上是一种根据分子内部原子间的相对振动和分子转动等信息来确定物质分子结构和鉴别化合物的分析方法。将分子吸收红外光的情况用仪器记录下来，就得到红外光谱图。红外光谱图通常用波长(λ)或波数(σ)为横坐标，表示吸收峰的位置；用透射率(T, %)或者吸光度(A)为纵坐标，表示吸收强度。图 3-8 为仲丁醇的红外光谱图。

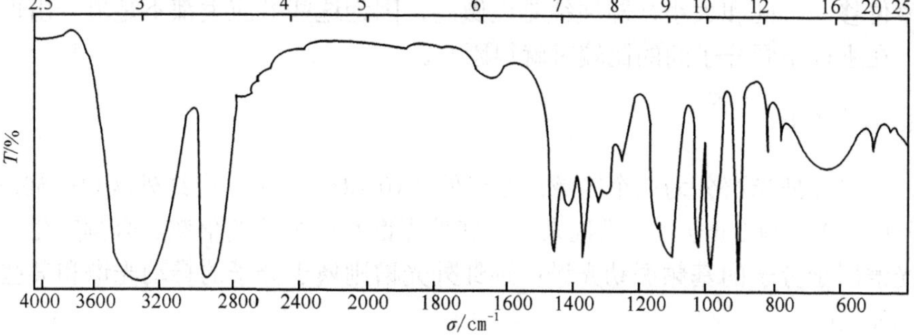

图 3-8　仲丁醇的红外光谱图

当外界电磁波照射分子时，若照射的电磁波的能量与分子的两能级差相等，该频率的电磁波就被该分子吸收，从而引起分子对应能级的跃迁，宏观表现为透射光强度变小。电磁波能量与分子两能级差相等为物质产生红外光谱必须满足的条件之一，这决定了吸收峰出现的位置。

红外光谱产生的第二个条件是红外光与分子之间有偶合作用，为了满足这个条件，分子振动时其偶极矩必须发生变化。这实际上保证了红外光的能量能传递给分子，这种能量的传递是通过分子振动偶极矩的变化来实现的。并非所有的振动都会产生红外吸收，只有偶极矩发生变化的振动才能引起可观测的红外吸收，这种振动称为红外活性振动；偶极矩等于零的分子振动不能产生红外吸收，称为红外非活性振动。

分子的振动形式可以分为两大类：伸缩振动和弯曲振动。前者是指原子沿键轴方向的往复运动，振动过程中键长发生变化；后者是指原子垂直于化学键方向的振动。通常用不同的符号表示不同的振动形式。例如，伸缩振动可分为对称伸缩振动和反对称伸缩振动，分别用ν_s和ν_{as}表示。弯曲振动可分为面内弯曲振动(δ)和面外弯曲振动(γ)。从理论上来说，每一个基本振动都能吸收与其频率相同的红外光，在红外光谱图对应的位置上出现一个吸收峰。实际上有一些振动分子没有偶极矩变化，是红外非活性的；另外有一些振动的频率相同，发生简并；还有一些振动频率超出了仪器可以检测的范围，这些都使得实际红外谱图中的吸收峰数目大大低于理论值。

组成分子的各种基团都有自己特定的红外特征吸收峰。不同化合物中，同一种官能团的吸收振动总是出现在一个窄的波数范围内，但它不是出现在一个固定波数上，具体出现在哪一波数，与基团在分子中所处的环境有关。引起基团频率位移的因素是多方面的，其中外部因素主要是分子所处的物理状态和化学环境，如温度效应和溶剂效应等。对于导致基团频率位移的内部因素，迄今已知的有分子中取代基的电性效应(如诱导效应、共轭效应、中介效应、偶极场效应等)和机械效应(如质量效应、张力引起的键角效应、振动之间的耦合效应等)。这些问题虽然已有不少研究报道，并有较为系统的论述，但是，若想按照某种效应的结果来定量地预测有关基团频率位移的方向和大小，却往往难以做到，因为这些效应大都不是单一出现的。这样，在进行不同分子间的比较时就很困难。

2. 基本分区

通常将红外光谱分为三个区域：近红外区(0.78～3μm)、中红外区(3～50μm)和远红外区(50～1000μm)。一般说来，近红外光谱是由分子的倍频、合频产生的；中红外光谱属于分子的基频振动光谱；远红外光谱则属于分子的转动光谱和某些基团的振动光谱。

由于绝大多数有机化合物和无机化合物的基频吸收带都出现在中红外区，因此中红外区是研究和应用最多的区域，积累的资料也最多，仪器技术最为成熟。

通常所说的红外光谱即指中红外光谱。常见有机化合物的红外光谱特征吸收频率见表 3-2。

表 3-2　常见基团的特征吸收频率

化学键类型（振动方式）	频率/cm^{-1}（化合物类型）	化学键类型（振动方式）	频率/cm^{-1}（化合物类型）
O—H（伸缩）	3600～3200（醇、酚）	C≡C（伸缩）	2200～2100（不对称炔烃）
	3600～2500（羧酸）	C≡N（伸缩）	2280～2240（腈）
N—H（伸缩）	3500～3300（胺、亚胺）	—C—H（面内弯曲）	1740～1400（CH_3）
	3350～3180（伯酰胺）		1380～1360（CH_3）
	3320～3060（仲酰胺）		1485～1445（CH_2）
C—O（伸缩）	1250～1000	=C—H（面外弯曲）	995～985，915～905（单取代烯）
C=O（伸缩）	1750～1710（醛、酮）		980～960（反式二取代）
	1725～1700（羧酸）		730～660（顺式二取代）
	1800～1850（酸酐）		910～890（同碳二取代）
	1815～1770（酰卤）		840～790（三取代）
	1750～1720（酯）	≡C—H（面外弯曲）	660～630（末端炔烃）
	1700～1680（酰胺）	Ar—H（面外弯曲）	770～730，710～680（五个相邻氢）
≡C—H（伸缩）	3320～3310（炔烃）		770～730（四个相邻氢）
=C—H（伸缩）	3100～3010（烯烃、芳香烃）		810～760（三个相邻氢）
—C—H（伸缩）	2950～2850（烷烃）		840～800（两个相邻氢）
C=C（伸缩）	1680～1620（烯烃）		900～860（隔离氢）

红外光谱的吸收峰大体分为两大区域：

(1) 4000～1330cm^{-1} 区域：特征谱带区，或称为官能团区。此区域是红外光谱分析的主要依据。

(2) 1330～650cm^{-1} 区域：指纹区。每一化合物在指纹区都有它自己的特征光谱，对分子结构的鉴定能提供重要信息。

从红外光谱推测化合物的结构，必须熟悉各官能团特征吸收峰的位置。

键的峰位波数值只是在某一范围内，而不是一个定值，这是因为分子内各化学键的振动并不是孤立的，而是受邻近基团以及整个分子其他部分的影响。例如，C—O 的伸缩振动吸收峰在酮、酯、酰胺等不同化合物中就有差别；醇、酚、羧酸类由于氢键的形成，ν_{O-H} 向低波数位移。

3. 红外光谱的解析

1) 谱图解析的方法

利用红外光谱进行分析，大致可分为官能团定性分析和结构分析两方面。官能团定性是根据化合物的红外光谱的特征峰，测定物质含有哪些官能团，从而确定化合物的类别。结构分析是由化合物的红外光谱，结合其他性质测定有关化合物的化学结构式或立体结构。在进行化合物的鉴定及结构分析时，对谱图经常用到直接法、否定法和肯定法。

(1) 直接法。对已知物的标准品与被测品在相同的条件下测定红外光谱，并进行对照，完全相同时则可肯定为同一化合物。应特别注意两点：一是所用仪器与标准谱图是否一致；二是测定的条件(样品的物理状态、样品的浓度及溶剂等)与标准谱图是否一致。

(2) 否定法。依据红外光谱与分子结构的关系，谱图中某些波数的吸收峰反映了某种基团的存在，如果谱图中不出现某种吸收峰，就可否定某种基团的存在。

(3) 肯定法。肯定法是借助于红外光谱中的特征吸收峰，以确定某种特征基团存在的方法。谱图中在 $1740cm^{-1}$ 处有强的吸收，并且在 $1260\sim1050cm^{-1}$ 区域内出现两个强的吸收峰，就可判定分子中含有酯基。

2) 谱图解析的步骤

测得试样的红外光谱后，接着就是对谱图进行解析。应该说，谱图解析并无严格的程序和规则。解析谱图时，可先从各区域的特征频率入手，发现基团后，再根据指纹区进一步核证该基团及其与其他基团的结合方式。谱图的具体解析步骤如下：

(1) 了解样品的来源、纯度(要求 98%以上)和外观，包括对样品的颜色、气味、物理状态、灰分等进行观察。如果未知样品中含有杂质，要提前进行分离、提纯。

(2) 收集相关信息。红外光谱不易得到总体信息，如相对分子质量、分子式等，若不给出其他方面的资料而解析红外光谱，在多数情况下是困难的。为了进行红外光谱的解析，应尽可能收集到元素分析值，从而确定未知物的实验式；有条件时应测定其相对分子质量以确定分子式，通过分子式，计算化合物的不饱和度。同时还应收集一般的理化常数，如溶解度、沸点、熔点、折射率、旋光度等，以及紫外光谱、质谱、核磁共振谱和化学性质等资料。

(3) 由红外光谱确定基团及其结构。首先从高波数吸收峰确定原子基团及其结构，即观察 $4000\sim1330cm^{-1}$ 范围内出现的特征吸收峰，它们是由 H 和 C、N、O 等各原子的伸缩振动或者是多重键的伸缩振动所引起的。接着从低波数区(指纹区)相应吸收的另外数据中得到进一步确认。

在分析谱带时，不仅要考虑谱带的位置，还要考虑谱带的形状和强度。例如，在 $1990\sim1650cm^{-1}$ 有强吸收，则可能含有羰基；如果在此区间内有弱的吸收带，则肯定不是羰基，而要考虑其他基团存在的可能。有时遇到的困难往往是位于该区的峰有几种解释，在这种情况下就要根据其他区域峰的特征吸收，作出最后判断。例如，位于 $1675cm^{-1}$ 处的强峰可以肯定是羰基，但是是哪种化合物(醛、酮、羧酸、酯、酰胺)中的羰基呢？假如在 $2720cm^{-1}$ 处出现一个弱的吸收峰，就可以肯定是醛的羰基。所以应注意整个分子中各个基团的相互影响因素。

(4) 根据以上三点推测可能的结构式。

(5) 查阅标准谱图集。

3) 谱图解析的注意事项

(1) 红外光谱是测定化合物结构的，只有分子在振动的状态下伴随有偶极矩变化时才能有红外吸收。对映异构体具有相同的光谱，不能用红外光谱来鉴别这类异构体。

(2) 某些吸收峰不存在，可以确信某基团不存在；相反，吸收峰存在并不能确认该基团存在，应考虑杂质的干扰。

(3) 在一个光谱图中的所有吸收峰并不能全部指出其归属，因为有些峰是分子作为一个整体的特征吸收，而有些峰则是某些峰的倍频或组频，另外还有一些峰是多个基团振动吸收的叠加。

(4) 在 4000～650cm^{-1} 区域只显示少数几个宽吸收峰，大多数为无机化合物的谱峰。

(5) 在 3350cm^{-1} 和 1640cm^{-1} 处出现的吸收峰，很可能是由样品中的水引起的。

(6) 高聚物的光谱比形成这些高聚物的单体的光谱吸收峰的数目要少，峰较宽，峰的强度也较低。但相对分子质量不同的相同聚合物的红外光谱无明显差异。例如，相对分子质量为 100 000 和相对分子质量为 15 000 的聚苯乙烯，两者在 4000～650cm^{-1} 的一般红外区域找不到光谱上的差异。

(7) 解析光谱图时当然首先注意强吸收峰，但有些弱峰、尖峰的存在不可忽略，往往对研究结构可提供线索。

(8) 解析光谱图时辨认峰的位置固然重要，但峰的强度对确定结构也是有用的信息。有时注意分子中两个特征峰相对强度的变化能为确认复杂基团的存在提供线索。

4. 红外光谱的应用

1) 官能团定性分析

在许多红外光谱专著中都详细地列出了各种官能团的红外光谱特征频率表，但是利用这些特征频率表来解析红外光谱，判断官能团存在与否，在很大程度上还要靠经验。因此，分析工作者必须熟知基团的特征频率表，若能熟悉一些典型化合物的标准红外光谱图，则可以提高对红外光谱图的解析能力，加快分析速度。

2) 有机化合物结构分析

红外光谱是测定有机化合物结构的强有力的手段，由红外光谱可判断官能团、分子骨架。具有相同化学组成的不同异构体，它们的红外光谱有一定的差异，因此可利用红外光谱识别各种异构体。

3) 跟踪化学反应

利用红外光谱可以跟踪一些化学反应，探索反应机理。酰基自由基是许多有机化合物在光、热分解时的中间体，对该自由基的快速分析有助于理解反应的机理。红外光谱法就是一种简单方便和快速分析自由基中间体的方法。例如，在安息香类

化合物和 O-酰基-α-酮肟的光分解反应中加入适量的 CCl_4，当产生酰基自由基时，则在红外光谱上可观察到酰氯的信号，证明了酰基自由基是该光分解反应的中间体。

4) 在化学动力学研究中的应用

在化学动力学的研究方面，红外光谱法有其独到之处。例如，关于聚氨酯生成的动力学研究，国内外已有不少报道，研究的主要对象是二苯甲烷二异氰酸酯(MDI)、甲苯二异氰酸酯(TDI)、1，6-己二异氰酸酯(HMDI)等，而对苯二甲基二异氰酸酯(XDI)体系的研究则甚少。目前，XDI 的应用已引起人们的重视，如已用于制造皮革涂饰剂、涂料等。利用红外光谱，通过外加内标(KSCN)的方法研究 XDI 体系的聚醚型聚氨酯的动力学，可求出该体系的反应速率常数 k、表观活化能 E、催化活化能 E_c 和指前因子 A。该体系为二级反应。

5) 在定量分析中的应用

利用红外光谱进行定量分析的基本依据是朗伯-比尔定律，其关系式为

$$A=\varepsilon bc$$

式中，A 为吸光度；ε 为摩尔吸光系数；b 为样品槽厚度；c 为样品浓度。

6) 红外光谱解析的辅助方法

在实际工作中，遇到的被剖析的物质不仅是单一组分，经常遇到的是二组分或多组分的样品。为了快速准确地推测出样品的组成及结构，还要借助于因子分析法、计算机技术等手段来解决实际问题。

5. 试样的制备技术

1) 气体样品

气体样品是在气体池中进行测定的，先把气体池中的空气抽掉，然后注入被测气体进行测谱。

2) 液体样品

测定液体样品时使用液体池，常用的为可拆卸池，即将样品直接滴于两块盐片之间，形成液体毛细薄膜(液膜法)进行测定。对于某些吸收很强的液体试样，需用溶剂配成浓度较低的溶液再滴入液体池中测定，选择溶剂时要注意溶剂对溶质有较大的溶解度，溶剂在较大波长范围内无吸收，不腐蚀液体池的盐片，对溶质不发生反应等。常用的溶剂为二硫化碳、四氯化碳、三氯甲烷、环己烷等。

3) 固体样品

(1) 压片法。把 1～2mg 固体样品放在玛瑙研体中研细，加入 100～200mg 磨细干燥的碱金属卤化物(多用 KBr)粉末，混合均匀后，加入压模内，在压片机上边抽真空边加压，制成厚约 1mm，直径约为 10mm 的透明片，然后进行测定。

(2) 糊状法。将固体样品研成细末，与糊剂(液状石蜡)混合成糊状，然后夹在两盐片之间进行测定。用液状石蜡做糊剂不能用来测定饱和碳氢键的吸收情况，可以采用六氯丁二烯代替液状石蜡做糊剂。

(3)薄膜法。薄膜法是把固体样品制成薄膜来测定。薄膜的制备有两种方法：一种是直接将样品放在盐片上加热，使熔融样品涂成薄膜；另一种是先把样品溶于挥发性溶剂中制成溶液，然后滴在盐片上，待溶剂挥发后，样品遗留在盐片上而形成薄膜。

3.2.3　核磁共振谱

核磁共振谱(nuclear magnetic resonance，NMR)是由具有磁矩的原子核，处于强磁场中因受电磁波辐射而发生跃迁所形成的吸收光谱。

1. 基本原理

根据量子力学原理，与电子一样，原子核也具有自旋角动量，其自旋角动量的具体数值由原子核的自旋量子数 I 决定。原子核的自旋量子数 I 由以下法则确定：

(1)中子数和质子数均为偶数的原子核，自旋量子数为0。

(2)中子数加质子数为奇数的原子核，自旋量子数为半整数(如1/2、3/2、5/2)。

(3)中子数为偶数，质子数为奇数的原子核，自旋量子数为整数(如1、2、3)。

迄今为止，只有自旋量子数等于 1/2 的原子核，其核磁共振信号才能被人们利用。经常为人们所利用的原子核有 ^{1}H、^{11}B、^{13}C、^{17}O、^{19}F 和 ^{31}P。碳和氢是构成有机化合物的基本元素，因此目前广泛研究的是 ^{1}H 和 ^{13}C 的核磁共振谱，即 $^{1}HNMR$ 和 $^{13}CNMR$。其中，研究最多、应用最广的是 $^{1}HNMR$，这种核磁共振谱又称为质子核磁共振谱(proton magnetic resonance，PMR)。

个自旋的原子核如果不处在外加磁场中，它的自旋取向是任意的；如果将它置于外加磁场 H_0 中，根据量子力学计算，它的自旋取向有 $(2I+1)$ 种。对 ^{1}H，$I=1/2$，其核在外加磁场中有两种自旋取向，一种与外加磁场同向，此时，^{1}H 处在低能级状态；另一种与外加磁场反向，此时，^{1}H 处在高能级状态。两个能级的能级差为 ΔE。

当外界提供的能量等于 ΔE 时，则核就从低能级自旋状态向高能级自旋状态跃迁，即发生核磁共振。在核磁共振仪中，这种能量由电磁辐射产生的无线电波照射核来提供。

要获得核磁共振谱有两种方式：一种是固定外加磁场强度，用连续变换频率的电磁波照射样品以达到共振条件，称为扫频；另一种是固定电磁波的频率，连续不断地改变外加磁场强度进行扫描，以达到共振条件，称为扫场。目前的核磁共振仪采用扫场形式。

2. 化学位移

1)屏蔽效应

有机化合物中的氢核与“裸露”的氢核不同，它们周围还有电子，在外加磁场作用下，产生电子环流，从而产生感应磁场，其方向与外加磁场(H_0)相反，因而使氢核实际感受到的磁场强度要比外加磁场强度稍弱些。为了发生核磁共振，必须提高外加磁场强度，以抵消电子运动产生的对抗磁场的作用。这种氢核外围电子对抗外加磁场所起的作用，称为屏蔽效应。

显然，氢核周围的电子云密度越高，屏蔽效应越大，需在较高磁场强度处发生核磁共振；反之，需在较低磁场处发生核磁共振。

2）化学位移的表示方法

因为质子所处的化学环境不同，即核外电子云密度不同，所受屏蔽作用的强弱不同，所以可在核磁共振谱的不同位置上出现吸收峰，但其差别是很小的，要精确测定其绝对值相当困难。因此，要采用一个标准物质，比较样品中氢核与标准物质吸收峰位置之间的差别，这种差别称为化学位移。常用四甲基硅烷[$(CH_3)_4Si$，TMS]作为标准物质。因为TMS中氢核所受的屏蔽效应大于大多数有机化合物中的氢核，TMS在高场发生核磁共振吸收，而有机化合物中的氢核在TMS的低场发生，故作为参考标准十分方便。此外，它还有沸点较低(26.5℃)、性质不活泼、与样品不发生缔合等优点。

化学位移取决于磁场强度，磁场强度越大，化学位移也越大。为了消除仪器对化学位移相对值的影响，可将相对的频率差值（$\Delta\nu$）除以核磁共振仪所用的频率，这样化学位移值(用 δ 表示)定义为

$$\delta=\frac{\nu_{\text{样品}}-\nu_{\text{TMS}}}{\nu_{\text{共振仪}}}\times10^6(\text{ppm})$$

3）影响化学位移的因素

(1)电负性的影响。

化学位移 δ 值随着其邻近原子(或基团)的电负性的增强而升高。电负性较强的原子或基团可降低核外的电子云密度，即减小电子对氢原子核的屏蔽作用，结果使质子的信号出现在较低磁场，即 δ 值增大。例如，不同卤代甲烷的 δ 值如下：

	CH_3F	CH_3Cl	CH_3Br	CH_3I
δ/ppm	4.26	3.05	2.68	2.21

(2)磁各向异性效应。

在分子中，质子与某一官能团的空间关系有时会影响质子的化学位移，这种效应称为磁各向异性效应。

处在屏蔽区域的质子的共振信号移向高场，δ 值减小；处在去屏蔽区域的质子的共振信号移向低场，δ 值增大。

(3)氢键的影响。

形成氢键的质子比没有形成氢键的质子受到的屏蔽作用小，其化学位移向低场移动，氢键越强，δ 值越大。例如，酚羟基质子和羧基质子的 δ 值有时会达到10以上。提高温度或降低样品的浓度，可使质子的化学位移移向高场，即 δ 值降低。

表3-3列出了各类H的化学位移值的范围。

表 3-3　常见基团中质子的化学位移

基团	δ/ppm	基团	δ/ppm
RCH_3	0.8～1.2	$R_2C{=}CHR$	4.9～5.9
R_2CH_2	1.1～1.5	ArH	6.0～8.0
R_3CH	～1.5	RCHO	9.4～10.4
$ArCH_3$	2.2～2.5	$RC{\equiv}CH$	2.3～2.9
R_2NCH_3	2.2～2.6	R_2NH	2～4
R_2CHOR	3.2～4.3	ArOH	6～8
R_2CHCl	3.5～3.7	RCO_2H	10～12
$R_2CHCR{=}CR_2$	～1.7	ROH	1～6
$RCOCH_2R$	2.0～2.7		

3. 吸收峰的面积——质子的数目

在核磁共振谱中，吸收峰占有的面积与产生信号的质子数目成正比。目前的核磁共振仪都装有自动积分仪，各峰的面积用阶梯曲线表示，峰面积与积分曲线高度成正比。也就是说，积分曲线高度之比等于相应质子数目之比，只要知道分子的总质子数就能求出各吸收峰相应的质子数。

4. 自旋偶合与自旋裂分

1) 峰的裂分

自旋偶合是由于相邻的不等性质子的自旋相互作用(干扰)引起的结果。这种化学环境不同的相邻原子核之间的相互作用的现象称为自旋偶合。由自旋偶合引起的谱线增多的现象称为自旋裂分。

偶合表示核的相互作用，裂分表示谱线增多的现象。

2) 偶合常数

自旋偶合裂分峰中，相邻两个裂分峰之间的距离称为偶合常数(以 J 表示，单位为 Hz)。J 值表示核之间相互偶合的有效程度，J 值越大，核间自旋-自旋偶合的作用越强。

相互偶合的两组信号具有相同的偶合常数；另外，偶合常数只取决于邻近质子的自旋偶合作用，而与外加磁场强度无关。因此，利用 J 值找出各质子之间相互偶合的关系，进而确定各质子的归属尤为重要。

3) 一级谱图和 $n+1$ 规律

当两组或几组质子的化学位移差 $\Delta\nu$ 与其偶合常数之比至少大于 6 时，相互之间偶合较简单，呈现一级谱图。在一级谱图中，峰的裂分数目与相邻氢原子磁等性质子的数目 n 的关系符合 $n+1$ 规律。

5. ^{1}HNMR 谱的解析

解析核磁共振谱，主要是从其中寻找信号的位置、数目及裂分情况的信息。

(1) 根据谱图中吸收峰的组数，确定氢核的种类。

(2) 根据各组峰的强度(峰面积或积分曲线高度)，确定各类氢核的相对数目。

(3) 根据峰的裂分数目，判断相邻氢核的数目。

(4) 根据峰的化学位移，判断各类氢核所属的化学结构。

在核磁共振谱图中，一般横坐标为化学位移(δ/ppm)，从右至左 δ 值增大，而相应的磁场强度逐渐减小；纵坐标为吸收峰的相对强度。

在核磁共振谱图中，一般横坐标为化学位移(δ/ppm)，从右至左 δ 值增大，而相应的磁场强度逐渐减小；纵坐标为吸收峰的相对强度。

图 3-9 是 1-氯丙烷的^{1}HNMR 谱，图中 δ 为 0 处是 TMS 的共振信号，其他 3 组峰表示 3 种等性质子的共振信号，各组吸收峰的积分曲线高度之比为各类质子的数目比，从低场至高场测得各组峰的积分曲线高度比为 2∶2∶3，可知各组吸收峰 H 的个数比为 2∶2∶3(从低场至高场)。δ 为 3.43ppm 处的信号为 α-C 上 H 的吸收峰，其被邻近的亚甲基裂分为三重峰；δ 为 1.77ppm 处的信号为 β-C 上的 2 个 H 的吸收峰，其受到相邻的两种磁不等性质子的影响裂分为多重峰；甲基的吸收信号在 δ 为 1.05ppm 处，其被 β-C 上的 H 裂分成三重峰。

6. 磁共振成像

磁共振成像(magnetic resonance imaging，MRI)是以^{1}HNMR 的基本原理为基础发展起来的一种医学上的先进诊断技术。在 MRI 扫描机中，由于主磁场内附加了一个不均匀的梯度磁场，被检查的人体各个部位的磁场强度各不相同。当逐点诱发核磁共振波时，各部位的核磁共振频率也各不相同。收集各种频率的共振吸收信号，就得到一条共振曲线。将该曲线经处理后就得到二维的磁共振图像，图像像点的亮度和该点处组织的质子密度和弛豫时间有关。质子密度越高，图像局部亮度就越高，弛豫时间 T_1 就越短。依据人体正常细胞的质子与病变细胞的质子的分布等密度和弛豫时间差异，MRI 中各部位的亮度也就各不相同，因此 MRI 图像就可把病变组织识别出来。MRI 所获得的图像非常清晰精细，大大提高了医生的诊断效率，避免了剖胸或剖腹探查诊断的手术。由于 MRI 不使用对人体有害的 X 射线和易引起过敏反应的造影剂，因此对人体没有损害。MRI 可对人体各部位多角度、多平面成像，其分辨力高，能更客观、更具体地显示人体内的解剖组织及相邻关系，对病灶能更好地进行定位定性，因此对全身各系统疾病的诊断，尤其是早期肿瘤的诊断有很大的价值。

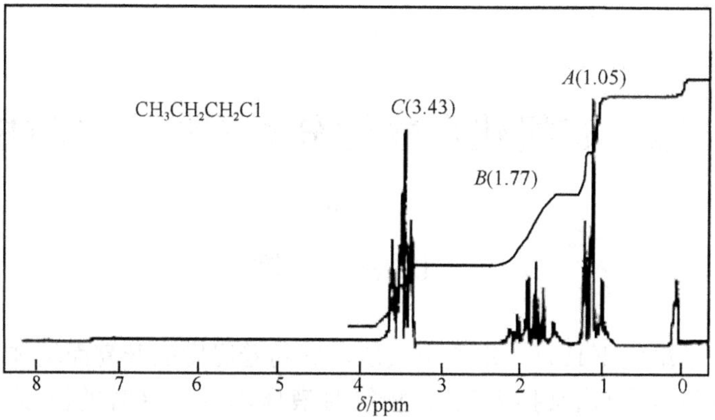

图 3-9　1-氯丙烷的 ^{1}HNMR 谱

3.2.4　质谱法

1. 基本原理

质谱法(mass spectrometry，MS)是通过对样品离子的质量和强度的测定来进行成分的结构分析的一种分析方法。

质谱法的基本原理是将被测样品在高真空条件下气化，经高能粒子流轰击，生成不同质荷比(m/z)的带正电荷离子，然后经加速电场的作用形成离子束，进入质量分析器，再利用电场和磁场使其发生色散、聚焦，获得质谱图，从而确定不同离子的质量。通过解析，可获得化合物的分子式，提供其一级结构的信息。

2. 应用

由于质谱分析具有灵敏度高、样品用量少、分析速度快、分离和鉴定同时进行等优点，是研究有机化学和结构的有力工具。由于分子离子峰可以提供样品分子的相对分子质量的信息，因此质谱法也是测定相对分子质量的常用方法。质谱法特别是质谱与色谱仪及计算机联用的方法，已广泛应用于有机化学、生理生化、药物代谢、临床、毒物学、农药测定、环境保护、石油化学、地球化学、食品化学、植物化学、宇宙化学和国防化学等领域。

第 4 章　有机化合物的分离提纯方法与技术

4.1　蒸　　馏

液体在一定温度下具有一定的蒸气压，其随着温度的升高而增加，当液体蒸气压增大到与外界压力(通常指大气压)相等时液体沸腾，这时的温度称为该液体的沸点。

纯液体有机化合物在蒸馏过程中的沸点范围很小(0.5～1℃)，所以蒸馏可以用于测定液体有机化合物的沸点。

蒸馏就是将液体物质加热到沸腾变为蒸气，又将蒸气冷却为液体两个过程的联合操作。

4.1.1　蒸馏的基本原理

在同一温度下，不同沸点的物质具有不同的蒸气压，低沸点物质的蒸气压大，高沸点物质的蒸气压小。当两种沸点不同的化合物混在一起时，由于在一定的温度下混合物中各组分的蒸气压不同，因此当加热至沸腾时，其蒸气的组成与液体的组成各不相同，在蒸气中低沸点物的含量将大于原混合液中的，而高沸点组分的情况则相反。

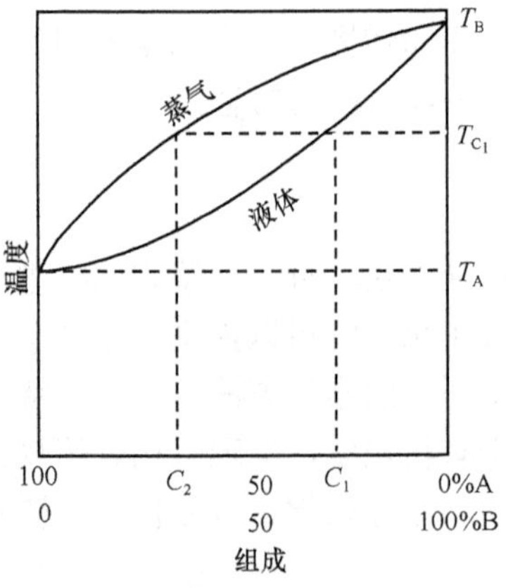

图 4-1　二元理想溶液气液平衡图

图 4-1 中描述的 A 和 B 是沸点各为 T_A 和 T_B 的两种能混溶的理想溶液，两条实线中较低的一条线代表 A 和 B 的各种不同组成混合物的沸点，随着混合物中较高沸点组分的含量增多，沸点逐渐上升。较高的曲线代表在其沸点时与液体达平衡的蒸气的组成。两曲线在 100%的 A 或 100%的 B 处相交，因为与沸腾的纯液体 A(在 T_A)相平衡的蒸气中只能含有纯 A，相同的原理适用于纯液体 B(在 T_B)。

如果将一种组成为 C_1 的 A 和 B 的混合物加热，它将 T_{C_1} 在处沸腾，其蒸气组成为 C_2，与原始液体相比，它含有更多的两种组分中较易挥发的 A；而留在蒸馏瓶中的溶液中 B 组分(高沸点)的含量比原来多了。所以，对液体混合物蒸馏，先蒸出的主要是含低沸点的组分，后蒸出的主要是含高沸点的组分，不挥发的则留在蒸馏瓶中。利用蒸馏可将沸点相差较大(至少相差 30℃)的液态混合物分开。

在通常情况下，纯粹的液体有机化合物在一定的压力下具有一定的沸点。如果在蒸馏过程中沸点发生变动，说明物质不纯。因此，可借蒸馏的方法来测定物质的沸点和定性地检验物质的纯度。但是具有固定沸点的液体不一定都是纯粹的化合物，因为某些有机化合物常和其他组分形成二元或三元共沸混合物，它们也有一定的沸点。

4.1.2　蒸馏装置

蒸馏装置是由圆底烧瓶、蒸馏头、温度计、冷凝管、接收管和接收瓶组成，如图 4-2 所示。圆底烧瓶的容量应由所蒸馏液体的体积来决定，通常所蒸馏液体的体积应占圆底烧瓶容量的 1/3～2/3。温度计可以用温度计套管固定在蒸馏头上口。温度计水银球的上端应和蒸馏头支管的下沿在同一水平线上。冷凝管中的水应从下口进入，上口流出，并保证冷凝管中始终充满水。安装仪器的顺序一般是自下而上，从左到右。仪器安装要准确端正，横平竖直，各个仪器的中心线都要在同一个平面上。铁架台应整齐地放在仪器的背部。

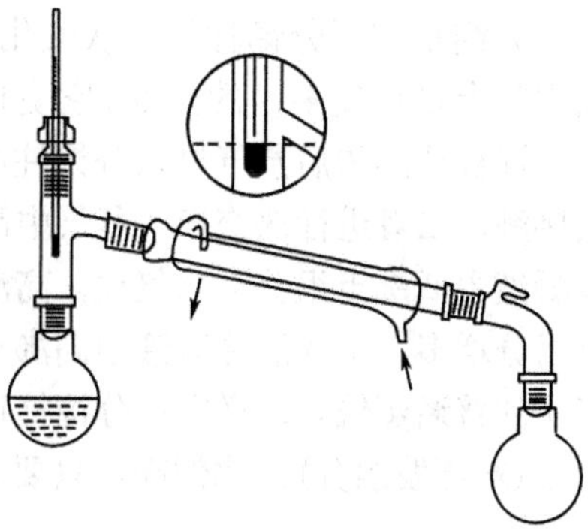

图 4-2　普通蒸馏装置

当蒸馏沸点高于 140℃的物质时，应该使用空气冷凝管。为了防止在蒸馏过程中发生过热现象和保证沸腾的平稳状态，通常加沸石，它能防止加热时的暴沸现象，称为止暴剂。值得注意的是，不能在液体沸腾时加入止暴剂，也不能用已使用过的止暴剂。

4.1.3　蒸馏操作

(1)加料。蒸馏装置安装好后，将待蒸馏液体沿着面对支管口的瓶颈壁小心倒入蒸馏烧瓶中，加入两三粒沸石，然后装好温度计，检查装置的气密性。

(2)加热。缓慢通入冷却水，然后开始加热。刚开始，加热速度可以稍快，加热至沸腾后，温度计读数会快速上升，此时应调节加热速度为每秒 1～2 滴。

(3)收集与记录。记录第一滴馏出液滴入接收瓶时的温度并接收沸点较低的前馏分。当温度升至所需沸点范围并恒定时，更换另一接收瓶收集，并记录此时的温度范围，即馏分的沸点范围。收集馏分的温度越窄，馏分的纯度就越高。

(4)停止蒸馏与拆卸仪器。如果维持原来的加热程度，不再有馏出液蒸出时，或温度突然下降时，或烧瓶中仅残留少量液体时(注意：不能蒸干！)，即停止蒸馏。

蒸馏完毕，先关掉热源，体系稍冷后，再停止通冷却水，拆下仪器。拆卸仪器的顺序与安装顺序正好相反。

4.2　分　　馏

当两种以上的液体混合物的沸点相差不大时，用简单的蒸馏方法难以将其分离，此时应考虑用分馏的方法。

4.2.1　分馏的基本原理

分馏是利用分馏柱将多次气化、冷凝过程在一次操作中完成的方法。因此，分馏实际上是反复多次的蒸馏。它更适合于分离提纯沸点相差不大的液体有机混合物。

混合液沸腾后蒸气进入分馏柱中被部分冷凝，冷凝液在下降途中与继续上升的蒸气接触，二者进行热交换，蒸气中高沸点组分被冷凝，低沸点组分仍呈蒸气上升，而冷凝液中低沸点组分受热气化，高沸点组分仍呈液态下降。结果是上升的蒸气中低沸点组分增多，下降的冷凝液中高沸点组分增多。如此经过多次热交换，就相当于连续多次的普通蒸馏。这样靠近分馏柱顶部易挥发物质的组分比例高，而在烧瓶里高沸点组分(难挥发组分)的比例高。只要分馏柱足够高，就可将这些组分完全彻底分开。

现以图 4-3 来说明这种过程。组成为 C_1 的原始 A、B 混合物在温度 T_{C_1} 下沸腾，同时这种蒸气在该温度下进入分馏柱。如果它们在柱内冷凝，这种冷凝液的组成将为 C_2。该冷凝液在回流途中 T_{C_2} 处又受热气化，产生组成为 C_3 的蒸气，再冷凝、气化可得组成为 C_4 的蒸气。如此循环下去，如果分馏柱有足够的高度，或具有足够的表面积供多次气化和冷凝，则从柱顶出来的蒸馏液将接近于纯 A。这样将继续分离出所有的 A，随后蒸气的温度升高到 B 的沸点，B 就分离出来。

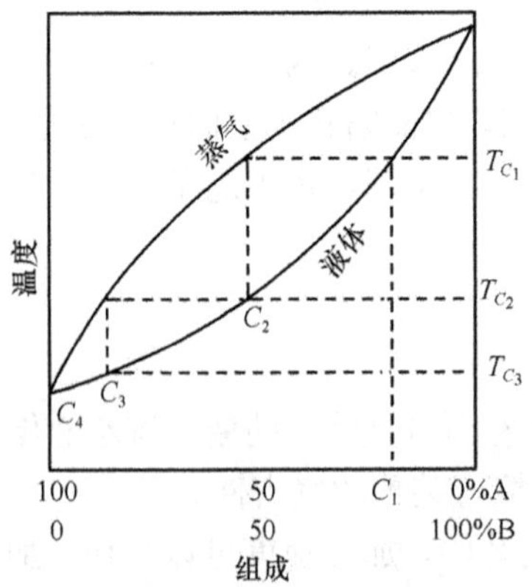

图 4-3　二元理想溶液气液平衡图

实验室最常用的分馏柱有韦氏(Vigreux)分馏柱和填充式分馏柱，如图 4-4 所示。其中 4-4(a)为韦氏分馏柱，又称刺形分馏柱，它是一根每隔一定距离就有一组向下倾斜的刺状物，且各组刺状物间呈螺旋状排列的分馏管。使用该分馏柱的优点是仪器装配简单、操作方便、残留在分馏柱中的液体少；缺点是分离效率不高，适于分离少量且沸点差距较大的液体。图 4-4(b)是装有填料的分馏柱，目的是要增大液相和气相的接触面积，提高分离效果。常用的填料有短玻璃管、玻璃珠、瓷环或金属丝制成的圈状和网状填料等。选择哪一种填料，视分馏的要求而定。

4.2.2　分馏装置和分馏操作

简单的分馏装置如图 4-5 所示。

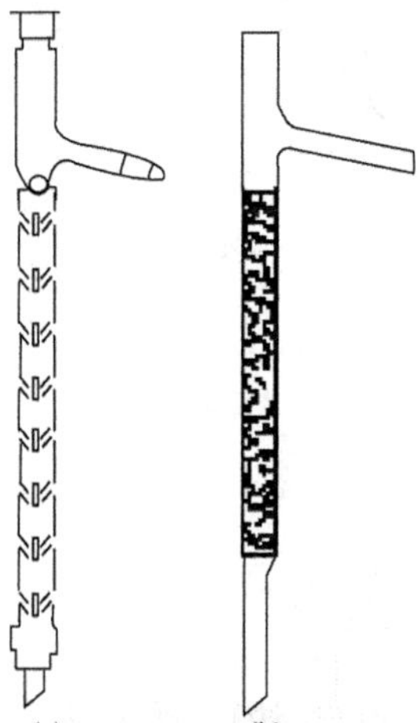

(a)　(b)

图 4-4　分馏柱

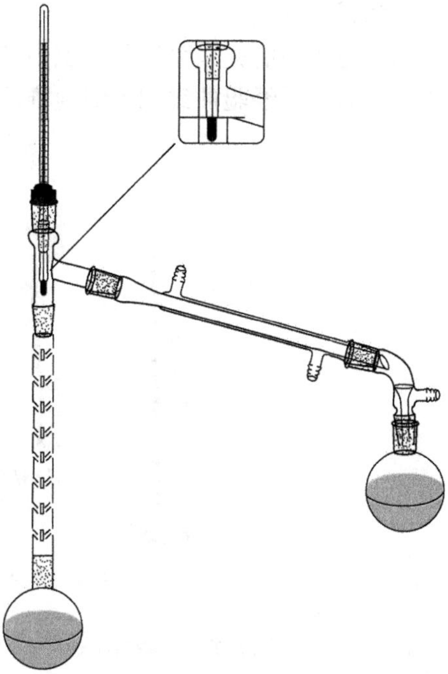

图 4-5　简单的分馏装置

分馏装置的装配原则和蒸馏装置完全相同，分馏操作和简单蒸馏也大致相同。要很好地进行分馏，必须注意以下几点：

(1) 分馏一定要缓慢进行，控制好恒定的加热速度(每两三秒 1 滴)，这样，可以得到比较好的分馏效果。

(2) 要保证有相当量的液体沿分馏柱流回烧瓶中，即要选择合适的回流比，使上升的气流和下降液体充分进行热交换，使易挥发组分尽量上升，难挥发组分尽量下降。

(3) 必须尽量减少分馏柱的热量损失和波动。柱的外围可用石棉绳包住，这样可以减少柱内热量的散发，并减少风和室温的影响，使加热均匀，分馏操作平稳地进行。

4.3　减 压 蒸 馏

4.3.1　减压蒸馏原理

减压蒸馏是分离和提纯有机化合物的常用方法之一。它特别适用于在常压蒸馏时未达沸点即已受热分解、氧化或聚合的物质。

液体的沸点是指它的蒸气压等于外界大气压时的温度。液体的沸点是根据外界压力的变化而变化的，如果使压力减小，液体的沸点也就相应降低。在真空装置中，通过降低液体表面压力，使液体在低温下分离出来。这种降低压力进行蒸馏操作的方法称为减压蒸馏。

沸点与压力的关系可以从文献中查出,，也可以通过图 4-6 中液体有机化合物的沸点与压力关系经验曲线图近似地推出。

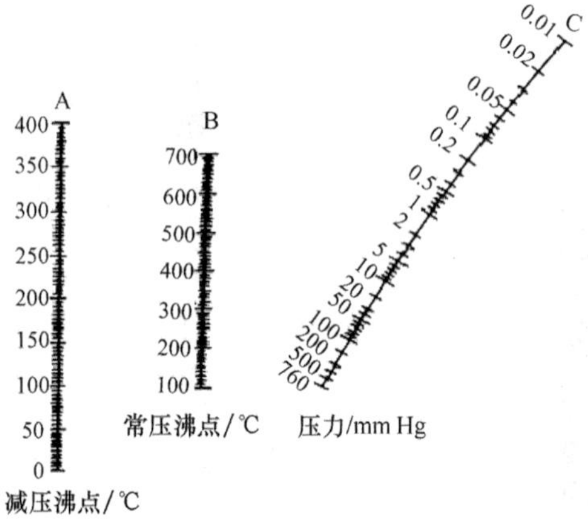

图 4-6 沸点与压力关系经验曲线

图中有三条线：线 A 表示减压下有机化合物的沸点(左边)，线 B 表示有机化合物的正常沸点(中间)，线 C 表示系统的压力(右边)。在已知某化合物的常压沸点和蒸馏系统的压力时，可在 B 线上找到常压下的沸点，再在 C 线上找到减压后体系的压力点，然后通过两点连直线，该直线与 A 的交点即为减压后的沸点。

反过来，若希望在某一安全温度下蒸馏某有机化合物，根据此温度及该有机化合物的常压沸点，也可以连一条直线交于右边的线 C 上，交点指出此操作必须达到的系统压力。

4.3.2 减压蒸馏装置

减压蒸馏装置通常由蒸馏装置、抽气装置、测压装置与安全保护装置四部分组成(图 4-7)。

1. 蒸馏装置

这一部分与普通蒸馏相似，也可分为三个组成部分。

(1)减压蒸馏瓶(又称克氏蒸馏瓶，也可用圆底烧瓶加克氏蒸馏头代替)有两个颈，其目的是为了避免减压蒸馏时瓶内液体由于沸腾而冲入冷凝管中，瓶的一颈中插入温度计，另一颈中插入一根距瓶底 1～2mm、末端拉成毛细管的玻璃管。毛细管的上端连有一段带螺旋夹的橡皮管，螺旋夹用以调节进入空气的量，使极少量的空气进入液体，呈微小气泡冒出，作为液体沸腾的气化中心，使蒸馏平稳进行，又能起搅拌作用。

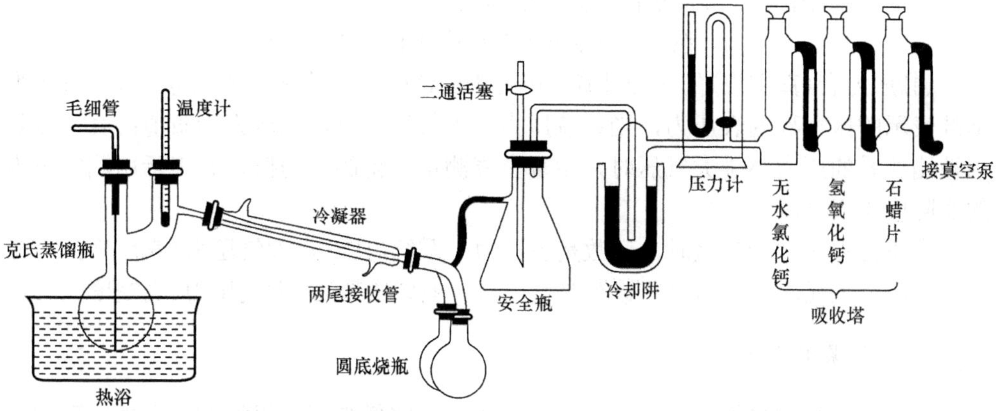

图 4-7　减压蒸馏装置

(2) 冷凝管和普通蒸馏相同。

(3) 接收管(尾接管)和普通蒸馏不同的是，接收管上具有可供接抽气部分的小支管。蒸馏时，若要收集不同的馏分而又不中断蒸馏，则可用两尾或多尾接收管。转动多尾接收管，就可使不同的馏分进入指定的接收器中。接收器可用圆底烧瓶，切不可用平底烧瓶或锥形瓶(壁薄不耐压)。

2. 抽气装置

实验室通常用水泵、循环水式真空泵或真空油泵进行减压。

(1) 水泵。水泵有玻璃或金属水泵，其效能与其结构、水压及水温有关。水泵所能达到的最低压力为当时室温下的水蒸气压。例如，水温为 6～8℃，水蒸气压为 0.93～1.07kPa。在夏天，水温为 30℃，则水蒸气压为 4.2kPa 左右。可用循环水泵代替普通水泵，其还带测压装置。

(2) 真空油泵。真空油泵的效能取决于油泵的机械结构以及真空泵油的好坏(油的蒸气压必须很低)，好的油泵能抽至真空度为 13.3Pa。油泵结构较精密，工作要求条件较严。如果有挥发性的有机溶剂、水或酸的蒸气，都会损坏油泵。一般使用油泵时，系统的压力控制为 0.67～1.33kPa，因在沸腾液体表面要获得 0.67kPa 以下的压力比较困难，这是由于蒸气从瓶内的蒸发面逸出而经过瓶颈和支管时，需要有 0.13～1.06kPa 的压力差。如果要获得较低的压力，可选用短颈和支管粗的克氏蒸馏瓶。

3. 测压装置

压力计是测量系统内压力的一种仪器。实验室测量压力的量具主要有开口式 U 形管水银压力计、一端封闭式 U 形管水银压力计、压力表(真空表)等。

(1) 开口式 U 形管水银压力(差)计的压力计算。

系统内压力=大气压力−压差计中汞柱高度差

(2) 一端封闭式 U 形管水银压力计的压力计算。

系统内压力=压差计中汞柱高度差

(3) 压力表(真空表)的压力计算。压力表的读数有负值和正值之分。以大气压为基准表示的压力称为表压力，当系统压力比大气压小时，表压力为负值；真空度是当被测体系的压力小于大气压时，用真空表测量获得的压力值，它表示所测得压力的实际值比大气压低多少。

当压力表显示为负值时，读数是表压力：系统内压力=大气压力+表压力；

当压力表显示为正值时，读数是真空度：系统内压力=大气压力−真空度。

4. 安全保护装置

通常使用真空泵抽气。为防止蒸馏过程中一些低沸点有机溶剂、酸性物质和水汽进入压力计和泵体，污染水银及油泵用油，影响真空度的测量，应在压力计和真空泵的前面安装保护装置，保护装置包括吸收塔(又称干燥塔)、安全瓶等。吸收塔通常设三个：第一个装无水氯化钙或硅胶，吸收水汽；第二个装粒状氢氧化钠，吸收酸性气体；第三个装切片石蜡，吸收烃类气体。

实验室通常采用循环水泵来进行减压，在泵前还应接一个安全瓶，瓶上的两通活塞供调节系统压力及放气之用。减压蒸馏的整个系统必须保持密封不漏气，各磨口玻璃塞部分都应仔细涂好真空脂。当被蒸馏物中含有低沸点的物质时，应先进行普通蒸馏，然后用循环水泵减压蒸去低沸点物质，最后再用油泵减压蒸馏。

4.3.3 减压蒸馏操作

(1) 将待蒸馏物质加入蒸馏烧瓶中，安装减压蒸馏装置。仪器安装好后，先打开安全瓶上的活塞，使体系与大气相通，再适当旋紧毛细管上的螺旋夹。

(2) 开启循环水泵抽气，慢慢关闭安全瓶上的二通活塞，同时注意观察压力计读数的变化，使体系的真空度调节到所需范围。若沸腾太剧烈，可适当旋紧毛细管上的螺旋夹，使液体中有连续平稳的小气泡产生即可。如无气泡，可能是螺旋夹夹得太紧，应旋松点；但也可能是毛细管已经阻塞，应予更换。

(3) 当压力稳定后，即可开始加热蒸馏。液体沸腾后，应注意控制蒸馏速度，蒸馏速度以每秒 0.5～1 滴为宜。在整个蒸馏过程中，都要密切注意温度计和压力计的读数，及时记录压力和相应的沸点值，根据要求，收集不同馏分。通常起始馏出液比要收集的物质的沸点低，这部分为前馏分，应另用接收瓶接收；当蒸至接近预期的温度时，只要旋转两尾接收管，就可更换新接收瓶接收需要的物质。

(4) 蒸馏完毕，先移去火源，缓慢旋开夹在毛细管上的橡皮管的螺旋夹，待蒸馏瓶稍冷后，再慢慢打开安全瓶上的二通活塞，使系统内外的压力达到平衡，方可关闭循环水泵(或油泵)。否则，由于系统中压力较低，循环水泵中的水有倒吸的可能(或油泵中的油有吸入干燥塔的可能)。最后按照与安装相反的程序拆除仪器。

4.4　水蒸气蒸馏

水蒸气蒸馏是将水蒸气通入不溶或难溶于水，但有一定挥发性的有机化合物(100℃时，其蒸气压为 5～10mmHg，即 0.665～1.33kPa)中，使该有机化合物在低于 100℃的温度下，随着水蒸气一起蒸馏出来的操作过程。

4.4.1　水蒸气蒸馏原理

根据道尔顿分压定律，互不相溶的液体混合物的蒸气压等于它们单独存在时的蒸气压之和，而当蒸气压之和等于大气压时液体就开始沸腾，所以互不相溶的液体混合物的沸点要比每一物质单独存在时的沸点低。

水蒸气蒸馏的优点是可以在不到 100℃的条件下就将化合物和水一起蒸馏出来。混合物蒸气中各组分的气体分压之比等于它们的物质的量之比，即

$$\frac{p_A}{p_B}=\frac{n_A}{n_B}$$

式中，n_A、n_B 分别为水和被分离物的物质的量。

而 $n_A=W_A/M_A$，$n_B=W_B/M_B$，因此

$$\frac{W_B}{W_A}=\frac{p_B M_B}{p_A M_A}$$

式中，W 为质量；M 为相对分子质量；下标 A 表示水，B 表示被分离物质。

由此可以看出，两种物质在馏出液中的相对质量与它们的蒸气压和相对分子质量的乘积成正比。

由于水具有低相对分子质量和较大的蒸气压，它们的乘积 $p_A M_A$ 很小，这样就可能分离较高相对分子质量和较低蒸气压的物质。

水蒸气蒸馏是分离和纯化与水不相混溶的挥发性有机化合物常用的方法，其适用范围如下：

(1) 从大量树脂状杂质或不挥发性杂质中分离有机化合物。

(2) 除去不挥发性的有机杂质。

(3) 从固体多的反应混合物中分离被吸附的液体产物。

(4) 蒸馏某些沸点很高且在接近或达到沸点温度时易分解、变色的挥发性液体或固体有机化合物，除去不挥发性的杂质。但是对于某些与水共沸腾时会发生化学反应的或在 100℃左右时蒸气压小于 1.3kPa 的物质，这一方法不适用。

4.4.2　水蒸气蒸馏装置

实验室常用的水蒸气蒸馏装置包括水蒸气发生器、蒸馏、冷凝和接收器四个部

分，如图 4-8 所示。

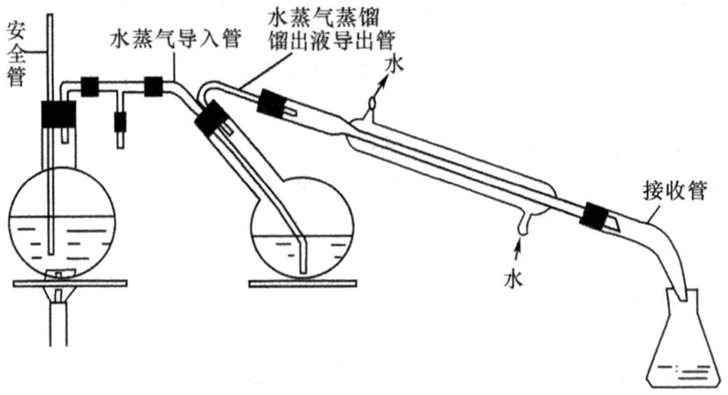

图 4-8　水蒸气蒸馏装置

水蒸气导入管与蒸馏部分的导管之间由一 T 形管相连接。T 形管用来除去水蒸气中冷凝下来的水，有时在操作发生异常的情况下，可使水蒸气发生器与大气相通。水蒸气导入管应正对烧瓶底中央，距瓶底 8～10mm。

4.4.3　水蒸气蒸馏操作

操作前，仔细检查整套装置的严密性，水蒸气通道越短越好。把待蒸馏的物质倒入蒸馏烧瓶中，约为烧瓶容量的 1/3，水蒸气发生器内加入 1/3～2/3 体积的水。开始蒸馏时，先打开 T 形管上的夹子，加热，使发生器里的水沸腾，待有水蒸气逸出时旋紧夹子，让水蒸气进入烧瓶中，开始蒸馏。

控制馏出液的馏出速度，以每秒 2～3 滴为宜。为了使水蒸气不致在烧瓶内过多地冷凝，在蒸馏时通常也可用小火加热。在操作过程中，要随时注意安全管的水位，若有异常现象，应先打开夹子，再移开热源，检查、排除故障后方可继续蒸馏。

当馏出液澄清透明不再含有油状物时，可停止蒸馏。这时应先打开夹子，再停止加热，以防倒吸。

4.5　萃　　取

4.5.1　基本原理

萃取是利用物质在两种互不相溶(或微溶)的溶剂中溶解度或分配比的不同来达到分离、提取或纯化目的的一种操作。

分配定律是萃取方法的主要理论依据。物质对不同的溶剂有不同的溶解度，当物质同时接触两种互不相溶的溶剂时，就会以一定比例在两相中分配，这种分配过程在一定条件下达到平衡。平衡时，此化合物在两液层中的浓度比是一个定值。即

$$\frac{c_A}{c_B}=K$$

式中，c_A、c_B 分别为物质在溶剂 A 和溶剂 B 中的浓度；K 为分配系数。

要把所需要的化合物从溶液中完全萃取出来，通常萃取一次是不够的，必须重复萃取数次。利用分配定律的关系，可以计算出每次萃取后化合物的剩余量。

设 V 为被萃取溶液的体积(mL)，近似看作与溶剂 A 的体积相等(因溶质质量不多，可忽略)。

W_0 为被萃取溶液中溶质的总质量(g)，S 为萃取时所用溶剂 B 的体积(mL)，W_1 为第一次萃取后溶质在溶剂 A 中的剩余量(g)，W_0-W_1 为第一次萃取后溶质在溶剂 B 中的含量(g)。则

$$\frac{\dfrac{W_1}{V_1}}{\dfrac{W_0-W_1}{S}}=K$$

经整理得

$$W_1=\left(\frac{KV}{KV+S}\right)W_0$$

设 W_2 为第二次萃取后溶质在溶剂 A 中的剩余量(g)，同理得

$$W_2=\left(\frac{KV}{KV+S}\right)W_1=\left(\frac{KV}{KV+S}\right)^2 W_0$$

设 W_n 为经过 n 次萃取后溶质在溶剂 A 中的剩余量(g)，则

$$W_n=\left(\frac{KV}{KV+S}\right)^n W_0$$

因为上式中 $KV/(KV+S)$ 一项恒小于 1，所以 n 越大，W_n 就越小，也就是说一定量的溶剂分成数次作多次萃取，其效果比用全部量的溶剂作一次萃取为好。

应该注意的是，物质交换的过程只发生在两相界面上，为了加速建立平衡过程，应当尽可能增大两相的界面。因此，萃取过程中要充分振荡盛有液体的容器，固体物质要充分研细。但在许多情况下，尤其是涉及固相时，真正的分配平衡过程是很难完全建立的。

应用萃取可以从固体或液体混合物中提取出所需物质，也可以用来洗去混合物中少量的杂质。

4.5.2　从液体混合物中萃取

液体萃取最常用的仪器是分液漏斗，一般选择容积较被萃取液体积大 1～2 倍的

分液漏斗，漏斗内加入的液体量不能超过容积的 3/4。

分液漏斗使用前必须检漏，即检查分液漏斗的盖子和旋塞是否严密，以防分液漏斗在使用过程中发生泄漏而造成损失(检查的方法通常是先用水实验)。若分液漏斗漏液或玻璃旋塞不灵活，应拆下旋塞，擦干旋塞外侧和内壁，涂抹凡士林。方法是用玻璃棒蘸少许凡士林，在旋塞粗的一端轻轻抹一下，注意不要涂多，也不要抹到旋塞的小孔里；在旋塞另一端，将凡士林抹在旋塞槽内壁上；然后将旋塞插入槽内，向同一方向转动旋塞，直至旋转自如，关闭不漏液为止，此时旋塞部位呈现透明。再用小橡皮圈套住旋塞尾部的小槽，防止旋塞滑脱。

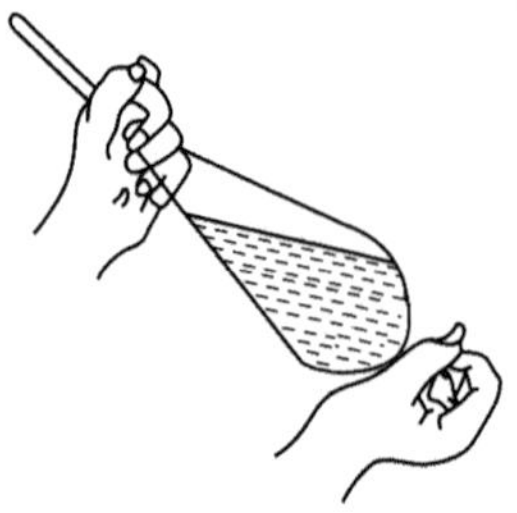

图 4-9　分液漏斗的使用

在萃取或洗涤时，先将液体与萃取使用的溶剂由分液漏斗的上口倒入，盖好盖子，振荡漏斗，使两液层充分接触。振荡的操作方法一般是先把分液漏斗倾斜，使漏斗的上口略朝下，如图 4-9 所示，右手捏住漏斗上口颈部，并用食指根部压紧盖子，以免盖子松开，左手握住旋塞；握持旋塞的方式既要防止振荡时旋塞转动或脱落，又要便于灵活地旋开旋塞。振荡后，使漏斗仍保持倾斜状态，缓慢地旋开旋塞(朝无人处)，放出蒸气或产生的气体，使内外压力平衡；若在漏斗内盛有易挥发的溶剂(如乙醚、苯等)，或有二氧化碳气体放出时，振荡后，更应注意及时旋开旋塞，放出气体。振荡数次后，将分液漏斗放在铁环上静置，使乳浊液分层。有时有机溶剂和某些物质的溶液一起振荡会形成较稳定的乳浊液。在这种情况下，应避免急剧振荡。如果已形成乳浊液，且一时又不易分层，则可加入食盐使溶液饱和，以减小乳浊液的稳定性；同时轻轻地旋转漏斗，也可使其加速分层。在一般情况下，长时间静置分液漏斗也可达到使乳浊液分层的目的。

分液漏斗中的液体分成清晰的两层后，就可以进行分离。下层液体应经旋塞放出，先把顶上的盖子打开(或旋转盖子，使盖子上的凹缝或小孔对准漏斗上的小孔，以便与大气相通)，把分液漏斗的下端靠在接收器的壁上，旋开旋塞，让液体流下，当分界面接近旋塞时，关闭旋塞，静置片刻，这时下层液体往往会增多一些，再把下层液体仔细地放出(如有絮状物，也应将其放出)。然后把剩下的上层液体从上口倒出，不可经旋塞放出，否则漏斗旋塞下面颈部所附着的残液会把上层液体弄脏。

在萃取或洗涤时，上下层液体都应保留到实验完毕时。否则，如果中间的操作失误，便无法补救和检查。在萃取过程中，将一定量的溶剂分多次萃取，其效果比一次萃取为好。

4.5.3　从固体混合物中萃取

从固体混合物中萃取所需要的物质，最简单的方法是把固体混合物先行研细，放在容器里，加入适当溶剂，用力振荡，然后用过滤或倾析的方法把萃取液和残留的固体分开。若被提取的物质特别容易溶解，也可以把固体混合物放在放有滤纸的锥形玻璃漏斗中，用溶剂洗涤。这样，所要萃取的物质就可以溶解在溶剂里而被滤取出来。

如果萃取物质的溶解度很小，则用洗涤方法要消耗大量的溶剂和很长的时间，在这种情况下，一般用索氏(Soxhlet)提取器(也称脂肪提取器)来萃取。

索氏提取器由提取瓶、提取管、回流冷凝管三部分组成，提取管两侧分别有虹吸管和连接管，装置如图 4-10 所示。索氏提取器是利用溶剂的回流及虹吸原理，使固体物质每次都被纯的热溶剂所萃取，减少了溶剂用量，缩短了提取时间，因而效率较高。提取前，应先将固体物质研细，以增加溶剂浸溶面积。然后将研细的固体物质装入滤纸筒内，再置于提取管中，烧瓶内盛溶剂，并与提取管相连，提取管上端接冷凝管。溶剂受热沸腾，其蒸气沿提取管的连接管上升至冷凝管，冷凝为液体，滴入滤纸筒中，并浸泡筒中样品。当液面超过虹吸管最高处时，含有萃取物的溶剂虹吸回到烧瓶，从而萃取出溶于溶剂的部分物质。然后圆底烧瓶中的浸出溶剂继续蒸发、冷凝、浸出、回流，如此循环往复，使固体物质不断为纯的浸出溶剂所萃取，将萃取出的物质富集在烧瓶中。

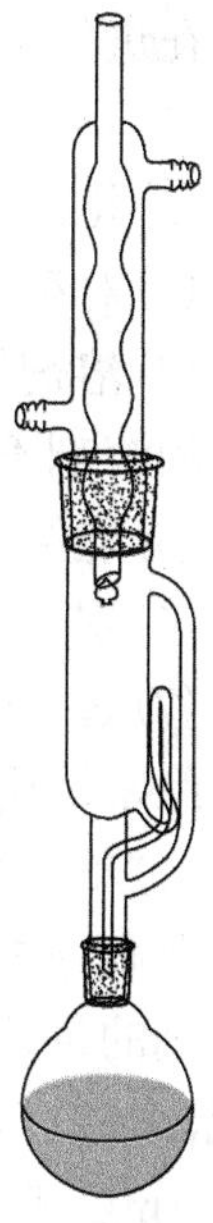

图 4-10　索氏提取器

液-固萃取是利用溶剂对固体混合物中所需成分的溶解度大，对杂质的溶解度小来达到提取分离的目的。

索氏提取器为配套仪器，其任一部件损坏将会导致整套仪器的报废，特别是虹吸管极易折断，所以使用过程中须特别小心。

4.6　重结晶与过滤

4.6.1　重结晶原理

从有机合成反应分离出来的固体粗产物往往含有未反应的原料、副产物及杂质，必须加以分离纯化，重结晶是分离提纯固体化合物的一种重要的、常用的分离方法之一。

固体有机化合物在溶剂中的溶解度与温度有密切关系。一般是温度升高，溶解度增大；温度降低则溶解度减小。若把固体物质溶解在热的溶剂中达到饱和，冷却时由于溶解度降低，溶液变成过饱和就会析出晶体。因此，利用溶剂对被提纯化合物及杂质的溶解度的不同，可以达到分离纯化的目的。

4.6.2 重结晶的一般过程

重结晶提纯法一般包括溶剂的选择、配制热溶液、脱色、 趁热过滤、晶体的析出、晶体的收集与洗涤、晶体的干燥等过程。

1. 溶剂选择

在进行重结晶时，选择理想的溶剂是一个关键，理想的溶剂必须具备以下条件：

(1) 不与被提纯物质起化学反应。

(2) 待提纯化合物的溶解度高温时大，低温时小。

(3) 对杂质的溶解度非常大(留在母液中)或非常小(热过滤除去)。

(4) 溶剂的沸点不宜过高或过低。过低溶解度改变不大，不易操作；过高则晶体表面的溶剂不易除去。

(5) 能给出较好的晶体。

(6) 安全、低毒、价廉易得、易回收。

(7) 适当时候可以选用混合溶剂。

经常采用以下实验的方法选择合适的溶剂。

(1) 单一溶剂的选择。

取 0.1g 样品置于干净的小试管中，用滴管逐滴滴加某一溶剂并不断振摇，当加入溶剂的量达 1mL 时，可在水浴上加热，观察溶解情况，若该物质(0.1g)在 1mL 冷的或温热的溶剂中很快全部溶解，说明溶解度太大，此溶剂不适用。如果该物质不溶于 1mL 沸腾的溶剂中，则可逐步添加溶剂，每次约 0.5mL，加热至沸，若加溶剂量达 4mL，而样品仍然不能全部溶解，说明溶剂对该物质的溶解度太小，必须寻找其他溶剂。若该物质能溶于 1～4mL 沸腾的溶剂中，冷却后观察结晶析出情况，若没有结晶析出，可用玻璃棒擦刮管壁或者辅以冰盐浴冷却，促使结晶析出。若晶体仍然不能析出，则此溶剂也不适用。若有结晶析出，还要注意结晶析出量的多少，并要测定熔点，以确定结晶的纯度。最后综合几种溶剂的实验数据，确定一种比较适宜的溶剂。这只是一般的方法，实际情况往往复杂得多，选择一个合适的溶剂需要进行多次反复的实验。

(2) 混合溶剂的选择。

固定配比法。将良溶剂与不良溶剂按各种不同的比例相混合，分别像单一溶剂那样实验，直至选到一种最佳的配比。

随机配比法。先将样品溶于沸腾的良溶剂中，趁热过滤除去不溶性杂质，然后逐滴滴入热的不良溶剂并振摇，直至浑浊不再消失为止。再滴加少许良溶剂并加热使之溶解变清，放置冷却使结晶析出。若冷却后析出油状物，则需调整比例再进行实验或另换别的混合溶剂。

2. 配制热溶液

配制热溶液的装置因所用溶剂不同而不同。当用有机溶剂进行重结晶时，使用回流装置。将样品置于圆底烧瓶或锥形瓶中，加入比需要量略少的溶剂，投入几粒沸石，开启冷凝水，开始加热并观察样品溶解情况。沸腾后用滴管自冷凝管顶端分次补加溶剂，直至样品全溶。此时若溶液澄清透明，无不溶性杂质，即可撤去热源，室温放置，使晶体析出；若有不溶性杂质，则补加适量溶剂，继续加热至沸后，进行热过滤操作；若溶液中含有有色杂质或树脂状物质，则需补加适量溶剂，并进行脱色操作。

在以水为溶剂进行重结晶时，可以用烧杯溶样，隔石棉网加热，其他操作同前，只是需估计并补加因蒸发而损失的水。如果所用溶剂是水与有机溶剂的混合溶剂，则按照有机溶剂处理。

溶剂的用量应适当。如果不需要热过滤，则溶剂的用量以恰能溶完为宜。如果需要热过滤，则应使溶剂适当过量。过量的目的在于避免在热过滤过程中因溶液冷却、溶剂挥发、滤纸吸附等因素造成晶体在滤纸上或漏斗颈中析出。过量多少也应根据具体情况而定。如果样品在该溶剂中很易析出，则应过量多一些，如果样品在该溶剂中析出很慢，则只需稍微过量即可。当不知道晶体是否易于析出时，则一般过量 20%左右。

3. 脱色

向溶液中加入吸附剂并适当煮沸，使其吸附掉样品中的杂质的过程称为脱色。最常使用的脱色剂是活性炭，其用量视杂质多少而定，一般为粗样品质量的 1%～5%。如果一次脱色不彻底，可再进行第二次脱色，但不宜过多使用，以免样品过多损耗。

待化合物全部溶解以后，稍冷再加入活性炭。不允许将活性炭加到正在沸腾的溶液中，否则将会引起暴沸甚至造成起火燃烧。

活性炭加入后可煮沸数分钟，同时将烧瓶连同铁架台一起轻轻摇动，如果是在烧杯中用水作溶剂，可用玻璃棒搅拌，以使活性炭迅速分散开。煮沸时间过长往往脱色效果不好，因为在活性炭表面存在着溶质、溶剂和杂质的吸附竞争，溶剂虽然在竞争中处于不利地位，但其数量巨大，过久的煮沸会使较多的溶剂分子被吸附，从而使活性炭对杂质的吸附能力下降。

4. 热过滤

热过滤即趁热过滤以除去不溶性杂质、脱色剂及吸附于脱色剂上的其他杂质。热过滤的方法有两种，即常压过滤和减压过滤。

1) 常压过滤

常压过滤也称重力过滤，采用短颈三角漏斗以避免或减少晶体在漏斗颈中析出，同时采用折叠滤纸(也称菊花形滤纸)以加快过滤速度。滤纸的折法如图 4-11 所示。

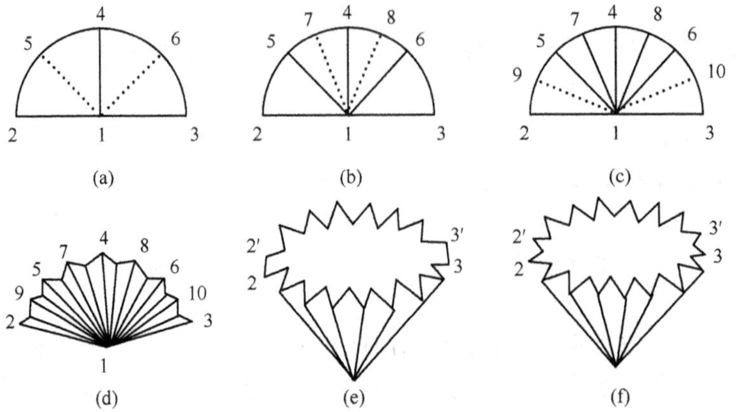

图 4-11　折叠滤纸的方法

热过滤的关键是要保证溶液在较高温度下通过滤纸。为此，在过滤前应把漏斗放在烘箱中预热，待过滤时才取出放在铁圈或盛装滤液的锥形瓶口上，然后迅速放入伞形滤纸。伞形滤纸的上沿应低于滤斗口，并使其棱边紧贴漏斗壁，以少许热溶剂润湿滤纸，倒入热溶液后应迅速盖上表面皿，以减少溶剂挥发。如果热溶液较多，一次不能完全倒入漏斗，则剩余的部分应继续加热保温。

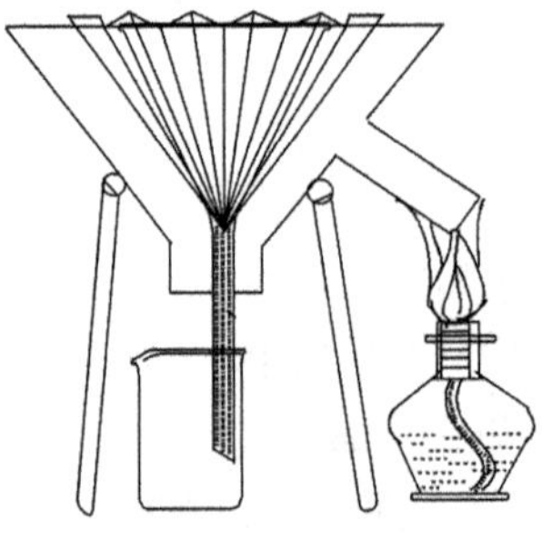

图 4-12　热过滤装置

过滤时若操作合适，在滤纸上仅有少量结晶析出。若漏斗未预热或虽已预热，但操作过慢，则往往有较多结晶在滤纸上析出，这时必须仔细地将滤纸和结晶一起放回原来的瓶中，加入适量的溶剂重新溶样，再进行热过滤。对于极易析出晶体的溶液，或当需要过滤的液量较多时最好使用保温漏斗过滤，如图 4-12 所示。

保温漏斗是一个用铜皮制作的双层漏斗。使用时在夹层中注入约 3/4 容积的水，安放在铁圈上，将玻璃三角漏斗连同伞形滤纸放入其中，在支管端部加热，至水沸腾后过滤。在热过滤的过程中漏斗和滤纸始终保持在 100℃左右。

2) 减压过滤

减压过滤也称抽滤、吸滤或真空过滤，其装置由布氏漏斗、抽滤瓶、安全瓶及循环水式真空泵组成，如图 4-13 所示。减压过滤的最大优点是过滤速度快，结晶一般不易在漏斗中析出，操作也较简便。其缺点是如果操作不当，活性炭或悬浮的不溶性杂质微粒也可能从滤纸边缘通过而进入滤液。

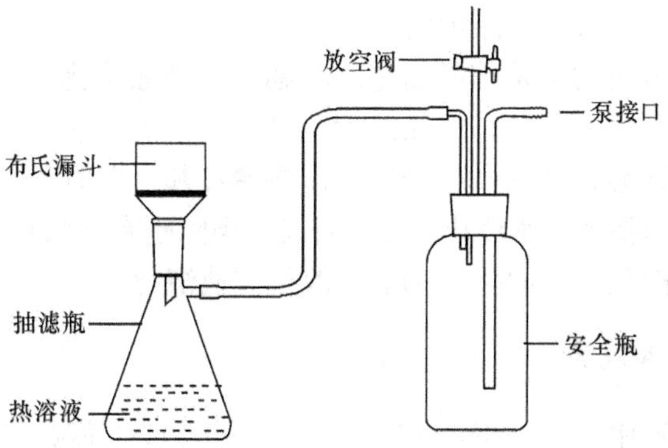

图 4-13　减压过滤装置

减压过滤所用滤纸应略小于布氏漏斗的底面，但能完全遮盖滤孔为宜。布氏漏斗在使用之前应在烘箱中预热(预热时应将橡胶塞取下)，如果以水为溶剂，也可将布氏漏斗置于沸水中预热。为了防止活性炭等固体从滤纸边缘吸入抽滤瓶中，在溶液倾入漏斗前必须使滤纸在漏斗底面上贴紧。当溶剂为水或其他极性溶剂时，只要以同种溶剂将滤纸润湿，适当抽气，即可使滤纸贴紧，但在使用非极性溶剂时滤纸往往不易贴紧。在这种情况下可先加入少量乙醇(有时也可用水)将滤纸润湿，抽气贴紧后再用溶解样品的溶剂洗去滤纸上的乙醇，然后倒入溶液抽滤。在抽滤过程中应保持漏斗中有较多的溶液，只有当全部溶液倒完后才可抽干，否则吸附有树脂状杂质的活性炭会在滤纸上结成紧密的饼块阻碍液体透过滤纸。同时压力也不可抽得过低，以防将滤纸抽破使活性炭透滤。如果由于操作不当使活性炭透滤进入滤液，则最后得到的晶体会呈灰色，这时需要重新溶样，重新进行热过滤。

5. 晶体的析出

将热滤液冷却，溶质溶解度减小，即可部分析出。此步的关键是控制冷却速度，使溶质真正成为晶体析出并长到适当大小，而不是以油状物或沉淀的形式析出。

一般说来，若将滤液迅速冷却并剧烈搅拌，则所析出的晶体很细，总表面积大，因而表面上吸附或黏附的母液总量也较多。若将滤液静置并缓缓降温，得到的晶体较大，但也不是越大越好，因为过大的晶体中包夹母液的可能性也大。通常控制冷却速度使晶体在数十分钟至数十小时内析出，而不是在数分钟或数周内析出，析出的晶粒大小在 1.5mm 左右为宜。为此，可将热滤液室温下静置缓缓冷却；或置于热水浴中随同热水一起缓缓冷却。

杂质的存在会影响化合物晶核的形成和结晶的生长。所以有时溶液虽已达到过饱和状态，仍不析出结晶，这时可用玻璃棒摩擦器壁或投入晶种(同种溶质的晶体)，以利于形成晶核。若没有晶种，也可用玻璃棒蘸一点溶液，让溶剂挥发得到少量结晶，再将该玻璃棒伸入溶液中搅拌，该晶体即作为晶种，使结晶析出。另外，在冰箱中放置较长时间，也可使结晶析出。

有时从溶液中析出的不是结晶而是油状物。这种油状物长期静置或足够冷却也可以固化，但含有较多的杂质，产品纯度不高。处理的方法是：①增加溶剂，使溶液适当稀释，但这样会使结晶产率降低；②慢慢冷却，及时加入晶种；③将析出油状物的溶液加热重新溶解，然后让其慢慢冷却，当刚刚有油状物析出时便剧烈搅拌，使油状物在均匀分散状况下固化；④最好改换其他溶剂。

6. 晶体的收集和洗涤

要把晶体从母液中分离出来，一般采用布氏漏斗或砂芯漏斗进行抽滤。抽滤前，用少量溶剂润湿滤纸并使其吸紧，将容器内的晶体连同母液倒入布氏漏斗中，用少量的滤液洗出黏附在容器壁上的结晶。用不锈钢铲或玻璃塞把结晶压紧，使母液尽量抽尽，然后打开安全瓶上的活塞(或拔掉抽滤瓶上的橡皮管)，关闭水泵。

为了除去晶体表面的母液，可用少量的新鲜溶剂洗涤。洗涤时应首先打开安全瓶上的活塞，解除真空，再加入洗涤溶剂，用刮刀或玻璃棒将晶体小心地挑松(注意不要将滤纸弄破或使其松动)，使全部晶体浸润，然后再抽干。一般洗涤一两次即可。

7. 晶体的干燥

抽滤收集的产品必须充分干燥，以除去吸附在晶体表面的少量溶剂。应根据所用溶剂及晶体的性质来选择干燥的方法。不吸潮的产品可放在表面皿上，盖上一层滤纸在室温下放置数天，让溶剂自然挥发(空气晾干)，也可用红外灯烘干。对数量较大或易吸潮、易分解的产品，可放在真空恒温干燥箱中干燥。如果要干燥少量的标准样品，或分析测试样品，最好用真空恒温干燥器(干燥枪)在适当温度下减压干燥 2～4h。干燥后的样品应立即储存在干燥器中。

4.7 色谱分离技术

色谱分离技术又称层析分离技术或色层分离技术，是分离、提纯和鉴定有机化合物的重要方法，有着极其广泛的用途。色谱法具有分离效率高、分析速度快、检验灵敏度高、样品用量少、选择性强、应用范围广等特点，已广泛用于石油化工、有机合成、生理生化、医药卫生、环境监测、刑事侦查、生产在线控制，乃至空间探索等许多领域，以解决各种分离分析课题。

色谱法的基本原理是利用混合物中各组分在某一物质中的吸附或溶解性能的不同，或其他亲和作用性能的差异，使混合物的溶液流经该物质时进行反复的吸附或分配等作用，从而将各组分分开。流动的混合物溶液称为流动相。固定的物质称为固定相(可以是固体或液体)。根据组分在固定相中的作用原理不同，色谱法可分为吸附色谱、分配色谱、离子交换色谱、排阻色谱等；根据操作条件不同，可分为柱色谱、纸色谱、薄层色谱、气相色谱及高效液相色谱等类型。

4.7.1 柱色谱法

柱色谱法又称柱层析，是固定相装于柱内，流动相为液体，样品沿竖直方向由上而下移动而达到分离的色谱法。

依据柱色谱的作用原理又可分为吸附柱色谱、分配柱色谱和离子交换柱色谱等，其中以吸附柱色谱应用最广。以下只介绍吸附柱色谱的相关问题，其操作方法也可作为其他类型柱色谱的参考。

吸附柱色谱通常是在玻璃管中填入表面积很大且经过活化的多孔性或粉状固体吸附剂。当待分离的混合物溶液流过吸附柱时，各种成分同时被吸附在柱的上端。当洗脱剂流下时，由于不同化合物的吸附能力不同，向下洗脱的速度也不同，于是形成了不同层次，即溶质在柱中自上而下按对吸附剂的亲和力大小分别形成若干色带，再用溶剂洗脱时，已经分开的溶质可以从柱上分别洗出收集；或将柱吸干，挤出后按色带分割开，再用溶剂将各色带中的溶质萃取出来。

1. 吸附柱色谱的装置与试剂

1) 色谱柱

实验室中所用的玻璃色谱柱有两种形式，一种是下部带有活塞的玻璃管，如图 4-14(a) 所示，活塞的芯最好是聚四氟乙烯制作的，这样可以不涂真空脂，以免污染产品。如果使用普通的玻璃活塞，则要将真空脂小心地涂薄涂匀。另一种是将玻璃管下端拉细，套上一段弹性良好的管子。这段管子必须是不能被淋洗剂溶解的，普通橡皮管一般不可充作此用，因为橡皮易被氯仿、苯、四氢呋喃等溶剂溶胀，而聚四氟乙烯管对大多数溶剂是惰性的，所以经常使用。另外，用一只螺旋夹控制流速，如图 4-14(b) 所示。此外，薄膜塑料柱[图 4-14(c)]，因具有使用方便、节省淋洗剂、减少蒸发量等优点，应用日趋广泛。薄膜塑料柱总是以扁平成卷保存的，两侧常有很深的折痕。使用前需将裁取的一段薄膜管一端扎紧，另一端套在一段玻璃管上并用棉线扎紧。将这段玻璃管穿过一个单孔塞。然后将薄膜管放进一根又粗又长，下端拉细了的玻璃管内，使塞子塞紧大玻璃管的口。用水泵自大玻璃管下端抽气，薄膜柱即因内部压强大于外部而自行展圆。待装入吸附剂后在其下部扎几个小孔即可使用。

色谱柱的尺寸根据被分离物的量来确定，其直径与高度之比则根据被分离混合物的分离难易程度而定，一般为 1∶8～1∶50。柱身细长，分离效果好，但可分离的量小，且分离所需时间长；柱身短粗，分离效果较差，但一次可以分离较多的样品，且所需时间短。如果待分离物各组分较难分离，宜选用细长的柱子，如果要处理大量的较易分离的或对分离纯度要求较低的混合物，则可选用粗而短的柱子。最常使用的色谱柱，直径与高度之比为 1∶8～1∶15。

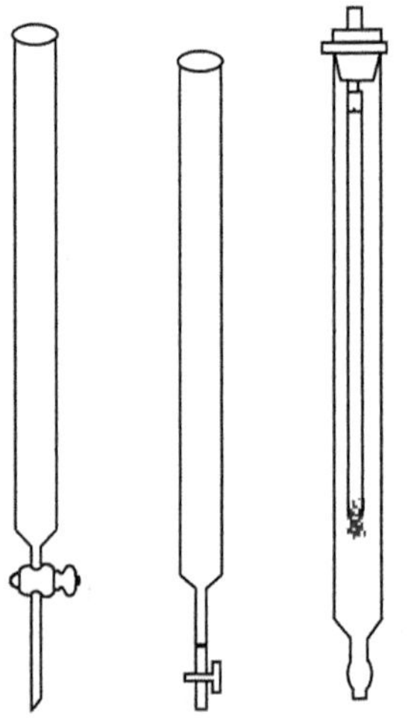

(a) (b) (c)

图 4-14 色谱柱

2) 吸附剂

柱色谱中最常使用的吸附剂是氧化铝或硅胶。其用量为被分离样品的 30～50 倍，对于难以分离的混合物，吸附剂的用量可达 100 倍或更高。对于吸附剂应综合考虑其种类、酸碱性、粒度及活性等因素，最后用实验方法选择和确定。

市售氧化铝有酸性、碱性和中性之分。酸性氧化铝是用 1%盐酸浸泡后，用蒸馏水洗至其浸出液的 pH 为 4，适于分离酸性物质；碱性氧化铝浸出液的 pH 为 9～10，用以分离胺类、生物碱及其他有机碱性化合物；中性氧化铝的相应 pH 为 7.5，适于醛、酮、醌、酯等化合物的分离以及对酸、碱敏感的其他类型化合物的分离。硅胶没有酸碱性之分，可适用于各类有机化合物的分离。

柱色谱所用氧化铝的粒度一般为 100～150 目，硅胶为 60～100 目，如果颗粒太小，淋洗剂在其中流动太慢，甚至流不出来。

吸附剂的活性与含水量有关，含水量越低，活性越高。氧化铝和硅胶的活性各分五个等级(表 4-1)。哪个活性级别的分离效果最好，要用实验方法确定，而不是盲目选择高的活性级别，最常使用的是Ⅱ、Ⅲ级。如果吸附剂活性太低，分离效果不好，可通过活化来提高其活性。活化就是指用加热的方法除去吸附剂中所含的水分，提高其吸附活性的过程。通常是将吸附剂装在瓷盘里放进烘箱恒温加热。活化的温度和时间应根据分离需要而定。氧化铝一般在 200℃恒温 4h，硅胶在 105～110℃恒温 0.5～1h。活化完毕，切断电源，待温度降至接近室温时，从烘箱中取出放进干燥器中备用。有的样品在活性高的吸附剂中分离效果不好，可将吸附剂放在空气中让其吸收一些水分，这样分离效果反而好一些。

表 4-1 吸附剂的活性与含水量的关系

活性	Ⅰ	Ⅱ	Ⅲ	Ⅳ	Ⅴ
氧化铝含水量/%	0	3	6	10	15
硅胶含水量/%	0	5	15	25	38

此外，一些天然产物带有多种官能团，对微弱的酸碱性都很敏感，可用纤维素、淀粉或糖类做吸附剂。活性炭是一种吸附能力很高的吸附剂，但因粒度太小而不常用。

3) 淋洗剂

淋洗剂是将被分离物从吸附剂上洗脱下来所用的溶剂，所以也称为洗脱剂或简称溶剂。其极性大小和对被分离物各组分的溶解度大小对于分离效果非常重要。如果淋洗剂的极性远大于被分离物的极性，则淋洗剂将受到吸附剂的强烈吸附，从而将原来被吸附的待分离物“顶替”下来，随多余的淋洗剂冲下而起不到分离作用；如果淋洗剂的极性远小于各组分的极性，则各组分被吸附剂强烈吸附而留在固定相中，不能随流动相向下移动，也不能达到分离的目的。如果淋洗剂对于被分离物各组分的溶解度太大，被分离物将会过多、过快地溶解于其中并被迅速洗脱而不能很好地分离；如果溶解度太小，则会造成谱带分散，甚至完全不能分开。常用溶剂的极性大小次序也因所用吸附剂的种类不同而不尽相同，很多资料给出了在硅胶和氧化铝柱中常用溶剂所表现出的极性次序，可作为选择溶剂的参考。首先在薄层板上试选，初步确定后再上柱分离。如果所有色带都行进甚慢则应改用极性较大、溶解性能也较大的溶剂，反之则改用极性和溶解性都较小的溶剂，直至获得满意的分离效果。

除分离效果外还应当考虑：①在常温至沸点的温度范围内可与被分离物长期共存不发生任何化学反应，也不被吸附剂或被分离物催化而发生自身的化学反应；②沸点较低以利回收；③毒性较小，操作安全；④适当考虑价格是否合算，来源是否方便；⑤回收溶剂一般不应作为最终纯化产物的淋洗剂。

淋洗剂的用量往往较大，故最好使用单一溶剂以利回收。只有在选不出合适的单一溶剂时才使用混合溶剂。混合溶剂一般由两种可以无限混溶的溶剂组成，先以不同的配比在薄层板上实验，选出最佳配比，再按该比例配制好，像单一溶剂一样使用。如果必须在层析过程中改变淋洗剂的极性，不能把一种溶剂迅速换成另一种溶剂，而应当将极性稍大的溶剂按一定的百分比逐渐加到正在使用的溶剂中去，逐步提高其比例，直至所需要的配比。一条经验规律称为“幂指数增加”。例如，原淋洗剂为环己烷，如欲加入二氯甲烷以增加其极性，则不应立即换为二氯甲烷，而应使用这两种溶剂的混合液，其中二氯甲烷的比例依次为 5%、15%、45%，最后再换为纯净的二氯甲烷。每次加大比例后，须待流出液量为吸附剂装载体积的 3 倍时再进一步加大比例。这只是一般方法，其目的在于避免后面的色带行进过快，追上前面的色带，造成交叉带。但如果两色带间有很宽阔的空白带，不会造成交叉，则也可直接换成后一种溶剂，所以应根据具体情况灵活运用。

4) 被分离的混合物

在实际工作中，被分离的样品是不能选择的，但认真考察各个组分的分子结构，估计其吸附能力，对于正确选择吸附剂和淋洗剂都是有益的。若化合物的极性较大，或含有极性较大的基团，则易被吸附而较难被洗脱，宜选用吸附力较弱的吸附剂和极性较大的淋洗剂。反之，对于极性较小的样品则选用极性较强的吸附剂和弱极性或非极性淋洗剂。若各组分极性差别较大，则易于分离，可选用较为短粗的柱子，使用较少的吸附剂；若各组分极性相差甚微，则难于分离，宜选用细长的柱子并使用较大量的吸附剂。

5) 其他物品

储存淋洗剂的分液漏斗一个，接收洗出液的锥形瓶若干个，其容积大小根据淋洗剂的体积确定。玻璃毛少量，石英砂少量，各自洗净烘干。若色谱柱很小，也可用少量脱脂棉代替玻璃毛。

2. 吸附柱色谱的操作

1) 装柱

装柱的方法分湿法和干法两种。

湿法装柱时，将柱竖直固定在铁支架上，关闭活塞，加入选定的淋洗剂至柱容积的 1/4，用一支干净的玻璃棒将少量玻璃毛(或脱脂棉)轻轻推入柱底狭窄部位，小心挤出其中的气泡，但不要压得太紧密，否则淋洗剂将流出太慢或根本流不出来。将准备好的石英砂加入柱中，使其在玻璃毛上均匀沉积成约 5mm 厚的一层。将需要量的吸附剂置于烧杯中，加淋洗剂浸润，使其溶胀并调成糊状。打开柱下活塞调节流出速度为每秒 1 滴，将调好的吸附剂在搅拌下自柱顶缓缓注入柱中，同时用套有橡皮管的玻璃棒轻轻敲击柱身，使吸附剂在淋洗剂中均匀沉降，形成均匀紧密的吸附剂柱。吸附剂最好一次加完。若分数次加，则会沉积为数层，各层交接处的吸附剂颗粒很细，在分离时易被误认为是一个色层。将全部吸附剂加完后，在吸附剂沉积面上盖一层石英砂(如柱很小，也可不用石英砂而盖上一张直径与柱内径相当的滤纸片)，关闭活塞。在全部装柱过程中及装完柱后，都需始终保持吸附剂上面有一段液柱，否则将会有空气进入吸附剂，在其中形成气泡而影响分离效果。如果发现柱中已经形成了气泡，应设法排除，若不能排除，则应倒出重装。

干法装柱时，先将柱竖直固定在铁支架上，关闭活塞。加入溶剂至柱容积的 3/4，打开活塞控制溶剂流速为每秒 1 滴，然后将所需量的吸附剂通过一支短颈玻璃漏斗慢慢加入柱中，同时，轻轻敲柱身使柱填充紧密。干法装柱的缺点是容易使柱中混有气泡。特别是使用硅胶作为吸附剂时，最好不用干法装柱，因为硅胶在溶剂中有一个溶胀过程，若采用干法装柱，硅胶会在柱中溶胀，往往留下缝隙和气泡，影响分离效果，甚至需要重新装柱。

装填薄膜塑料柱时，可先按图 4-14(c)所示的那样用抽气法将薄膜展开成圆柱形，在底部装入一段玻璃毛，将吸附剂通过一个粗颈漏斗自柱顶装入。装至 1/3 处，将柱身在坚硬的表面上礅结实，再装入 1/3，再礅结实，直至装到需要的高度。装成的薄膜柱应紧密结实，可以像玻璃柱那样用夹子夹住，再在其底部扎一些小孔即可使用。

2) 加样

加样也有干法、湿法两种。湿法加样是将待分离物溶于尽可能少的溶剂中，如有不溶性杂质应当滤去。打开柱下活塞小心放出柱中液体至液面下降到滤纸片处，关闭活塞，将配好的溶液沿着柱内壁缓缓加入，切记勿冲动吸附剂，否则将造成吸附剂表面不平而影响分离效果。溶液加完后，小心开启柱下活塞，放出液体至溶液液面降至滤纸片时，关闭活塞，用少许溶剂冲洗柱内壁(同样不可冲动吸附剂)，再放出液体至液面降到滤纸处，再次冲洗柱内壁，直至柱壁和柱顶溶剂没有颜色。加样操作的关键是要避免样品溶液被冲稀。在技术熟练的情况下，也可以不关下部活塞，在每秒 1 滴的恒定流速下连贯地完成上述操作。

干法加样是将待分离样品加少量低沸点溶剂溶解，再加入约 5 倍量的吸附剂，搅拌均匀后在通风橱中蒸发至干。揭去柱顶滤纸片，将吸附了样品的吸附剂平摊在柱内吸附剂的顶端，在上面加盖滤纸片或加盖一层石英砂。干法加样易于掌握，不会造成样品溶液的冲稀，但不适合对热敏感的化合物。

3) 淋洗和接收

样品加入后即可用大量淋洗剂淋洗。随着流动相向下移动，混合物逐渐分成若干个不同的色带，继续淋洗，各色带间距离拉开，最终被一个个淋洗下来。当第一色带开始流出时，更换接收瓶，接收完毕再更换接收瓶，接收两色带间的空白带，并依此法分别接收各个色带。若后面的色带下行太慢，可依次使用几种极性逐渐增大的淋洗剂来淋洗。为了减少添加淋洗剂的次数，可用分液漏斗在柱顶“自动”添加，如图 4-15 所示。将分液漏斗的活塞打开，顶塞密封，尾部插进柱上部的淋洗剂液面以下，当液面下降后，漏斗尾部露出，即有空气泡自尾部进入分液漏斗，这就加大了漏斗内液面上的压力，漏斗内的淋洗剂就自动流入柱内，使柱内液面上升，当液面淹没漏斗尾部时，就不再有空气进入漏斗，漏斗内的淋洗剂就不再流出。在使用薄膜塑料柱进行层析时，一旦色带形成并拉开距离，可将柱吸干，用刀沿空白带处切开，将各色带分别萃取，各自蒸去溶剂，即得到相应组分的化合物。

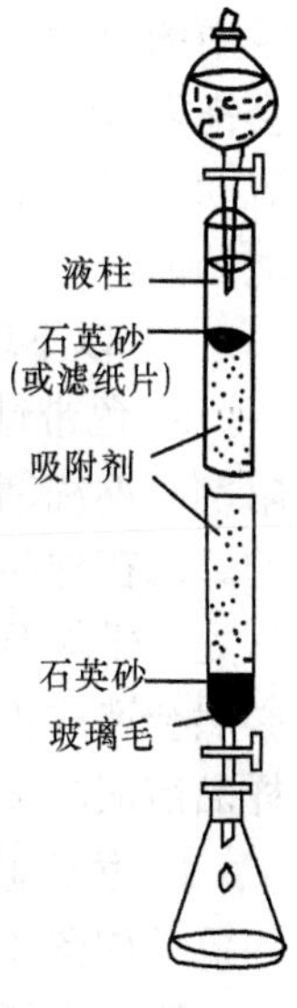

图 4-15　淋洗

4) 显色

分离无色物质时需要显色。如果使用带荧光的吸附剂，可在黑暗的环境中用紫外光照射以显出各色带的位置，以便按色带分别接收。但柱上显色远不如在薄层板上显色方便。所以常用的办法是等分接收，即事先准备十几个甚至几十个接收瓶，依次编出号码，各接收相同体积的流出液，并各自在薄层板上点样展开，然后在薄层板上显色(相关的显色操作见薄层色谱部分)。具有相同比移值(R_f)的为同一组分，可以合并处理。也可能出现交叉带，若交叉带很少，可以弃之；若交叉带较多，或样品很贵重，可以将交叉部分再次作柱色谱分离，直至完全分开。例如，某一样品经等分接收和薄层层析并显色处理后如图 4-16 所示。由图可知，1、7、8 号接收液都是空白，没有任何组分，可以合并。2～6 号为第一组分，可以合并处理，9～13 号为第二组分，14～16 号为第三组分，17～20 号为第四组分。其中第 14 号实际上是一个交叉带，以第三组分为主，也含有少量第二组分。如果对第三组分的纯度要求不高，可以并入第三组分；如果对第三组分的纯度要求甚高，可将第 14 号接收液浓缩后再做一次柱色谱分离。

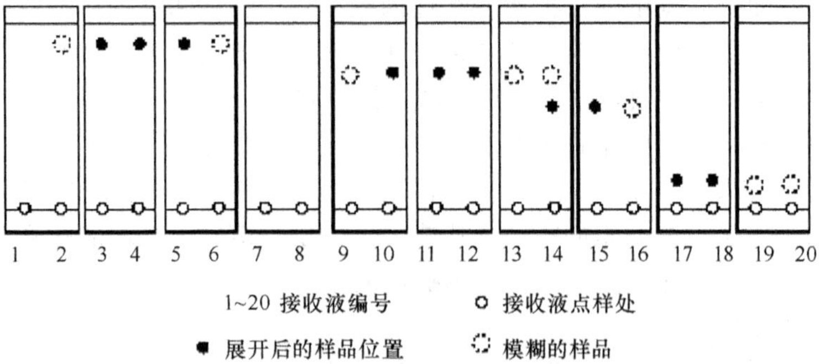

图 4-16　一个四组分样品经柱色谱分离后用薄层板检测的情况

3. 柱色谱操作中应注意的问题

(1) 要控制淋洗剂流出的速度。一般控制流速为每秒 1 滴。若流速太快，样品在柱中的吸附和溶解过程来不及达到平衡，会影响分离效果；若流速太慢，分离时间会拖得太长。有时，样品在柱中停留时间过长，可能会促成某些成分发生变化。或流动相在柱中的下行速度小于样品的扩散速度，会造成色带加宽、交合甚至根本不能分离。

(2) 以下现象会严重影响分离效果，必须尽力避免。

a. 色带过宽，界限不清。造成的原因可能是柱的直径与高度比选择不当，或吸附剂、淋洗剂选择不当，或样品在柱中停留时间过长。但更常见的是在加样时造成的。若在样品溶液加进柱中后，没有打开下部活塞放出淋洗剂使样品溶液降至滤纸片处，即急于加溶剂冲洗柱壁，造成样品溶液大幅度稀释，或过早加大量溶剂淋洗，必然会造成色带过宽。所以溶样时一定要使用尽可能少的溶剂，加样时一定要避免样品溶液的稀释。

b. 色带倾斜。正常情况下柱中的色带应是水平的，如图 4-17(a) 所示。而倾斜的色带如图 4-17(b) 所示，在前一个色带尚未完全流出时，后面色带的前沿已开始流出，所以不能接收到纯粹的单一组分。造成色带倾斜的原因是吸附剂的顶面装得倾斜，或柱身安装得不垂直。

c. 气泡。造成气泡的原因可能是玻璃毛或脱脂棉中的空气未挤净，其后升入吸附剂中形成气泡，也可能是吸附剂未充分浸润溶胀，在柱中与淋洗剂作用发热而形成，但更大量的是在装柱或淋洗过程中淋洗剂放出过快，液面下降到吸附剂沉积面之下，使空气进入吸附剂内部滞留而成。当柱内有气泡时，大量淋洗剂顺气泡外壁流下，在气泡下方形成沟流，使后一色带前沿的一部分突出伸入前一色带，从而使两色带难于分离。所以在装柱及淋洗过程中应始终保持吸附剂上面有一段液柱。

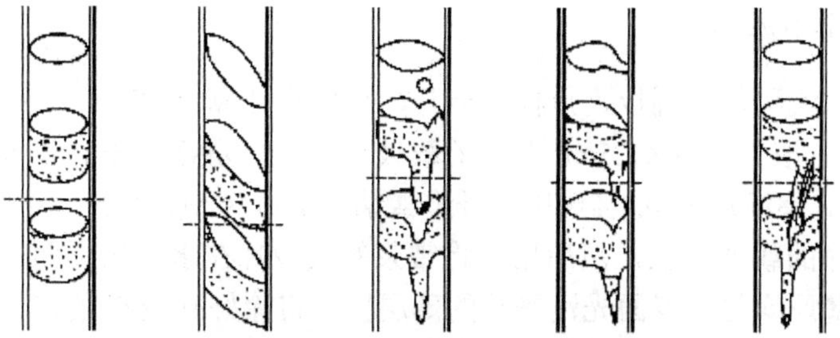

图 4-17　色谱柱中的色带(虚线表示更换接收瓶处)

d. 柱顶面填装不平。这时色带前沿将沿低凹处向下延伸进入前面的色带[图 4-17(d)]，这也是一种沟流。

e. 断层和裂缝。当柱内某一区域内积有较多气泡时，这些气泡会合并起来在柱内形成断层或裂缝。图 4-17(e)表示了裂缝造成的沟流，而断层相当于一个不平整的装载面，它造成沟流的情况与图 4-17(d)相似。

4.7.2　薄层色谱法

薄层色谱法(thin layer chromatography，TLC)又称薄层层析，属于固-液吸附色谱，是近来发展起来的一种微量、快速而简单的色谱法。

1. 基本原理

薄层色谱法利用样品中各组分在吸附剂(固定相)和作为展开剂的有机溶剂(流动相)中的分配不同而达到分离的目的。由于各种化合物的极性不同，吸附能力不相同，在展开剂上移动时进行不同程度的解吸，根据原点至主斑点中心及展开剂前沿的距离，计算比移值(R_f)。

化合物的吸附能力与它们的极性成正比，具有较大极性的化合物吸附较强，因此 R_f 值较小。在给定的条件下(吸附剂、展开剂、板层厚度等)，化合物移动的距离和展开剂移动的距离之比是一定的，即 R_f 值是化合物的物理常数，其大小只与化合物本身的结构有关，因此可以根据 R_f 值鉴别化合物。

薄层色谱可适用于少量样品(几到几十微克，甚至 0.01μg)的分离，也可用于多达 500mg 样品的分离，是近代有机化学中用于定性、定量的一种重要手段。特别适用于挥发性小的化合物，以及在高温下易发生化学变化而不能用气相色谱分析的物质。此外，在进行化学反应时，薄层色谱还可用于跟踪有机反应及进行柱色谱分离之前的一种“预试”，常利用薄层色谱观察原料斑点的逐步消失来判断反应是否完成。

2. 实验基本流程

实验基本流程包括铺板、点样、展开、显色和计算 R_f 值。

(1) 铺板。取 7.5cm×2.5cm 左右的载玻片 5 片，洗净晾干。在 50mL 烧杯中放置 3g 硅胶 G，逐渐加入 0.5%羧甲基纤维素钠水溶液(CMC) 8mL，调成均匀的糊状，涂于上述洁净的载玻片上，然后用手将带浆的载玻片在水平的桌面上做上下轻微的颠动，制成薄厚均匀、表面光洁平整的薄层板。将涂好硅胶 G 的薄层板置于水平的玻璃板上，在室温下放置 0.5h 后，放入烘箱中，缓慢升温至 110℃，恒温 0.5h 后取出，稍冷后置于干燥器中备用。

(2) 点样。将样品溶于低沸点的溶剂(乙醚、丙酮、乙醇、四氢呋喃等)中配成溶液。点样前，可先用铅笔在小板上距一端 5mm 处轻轻画一条横线，作为起始线，然后用内径为 1mm 的管口平整的毛细管吸取样品，在起始线上小心点样，如需重复点样，则应待前次点样的溶剂挥发后方可重点。若在同一块板上点几个样，样品点间的距离为 5mm 以上。

(3) 展开。展开剂的选择主要根据样品的极性、溶解度和吸附剂的活性等因素来考虑。薄层的展开在密闭的容器中进行。先将选择的展开剂放入广口瓶中，使广口瓶内空气饱和 5～10min，再将点好试样的薄层板放入广口瓶中进行展开，点样的位置必须在展开剂液面之上。当展开剂上升到薄层的前沿(离前端 5～10mm)或多组分已明显分开时，取出薄层板放平晾干，用铅笔画出溶剂前沿的位置后，即可显色。

如果化合物本身有颜色，就可直接观察它的斑点。如果本身无色，可先在紫外灯光下观察有无荧光斑点(有苯环的物质都有)，若有，用铅笔在薄层板上划出斑点的位置；对于在紫外灯光下不显色的，可放在含少量碘蒸气的容器中显色来检查色点(因为许多化合物都能和碘成黄棕色斑点)，显色后，立即用铅笔标出斑点的位置。

(4) 计算 R_f 值。准确地找出原点、溶剂前沿以及样品展开后斑点的中心，分别测量溶剂前沿和样点在薄层板上移动的距离，求出其 R_f 值。

3. 注意事项

(1) 因为是干板，铺板时手要平稳，否则容易不均匀。

(2) 点样时几个样点要在一条直线上，大小要合适(斑点直径一般不超过 2mm)，间距为 5～6mm。

(3) 点样用的毛细管不能交叉使用。

(4) 因溶液太稀，一次点样如果不够需重复点样，则应待前次点样的溶剂挥发后方可重点，以防样点过大，造成拖尾、扩散等现象，影响分离效果。

(5) 点样结束待样点干燥后，方可进行展开。点样要轻，不可刺破薄层。

(6) 放板时手要平稳，否则样品展开时走出斜线。

4. 发展趋势

现代薄层色谱基本都是由各种仪器来代替，以消除在实验过程中的诸多影响因素。这也是国内科技发展的大趋势，逐渐取代人为因素在实验过程中的影响，从而达到重现性的效果。

薄层色谱在应用方面也是多种多样，在制药、食品、保健品、化妆品、法检、饲料、工业等方面均有较广泛的应用。

5. 商业薄层板

手工铺制薄层板耗费时间较长，为方便使用，目前可以直接从市场上获取标准的薄层板。

商用薄层板一般会标注 G、H、GF、HF。其中 G 表示凝固剂，H 则不含凝固剂，G 的价格通常低于 H；F 代表荧光。

硅胶 G：含有 13%～15%的煅石膏；硅胶 H：纯硅胶；硅胶 GF254：含有荧光剂和黏合剂。

目前国内的商用薄层板的质量与国外仍有较大差距，不推荐使用国产商用薄层板(硅胶粒度较大，均匀度不够高)。

4.7.3　纸色谱法

纸色谱法又称纸层析，是一种以纸为载体的色谱方法，是根据不同物质在两相中的分配比不同而进行分离的一种微量分离方法。纸色谱的原理比较复杂，涉及分配、吸附和离子交换等机理，但分配机理起主要作用，因此一般认为纸色谱属于分配色谱。

纸色谱可用于分析鉴定，也可用于微量样品的分离，特别是在鉴定高极性的、亲水性强的或多官能团的化合物时，其效果往往优于薄层色谱，所以多用于醇类、糖类、生物碱、氨基酸等天然物质的鉴定与分离。纸色谱 R_f 值的重现性总的说来比薄层色谱好一些，层析纸也比薄层板易于保存，这是其优点。但纸色谱一般只适于微量操作。即使用很多层滤纸重叠起来，一次分离的样品量一般也不会超过 0.5mg；而且展开的时间长，一次操作常需数小时甚至数十小时，这使得它的应用受到一定的限制。

1. 载体、固定相和展开剂

纸色谱所用的层析纸应该均匀平整、无折痕，边缘整齐，有合适的机械强度，表面洁白，纯度高，含杂质少。层析纸的纸纤维松紧应适宜，过紧则展开太慢，过松则样点易于扩散。普通纸色谱实验对层析纸的要求并不苛刻，实验室中常用的滤纸可满足一般要求。在严格的研究工作中则需慎重选择层析纸，并作净化处理。处理的方法是将纸放在 2mol · L^{-1} 乙酸中浸泡数日，取出用蒸馏水洗净，以除去纸中的无机离子；再以 1∶1 的丙酮-乙醇混合液浸泡一周以上，以除去纸中的大部分有机杂质，取出风干备用，使用前还要充分干燥。若作分离用，可把多层滤纸摞成整齐的一叠，像单层纸一样展开。

纸色谱常用水或水溶液作为固定相，当分离极性较小的化合物时，常用甲酰胺或二甲基甲酰胺溶液浸渍于层析纸上做固定相。在分离弱极性或非极性化合物时，则可以反过来以有机溶剂浸渍于层析纸上做固定相，而以水溶液或不相混溶的有机溶剂作为流动相，称为反相色谱法。

纸色谱中所用的展开剂是与水部分互溶的有机溶剂，挥发性不宜太大。多数情况下不使用单一溶剂，而使用两组分或多组分的混合溶剂，在使用之前先用水饱和。例如，在分离氨基酸时常采用下列展开剂：正丁醇∶乙酸∶水(12∶3∶5)、正丁醇∶吡啶∶水(1∶1∶1)、乙醇∶水∶浓氨水(180∶10∶10)、叔丁醇∶水∶甲乙酮∶乙二胺(80∶80∶40∶8)。

2. 纸色谱操作

1) 点样

纸色谱的点样与薄层色谱相似，可用毛细管、微量滴管、微量注射器或微量移液管点样。液体样品可直接点样，固体样品可用与展开剂相同或相似的溶剂配制成溶液来点样。溶液的浓度可用试验法确定，一般先从 1%试起，逐步调整到合适的浓度。样液点在距层析纸一端约 4cm 处，样点直径不宜超过 2mm。若在同一张层析纸上点几个样点，则应点在同一水平线上，间距 1～2cm。在用多层滤纸分离样品时，将样液点成一条线，展开后按色带剪开，分别以溶剂萃取，各自蒸去溶剂即得到纯净的组分。点样时管尖不可触及滤纸，而只使露出管尖的半滴样液触及滤纸。

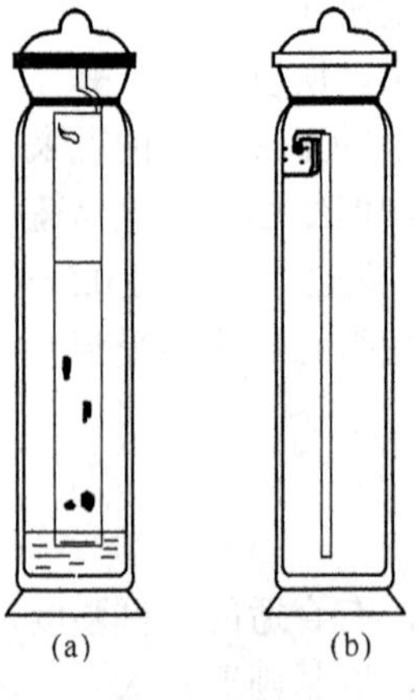

图 4-18　纸色谱的展开

2) 展开

展开在密闭的、充满展开剂蒸气的展开槽中进行。展开前常需在加有展开剂的展开槽中放置滤纸衬里，展开剂沿滤纸上升并挥发，在较短时间内使其中的展开剂蒸气达到饱和。然后将点好样的层析纸放入，使点有样品的一端浸在展开剂中，但不可浸及样点。观察展开情况，待展开剂前沿到达离层析纸另一端约 1.5cm 处，取出层析纸，像薄层色谱一样计算 R_f 值。纸色谱的展开方式也有上行法、下行法、双向展开法等。上行法[图 4-18(a)]是将层析纸垂直挂在展开槽中，下端浸在展开剂中，展开剂靠毛细作用沿纸上行，带动样点前进并逐步分离样品。上行法装置简单、操作方便、应用最广，但展开速度慢，分离效果不高。下行法[图 4-18(b)]是将层析纸搭挂在展开槽上部的盛液小槽中，展开剂自上而下沿纸前进，既有毛细作用，也有重力作用，所以展开较快。对于 R_f 值较小的或分子较大的组分的分离，效果优于上行法。对于组分特别复杂、难于分离的样品，可采用双向展开法，即将样品点在层析纸一角，先用一种展开剂沿纸的一个方向展开，取出干燥后更换另一种展开剂，沿着与第一次展开方向垂直的方向作第二次展开。

3) 显色

纸色谱的显色法与薄层色谱大致类同，碘蒸气显色法、紫外光显色法等通用方法也适用于纸色谱，但浓硫酸、浓硝酸等显色法不适用于纸色谱。纸色谱多采用化学显色剂喷雾显色的方法。例如，茚三酮溶液适用于蛋白质、氨基酸及酞的显色；硝酸银氨溶液适用于糖类的显色；pH 指示剂适用于有机酸、碱的显色等。

4.7.4 气相色谱法

气相色谱法(gas chromatography，GC)又称气相层析，是一种在有机化学中对易于挥发而不发生分解的化合物进行分离与分析的色谱技术。

1. 气相色谱法的定义

气相色谱是以惰性气体作为流动相，利用试样中各组分在色谱柱中的气相和固定相间的分配系数不同，当气化后的试样被载气带入色谱柱中运行时，组分就在其中的两相间进行反复多次的分配(吸附—脱附—放出)。由于固定相对各种组分的吸附能力不同，因此各组分在色谱柱中的运行速度就不同，经过一定的柱长后便彼此分离，顺序离开色谱柱进入检测器，产生的离子流信号经放大后，在记录器上描绘出各组分的色谱峰。

试样中各组分经色谱柱分离后，按先后次序经过检测器时，检测器就将流动相中各组分浓度变化转变为相应的电信号，由记录仪所记录下的信号-时间曲线或信号-流动相体积曲线称为色谱流出曲线。

2. 主要分类

气相色谱可分为气固色谱和气液色谱。气固色谱指流动相是气体，固定相是固体物质的色谱分离方法，如活性炭、硅胶等做固定相。气液色谱指流动相是气体，固定相是液体的色谱分离方法。例如，在惰性材料硅藻土表面涂上一层角鲨烷，可以分离、测定纯乙烯中的微量甲烷、乙炔、丙烯、丙烷等杂质。

3. 工作原理

气相色谱主要是利用物质的沸点、极性及吸附性质的差异来实现混合物的分离，其过程如图 4-19 所示。

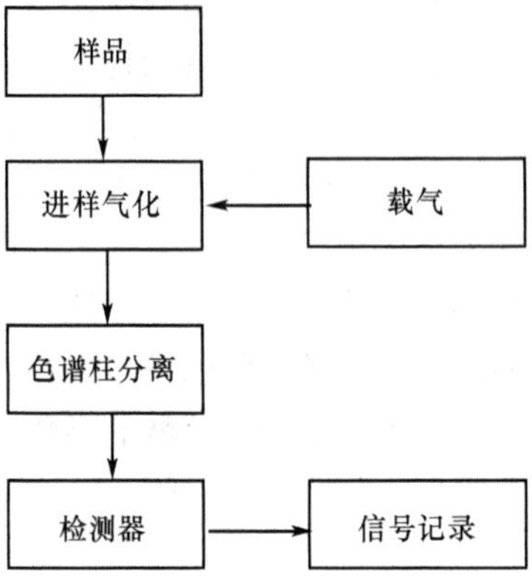

图 4-19　气相色谱流程示意图

待分析样品在气化室气化后被惰性气体(载气，也称流动相)带入色谱柱，柱内含有液体或固体固定相，由于样品中各组分的沸点、极性或吸附性能不同，每种组分都倾向于在流动相和固定相之间形成分配或吸附平衡。但由于载气是流动的，这种平衡实际上很难建立起来。也正是由于载气的流动，样品组分在运动中进行反复多次的分配或吸附/解吸附，结果是在载气中浓度大的组分先流出色谱柱，而在固定相中分配浓度大的组分后流出。当组分流出色谱柱后，立即进入检测器。检测器能够将样品组分的含量转变为电信号，而电信号的大小与被测组分的含量或浓度成正比。当将这些信号放大并记录下来时，就得到了气相色谱图。

4. 气相色谱仪组成

气相色谱仪的种类很多，但主要由分离系统和检测系统组成。

1) 分离系统

分离系统主要由气路系统、进样系统和色谱柱组成，其核心为色谱柱。

(1) 气路系统。气路系统指流动相载气流经的部分，它是一个密闭管路系统。必须严格控制管路的气密性、载气的惰性及流速的稳定性，同时流量测量必须准确，才能保证结果的准确性。载气通常用 N_2、He、H_2、Ar 等。

(2) 进样系统。进样系统包括进样装置和气化室。气体样品可以用注射器进样，也可用旋转式六通阀进样。气化室必须预热至设定温度。

(3) 色谱柱中。气相色谱中常用的色谱柱有两种：一种是填充柱，由不锈钢、铜、玻璃等材料制成，可制成不同的形状，装填不同的填料，如担体(红色担体、白色担体、非硅藻土型担体)、固定液(角鲨烷、硅油、聚乙二醇、聚苯醚等)；另一种是毛细管柱，其材料多为石英，规格为内径 0.1～0.5mm，柱长为 10～300m，其内壁可涂上固定液。空心毛细管柱的渗透性能好，分离效率高。

2) 检测系统

检测系统主要为检测器，检测器将色谱流出物转变为电信号，由数据记录部分将图谱记录下来，然后进行数据处理。

气相色谱法中可以使用的检测器有很多种，最常用的有火焰电离检测器(FID)与热导检测器(TCD)。这两种检测器对很多种分析成分都有灵敏的响应，同时可以测定一个很大范围内的浓度。TCD 从本质上来说是通用性的，可以用于检测除载气外的任何物质(只要它们的热导性能在检测器检测的温度下与载气不同)，而 FID 则主要对烃类响应灵敏。FID 对烃类的检测比 TCD 更灵敏，但却不能用来检测水。两种检测器都很强大。由于 TCD 的检测是非破坏性的，它可以与破坏性的 FID 串联使用(连接在 FID 之前)，从而对同一分析物给出相互补充的分析信息。

5. 气相色谱分析

1) 定性分析

一般来说，色谱分析的结果用色谱图来表示。在色谱图中，横坐标为保留时间，纵坐标为检测器的信号强度。色谱图中有一系列的峰，代表被分析物中在不同的时间被洗脱出来的各种物质。在分析条件相同的前提下，保留时间可以用于表征化合物。同时，在分析条件相同时，同一化合物的峰的形态也是相同的，这对于表征复杂混合物很有帮助。然而，现代的气相色谱分析很多时候采用联用技术，即气相色谱仪与质谱仪或其他能够表征各峰对应化合物的简单检测器相连。

2) 定量分析

在色谱图中，峰面积与分析物的含量成正比。通过用积分计算峰面积，可以得出分析物中各组分的浓度。分析物的浓度也可以通过校准曲线来获得。通过配制一系列浓度的标准样品并测量它们的响应(信号强度)可以绘制出校准曲线。分析物的浓度还可以通过被分析物的相对响应因子来确定。相对响应因子指的是被分析物的信号与内标物(或外标物)的预期响应信号的比值。它可以通过固定内标物(一种加入到样品中并具有标准浓度，且保留时间与被分析物不同的化合物)的含量而改变被分析物的含量，观察信号响应的变化来计算。

在大多数现代的气相色谱-质谱联用系统中，计算机软件可以绘画色谱图，计算积分峰面积，并自动将质谱图与文献标准图进行比对。

6. 应用领域

在石油化学工业中大部分的原料和产品都可采用气相色谱法来分析；在电力部门可用来检查变压器的潜伏性故障；在环境保护工作中可用来监测城市大气和水的质量；在农业上可用来监测农作物中残留的农药；在商业部门可用来检验及鉴定食品质量的好坏；在医学上可用来研究人体新陈代谢、生理机能；在临床上用于鉴别药物中毒或疾病类型；在宇宙舱中可用来自动监测飞船密封舱内的气体等。

4.7.5　高效液相色谱法

高效液相色谱法(high performance liquid chromatography，HPLC)也称为高压液相色谱、高速液相色谱等。它是在经典液相色谱法的基础上，于 20 世纪 60 年代后期引入了气相色谱理论而迅速发展起来的。它与经典液相色谱法的区别是填料颗粒小而均匀，小颗粒具有高柱效，但会引起高阻力，需用高压输送流动相，故又称高压液相色谱。又因分析速度快而称为高速液相色谱。

1. 系统组成

高效液相色谱仪系统由储液器、输液泵、进样器、色谱柱、检测器和记录器等部分组成，其整体组成类似于气相色谱仪，但是针对其流动相为液体的特点作出了很多调整。高效液相色谱的输液泵要求输液量恒定平稳；进样系统要求进样便利，切换严密；由于液体流动相黏度远高于气体，为了减低柱压，高效液相色谱的色谱柱一般比较粗，长度也远小于气相色谱柱。

2. 工作原理

储液器中的流动相被高压泵打入系统，样品溶液经进样器进入流动相，被流动相载入色谱柱(固定相)内，通过压力在固定相中移动。由于样品溶液中的各组分在两相中具有不同的分配系数，在两相中做相对运动时，经过反复多次的吸附-解吸的分配过程，在移动速度上产生较大的差别，被分离成单个组分依次从柱内流出，通过检测器时，样品浓度被转换成电信号传送到记录仪，数据以图谱形式打印出来。

3. 主要特点

高效液相色谱法有“三高一广一快”的特点，具体如下：

(1)高压。流动相为液体，流经色谱柱时，受到的阻力较大，为了能迅速通过色谱柱，必须对载液加高压。

(2)高效。高效即分离效能高。可选择固定相和流动相以达到最佳分离效果，比工业精馏塔和气相色谱的分离效能高出许多倍。

(3)高灵敏度。紫外检测器的灵敏度可达 0.01ng，进样量在 μL 数量级。

(4)应用范围广。70%以上的有机化合物可用高效液相色谱分析，特别是对于高沸点、大分子、强极性、热稳定性差的化合物的分离分析，其显示出优势。

(5)分析速度快、载液流速快。分析速度较经典液相色谱法快得多，通常分析一个样品在 15～30min，有些样品甚至在 5min 内即可完成，一般小于 1h。

此外，高效液相色谱还有色谱柱可反复使用、样品不被破坏、易回收等优点，但也有缺点，与气相色谱相比各有所长，相互补充。高效液相色谱的缺点是有“柱外效应”。在进样到检测器之间，除柱子外的任何死空间(进样器、柱接头、连接管和检测池等)中，如果流动相的流形有变化，被分离物质的任何扩散和滞留都会导致色谱峰加宽，使柱效率降低。另外，高效液相色谱检测器的灵敏度也不如气相色谱。

4. 相关应用

高效液相色谱法只要求样品能制成溶液，不受样品挥发性的限制，流动相可选择的范围宽，固定相的种类繁多，因而可以分离热不稳定和非挥发性的、解离的和非解离的以及各种相对分子质量范围的物质。

与试样预处理技术相配合，高效液相色谱所达到的高分辨率和高灵敏度，使分离和同时测定性质上十分相近的物质成为可能，能够分离复杂相体中的微量成分。随着固定相的发展，有可能在充分保持生物化学物质活性的条件下完成其分离。

高效液相色谱成为解决生化分析问题最有前途的方法。由于高效液相色谱具有高分辨率、高灵敏度、速度快、色谱柱可反复利用、流出组分易收集等优点，因而被广泛应用到生物化学、食品分析、医药研究、环境分析、无机分析等各种领域。高效液相色谱仪与结构仪器的联用是一个重要的发展方向。

液相色谱-质谱联用技术受到普遍重视，如分析氨基甲酸酯农药和多核芳香烃等；液相色谱-红外光谱联用也发展很快，如在环境污染分析方面测定水中的烃类、海水中的不挥发烃类，使环境污染分析得到新的发展。

第 5 章　基本操作实验

实验 1　玻璃工操作

【实验目的】

(1)熟悉酒精喷灯的构造及正确使用方法。

(2)学会玻璃管的截断、弯曲、拉伸和熔光等简单的玻璃加工操作。

【实验原理】

在有机化学实验中，经常需要用到各种形状的玻璃管、滴管和不同直径的毛细管，要求对玻璃管进行加工，以满足实验的需要。因此，掌握玻璃工操作的基本实验技能是很有必要的。

实验中玻璃工的基本操作包括玻璃管的洗净、切割、弯曲和拉伸等，具体操作参见 2.3 节。

【实验仪器及材料】

主要仪器：酒精喷灯、三角锉刀、石棉网。

主要材料：玻璃管。

【实验步骤】

1. 酒精喷灯的使用

酒精喷灯是实验室进行玻璃管加工时常用的加热工具，可分为挂式和座式两种类型。以挂式酒精喷灯为例，使用时，先往酒精储罐内添加酒精，注意不要超过其容积的 2/3；在预热盆中注满酒精，然后点燃预热盆内的酒精，以加热灯管；待预热盆内的酒精燃烧殆尽时，开启开关，这时由于酒精在灼热的灯管内气化，并与来自气孔的空气混合，用火柴在灯管管口处点燃，即可得到高温火焰。调节开关旋钮，可以控制火焰的大小，逆时针转动加大火焰，顺时针转动减小火焰直至熄灭。

2. 弯玻璃管

截取所需尺寸的玻璃管放在火焰上，边加热边慢慢地转动玻璃管，双手要以大致相同的速度做同方向转动。当玻璃管发软后从火焰中取出，均匀地用力弯成一定的角度。对于小于 120°的弯曲要分多次弯成。应再将玻璃管放入火焰中加热，加热的位置稍偏离原来的位置，待玻璃管软化后，再重复弯曲玻璃管，直至达到所需的角度。玻璃管弯曲部分要保持圆滑，不要瘪陷和隆起。最后将两个截口熔光。

在弯曲玻璃管时要注意以下几点：

(1) 玻璃管应受热均匀，否则不易弯曲并出现瘪陷和隆起现象。

(2) 玻璃管不应受热过度，否则出现厚薄不均及瘪陷现象。

(3) 加热玻璃管时，两手的转速应一致，否则会发生歪扭。

(4) 在加热玻璃管时，不要向外拉或向内推玻璃管，以免管径变得不均匀。

(5) 不应在火焰中弯玻璃管。

按图 5-1 的规格制作玻璃弯管。

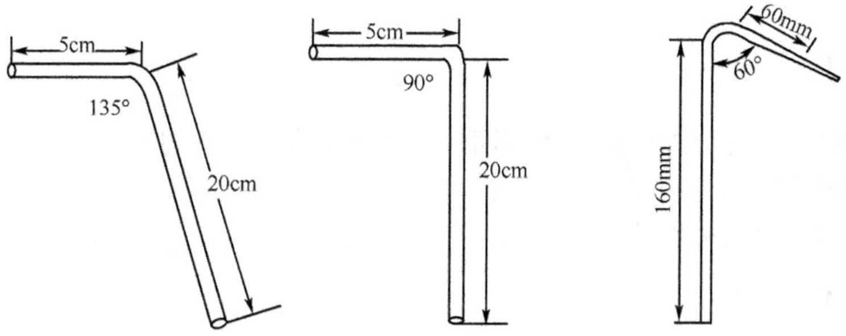

图 5-1　玻璃弯管

3. 拉制滴管

截取一根长 20cm、直径 6～7mm 的玻璃管。双手托住玻璃管，将玻璃管中间部分放在火焰上加热，并不断转动玻璃管，双手要以大致相同的速度做同方向转动，以免玻璃管扭曲。待玻璃管软化后，将其从火焰中取出，此时双手应同时握玻璃管做同方向来回旋转，水平地向两边拉开。开始拉时慢些，最后较快地拉长，使之成为中间段内径为 1.5mm 左右的毛细管。拉好后双手不能马上松开，待玻璃管完全变硬后，置于石棉网上冷却，然后在其中心用砂轮截开，制成两根细端长 3～4cm，粗端长约 9cm 的滴管。将尖嘴的一端用黄色小火焰烧成平滑的管口(圆口)，而另一端于慢慢转动下在氧化焰上烧成暗红色，将管口以垂直角度轻轻地摁在石棉网上片刻，使管口卷起，然后放在石棉网上冷却。装上胶帽，即可制成滴管。

拉好玻璃管的技术关键有两点：一是掌握火候；二是转动时不要上下扭动，双手要同步转动。

4. 拉制毛细管

把一根干净的直径为 8～10mm 的玻璃管放在火焰中加热并不断地转动。当玻璃管呈现出暗红色时，从火焰中取出，双手水平拉开，拉伸时用力要先慢后快，一次拉成所需要的直径。冷却后将两端截开，再根据需要截成相应长度的毛细管备用。

【思考题】

(1)截断玻璃管时应注意什么？为什么截断后的玻璃管要熔光？

(2)在实验中，为了避免烫伤和割伤要注意哪些事项？

实验 2　蒸馏与分馏

【实验目的】

(1)掌握蒸馏与分馏的原理和蒸馏与分馏在实际应用中的意义。

(2)掌握蒸馏与分馏的基本操作技术。

(3)学习蒸馏与分馏装置的装配、拆卸技能。

【实验原理】

蒸馏就是将液态物质加热到沸腾变为蒸气，又将蒸气冷却为液体这两个过程的联合操作。普通蒸馏仅能分离沸点有显著不同(至少相差 30℃)的两种或两种以上的混合物。

分馏是利用分馏柱将多次气化-冷凝过程在一次操作中完成的方法。因此，分馏实际上是反复多次的蒸馏，它更适合于分离提纯沸点相差不大的液态有机混合物。

蒸馏与分馏的具体操作参见 4.1 节和 4.2 节。

【实验仪器及药品】

主要仪器：圆底烧瓶、蒸馏头、韦氏分馏柱、温度计、直形冷凝管、接收管、量筒、电热套等。

主要药品：丙酮。

【实验装置】

蒸馏与分馏的装置分别如图 5-2 和图 5-3 所示。

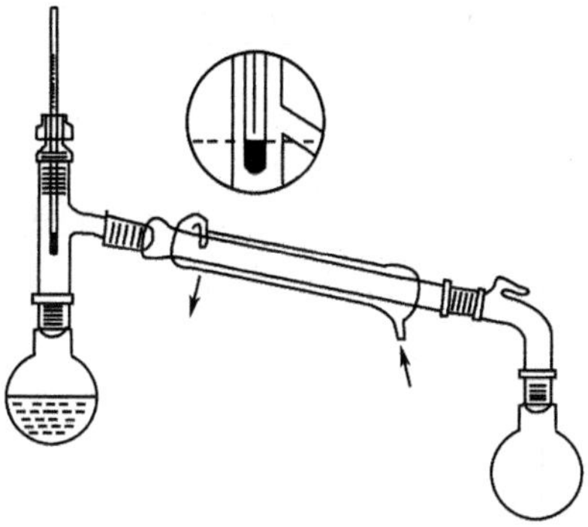

图 5-2　蒸馏装置

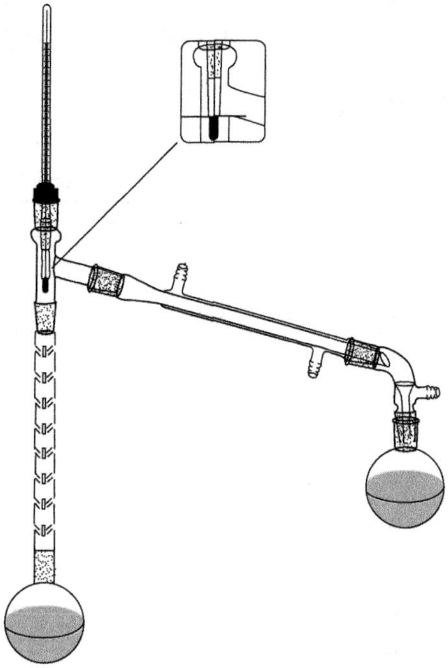

图 5-3　分馏装置

【实验步骤】

1. 蒸馏

取 15mL 丙酮和 15mL 水的混合液加入 100mL 的圆底烧瓶中，加入两三粒沸石[1]，安装好蒸馏装置(安装方法详见 4.1.2)。准备三个小量筒作为接收器，分别注明 A、B、C。通入冷却水[2]，然后开始缓慢加热[3]。至馏出第一滴馏出液(初馏液)时记下温度，并使馏出液以每秒 1～2 滴的速度蒸出[4]。将初始馏出液收集于量筒 A 中，注意并记录馏出温度及接收器 A 的馏出液体积。继续蒸馏，记录每增加 2mL 馏出液时所对应的温度。温度达 62℃时换量筒 B 接收，达 98℃时用量筒 C 接收(A: 56～62℃，B：62～98℃，C：98～100℃)，直至蒸馏烧瓶中残留液体积为 2～3mL，停止加热。冷却后拆卸装置，测量并记录蒸馏烧瓶中残留液的体积。

2. 分馏

分馏装置的安装与蒸馏装置相似，只是在圆底烧瓶上加装一个分馏柱，分馏操作与蒸馏操作也基本相同(详见 4.2.2)。

取 15mL 丙酮和 15mL 水的混合液，加入 100mL 的圆底烧瓶中，加入两三粒沸石，安装好分馏装置。缓慢通入冷却水，加热，当蒸气到达柱顶后，调节加热速度，使馏出液以两三秒 1 滴的速度蒸出。分别收集 A：56～62℃、B：62～98℃、C：98～100℃三个温度段的馏分(数据记录与蒸馏的相同)，将实验数据记录于相应的表 5-1 中。

【数据处理】

表 5-1 数据记录表

温度/℃ 体积/mL	蒸馏			分馏		
	A（56～62）	B（62～98）	C（98～100）	A（56～62）	B（62～98）	C（98～100）
初馏液						
2						
4						
6						
8						
10						
12						
14						
馏出液体积						
残留液体积						

以馏出温度为纵坐标，馏出液体积为横坐标，将实验结果绘成温度-体积曲线图，并讨论蒸馏与分馏哪种方法的分离效果更好。

【注释】

[1] 为防止暴沸，应在加热前加入沸石。若加热前忘记加沸石，在接近沸腾时不能补加，必须等液体稍冷时再补加，然后重新加热。在持续沸腾时，沸石可以连续有效，但一旦停止沸腾、温度降低较多或停止蒸馏，则原有沸石失效，再次加热蒸馏时，必须重新加入沸石。

[2] 冷却水流速以能保证蒸气充分冷凝为宜，通常只需要保持缓缓水流即可。

[3] 蒸馏低沸点易燃液体时，绝不能用明火加热，附近也禁止有明火。可用预先加热好的水浴加热，并适时添加热水。

[4] 蒸馏速度过快会使蒸气过热，破坏气液平衡，温度计的读数会偏高；蒸馏若进行得太慢，会使蒸气短时间内不能充分浸润水银球，温度计读数将下降或不规则波动，使沸点偏低。

【思考题】

(1) 蒸馏的主要用途有哪些？
(2) 为什么要控制蒸馏速度，加热速度过快或过慢会造成怎样的结果？
(3) 蒸馏与分馏在原理和装置上有哪些异同？

实验 3　减 压 蒸 馏

【实验目的】

(1) 学习减压蒸馏的原理及其应用。
(2) 掌握减压蒸馏装置的安装和减压蒸馏的操作方法。

【实验原理】

液体的沸点是指它的蒸气压等于外界压力时的温度，因此液体的沸点是随外界压力的变化而变化的。如果借助于真空泵降低系统内压力，就可以降低液体的沸点，这便是减压蒸馏操作的理论依据。减压蒸馏的原理详见 4.3.1。

减压蒸馏对于分离或提纯沸点较高或性质较不稳定的液态有机化合物具有特别重要的意义。它特别适用于在常压蒸馏时未达沸点即已受热分解、氧化或聚合的物质。

【实验仪器及药品】

主要仪器：圆底烧瓶、克氏蒸馏头、毛细管、温度计、直形冷凝管、多尾接收管、螺旋夹、真空橡皮管、真空脂、抽气系统等。

主要药品：苯甲酸乙酯[1]10mL。

【实验装置】

减压蒸馏装置(图 5-4)主要由蒸馏、抽气(减压)、测压和安全保护四部分组成。蒸馏部分由蒸馏瓶、克氏蒸馏头、毛细管、温度计、冷凝管及接收器[2]等组成。对于抽气部分而言，实验室通常用水泵或油泵进行减压。

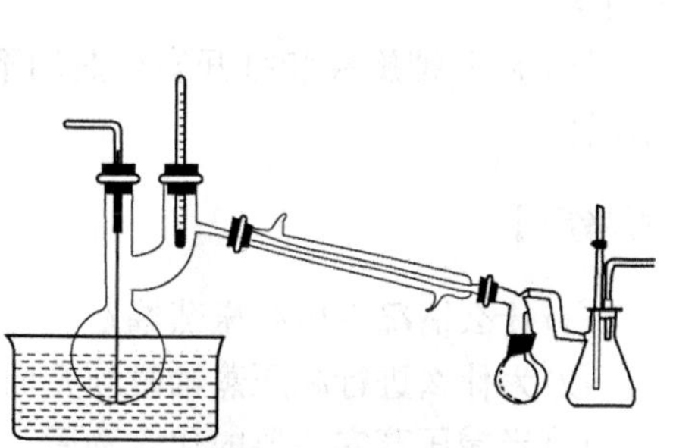

图 5-4　减压蒸馏装置

【实验步骤】

(1) 仪器安装好后，先检查系统是否漏气。方法是：关闭毛细管[3]，减压至压力稳定后，夹住连接系统的橡皮管，观察真空表上真空度有无变化，无变化说明不漏气，有变化即表示漏气。为使系统密闭性好，磨口仪器的所有接口部分都必须用真空脂润涂好。

(2) 检查仪器不漏气后，在圆底烧瓶[4]中加入 10mL 待蒸的苯甲酸乙酯，关好安全瓶上的活塞，开动真空泵，调节毛细管导入的空气量，以能冒出一连串小气泡为宜。当压力稳定后，通冷凝水，加热蒸馏。液体沸腾后，应注意控制温度，并观察沸点变化情况。待沸点稳定时，转动多尾接收管接收馏分，蒸馏速度以每秒 0.5～1 滴为宜。

(3) 蒸馏完毕，除去热源，慢慢旋开[5]夹在毛细管上的橡皮管部分的螺旋夹，待蒸馏瓶稍冷后再慢慢开启安全瓶上的活塞，使内外压力平衡后，方可关闭真空泵。最后按照与安装相反的程序拆除仪器。

【注释】

[1] 苯甲酸乙酯沸点与压力的关系见表 5-2。

表 5-2　苯甲酸乙酯沸点与压力的关系

压力/mmHg*	5	10	20	40	60	100	200	400	760
压力/kPa	0.67	1.33	2.67	5.33	8.00	13.33	26.66	53.33	101.3
沸点/℃	72.0	86.0	101.1	118.2	129.0	143.2	164.8	188.4	213.4

*1mmHg=1Torr=133.322Pa。

[2] 接收器可用圆底烧瓶，切不可用平底烧瓶或锥形瓶，因为平底烧瓶或锥形瓶的瓶壁薄不耐压而易破裂。

[3] 毛细管起气化中心的作用，安装时毛细管下端离瓶底 1～2mm，毛细管易折断，安装时要小心。

[4] 蒸馏瓶内液体不可超过其体积的一半，因为减压下蒸气的体积比常压下大得多。

[5] 旋开螺旋夹和打开安全瓶均不能太快，否则水银柱会很快上升，可能冲破测压计。

【思考题】

(1) 什么情况下用减压蒸馏？

(2) 为什么进行减压蒸馏时须先抽气才能加热？

(3) 当减压蒸完所要的化合物后，应如何停止减压蒸馏？为什么？

实验 4　从肉桂皮中提取肉桂油及其主要成分的鉴定

【实验目的】

(1) 了解水蒸气蒸馏的原理及其应用。

(2) 掌握水蒸气蒸馏的基本操作。

(3) 学习并掌握官能团定性法在有机化合物鉴定中的应用。

【实验原理】

肉桂油简称桂油，泛指从桂皮、桂枝叶、果实和根皮等部位提取出来的芳香油。桂油中含有很多重要的功能成分，其中 80%以上为肉桂醛，此外还含有肉桂醇、桂皮酸、香豆素、乙酸桂皮酯、苯乙酮等几十种成分，可作为天然的香料、抗氧化剂、抑菌剂和防腐剂。因此，在食品、医药、化工等行业得到广泛应用。

肉桂醛有顺式和反式两种异构体，商用的肉桂醛，无论是天然的还是合成的，都是反式体。其结构式如下：

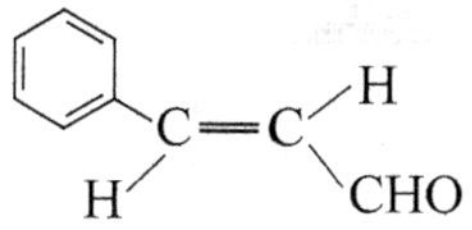

肉桂醛为略带浅黄色的油状液体，沸点为 252℃。难溶于水，易溶于苯、丙酮、乙醇、二氯甲烷、氯仿、四氯化碳等有机溶剂，能随水蒸气蒸发。肉桂醛易被氧化，长期放置，会被空气中的氧慢慢氧化成肉桂酸。

植物中香精油的提取方法主要有萃取法、榨取法和水蒸气蒸馏法等。由于肉桂醛难溶于水，能随水蒸气蒸发，水蒸气蒸馏肉桂油具有设备简单、操作方便、成本低、产率大、污染小等特点，因此水蒸气蒸馏是国内外提取肉桂油使用最广泛的方法。

水蒸气蒸馏就是将水蒸气通入不溶或难溶于水、但有一定挥发性的有机化合物质(100℃其蒸气压至少为 5～10mmHg，即 0.665～1.33kPa)中，使该有机化合物在低于 100℃的温度下，随着水蒸气一起蒸馏出来的操作过程。

水蒸气蒸馏的原理详见 4.4.1。

水蒸气蒸馏是分离和纯化与水不相混溶的挥发性有机化合物常用的方法。水蒸气蒸馏常用于蒸馏沸点很高且在接近或达到沸点温度时易分解、变色的挥发性液体或固体有机化合物，除去不挥发性的杂质。但是对于与水共沸腾时会发生化学反应的或在 100℃时蒸气压小于 0.665kPa 的物质，这一方法不适用。

【实验仪器及药品】

主要仪器：圆底烧瓶、安全管、T 形管、螺旋夹、导气管、直形冷凝管、接收管、三角瓶等。

主要药品：肉桂皮粉末、2，4-二硝基苯肼溶液、5%$AgNO_3$溶液、10%NaOH 溶液、浓 $NH_3 \cdot H_2O$、1% Br_2-CCl_4溶液、0.5% $KMnO_4$溶液。

【实验装置】

水蒸气蒸馏装置如图 5-5 所示，主要由水蒸气发生器、蒸馏部分、冷凝部分和接收器四个部分组成。

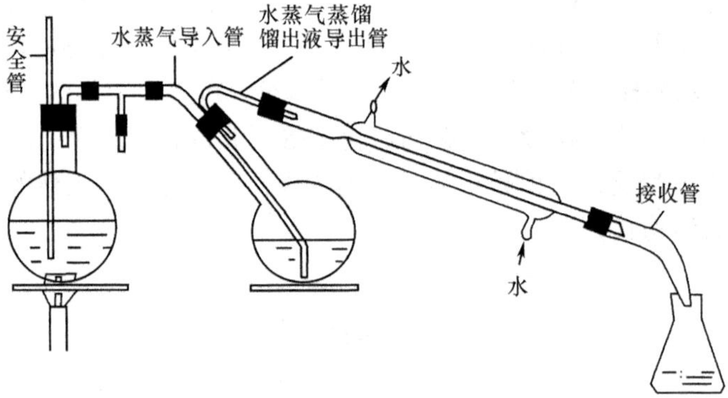

图 5-5　水蒸气蒸馏装置

【实验步骤】

1. 从肉桂皮中提取肉桂油

在水蒸气发生器中装入 2/3 体积的热水，加入一两粒沸石，安装好安全管；在蒸馏烧瓶中加入 8g 磨碎的肉桂皮粉末和 40mL 热水，安装好水蒸气蒸馏装置。加热，当水蒸气大量生成时关闭螺旋夹，水蒸气便进入蒸馏部分，开始蒸馏。控制蒸馏速度，以每秒 1～2 滴为宜，收集 30～40mL 馏出液时停止水蒸气蒸馏，备用。

停止蒸馏时，先打开螺旋夹，再停止加热，关闭冷凝水，拆除仪器。

水蒸气蒸馏操作的注意事项如下：

(1)被蒸馏物的体积不超过蒸馏烧瓶容积的 1/3，烧瓶与桌面成 45°角，水蒸气导入管距瓶底约 1cm。

(2)操作前，仔细检查整套装置的严密性，水蒸气通道越短越好。

(3)先打开 T 形管的螺旋夹，待有水蒸气逸出时再旋紧螺旋夹。

(4)控制馏出液的流出速度，以每秒 1～2 滴为宜。

(5) 随时注意安全管的水位，若有异常现象，先打开 T 形管的螺旋夹，再移开热源，检查、排除故障后方可继续蒸馏。

(6) 蒸馏结束后先打开 T 形管的螺旋夹，再停止加热，以防倒吸。

2. 肉桂油性质的检验

(1) 羰基的鉴定。取一支试管，加入 1mL 2，4-二硝基苯肼溶液，不断振荡下逐滴加入肉桂皮水蒸气蒸馏液，直至黄色沉淀生成。

(2) 醛基的鉴定。在一支洁净的试管中加入 1mL 5%$AgNO_3$ 溶液和 1 滴 10%NaOH 溶液，立即生成棕色沉淀，不断振荡下逐滴加入浓 $NH_3 \cdot H_2O$，直至沉淀恰好溶解。

在制得的上述溶液中加入 1～2mL 肉桂皮水蒸气蒸馏液，振荡后在水浴中加热，观察银镜的生成。

(3) 双键的鉴定。取一支试管，加入 10 滴 1% Br_2-CCl_4 溶液，逐滴加入肉桂皮水蒸气蒸馏液，边加边振荡试管，观察 Br_2-CCl_4 溶液的颜色变化。

(4) 双键及醛基的鉴定。取一支试管，加入 4～5 滴 0.5% $KMnO_4$ 溶液，逐滴加入肉桂皮水蒸气蒸馏液，边加边振荡试管，并注意观察溶液的变化。在水浴中稍微温热，观察棕褐色沉淀的生成。

【思考题】

(1) 进行水蒸气蒸馏时，水蒸气导入管的末端为什么要插入到接近于容器的底部？

(2) 在水蒸气蒸馏过程中，通常要检查什么事项？若安全管中水位上升很高说明什么问题，如何处理才能解决？

(3) 本实验采用哪种方法从肉桂皮中提取肉桂油？其主要依据是什么？

实验 5　萃取与洗涤

【实验目的】

(1) 学习萃取法的基本原理和方法。

(2) 学习分液漏斗的使用方法。

【实验原理】

萃取是利用物质在两种不互溶(或微溶)溶剂中溶解度或分配比的不同来达到分离、提取或纯化目的的一种操作。萃取的基本原理详见 4.5。

萃取与洗涤在原理上是一样的，只是目的不同。从混合物中抽取的物质如果是我们需要的，这种操作称为萃取或提取；如果是我们不需要的，这种操作称为洗涤。

【实验仪器及药品】

主要仪器：分液漏斗、滴定管、锥形瓶等。

主要药品：冰醋酸、0.2mol · L^{-1} NaOH 溶液、乙醚、酚酞。

【实验装置】

实验装置如图 5-6 所示。

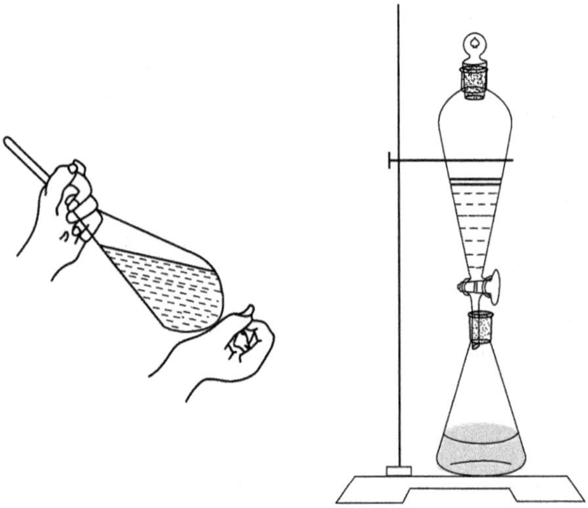

图 5-6　萃取示意图

【实验步骤】

本实验以乙醚从乙酸水溶液中萃取乙酸作为实例来说明实验步骤。

取 150mL 的分液漏斗，检查旋塞和玻璃塞是否严密，然后把分液漏斗放入铁圈中。

1. 一次萃取

用移液管准确量取 10mL 冰醋酸与水的混合液(冰醋酸与水以 1∶19 的体积比相混合)，放入分液漏斗中，加入 30mL 乙醚，塞上玻璃塞。右手捏住漏斗上口颈部，并用食指根部压紧玻璃塞，以免玻璃塞松开，左手握住旋塞；握持旋塞的方式既要防止振荡时旋塞转动或脱落，又要便于灵活地旋开旋塞。振荡后，使漏斗仍保持倾斜状态，缓慢地旋开旋塞(朝无人处)，放出蒸气，使内外压力平衡。再将旋塞关闭，振荡、放气，如此重复三四次，然后将分液漏斗放在铁圈中静置，使乳浊液分层。待清晰分层后，打开上面玻璃塞(或旋转玻璃塞，使玻璃塞上的凹缝或小孔对准漏斗上的小孔，以便与大气相通)，旋开下面活塞，将下层水溶液从下口慢慢放入 50mL 锥形瓶中。加入 2～3 滴酚酞作指示剂，用 0.2mol · L^{-1} 标准 NaOH 溶液滴定，记录消耗 NaOH 溶液的毫升数。计算：

(1) 留在水中的乙酸质量及质量分数。

(2) 留在乙醚中的乙酸质量及质量分数。

2. 多次萃取

准确量取 10mL 冰醋酸与水的混合液(体积比同上)于分液漏斗中，用 10mL 乙醚如上法萃取，分去乙醚溶液。水溶液再用 10mL 乙醚萃取，再分出乙醚溶液后，水溶液仍用 10mL 乙醚萃取。如此前后共计三次。最后将用乙醚第三次萃取后的水溶液放入 50mL 锥形瓶中，用 $0.2mol \cdot L^{-1}$ 标准 NaOH 溶液滴定。计算：

(1) 留在水中的乙酸质量及质量分数。

(2) 留在乙醚中的乙酸质量及质量分数。

根据上述两种不同步骤所得数据，比较萃取乙酸的效率。

【实验数据记录】

被萃取水溶液的体积：$V_{水}$=______________mL；

被萃取溶液中乙酸的总质量：W_0=______________g；

萃取时所用乙醚的总体积：$V_{乙醚}$=______________mL；

氢氧化钠溶液的浓度：$c_{NaOH}=0.2mol \cdot L^{-1}$。

一次萃取：

氢氧化钠滴定乙醚(30mL)一次萃取后乙酸在水中的剩余量 W_1 时，消耗的氢氧化钠体积：$V_{NaOH(1)}$=____________ mL。

三次(多次)萃取：

氢氧化钠滴定乙醚分三次(每次 10mL)萃取后乙酸在水中的剩余量 W_3 时，消耗的氢氧化钠体积：$V_{NaOH(3)}$=____________ mL。

【注意事项】

(1) 在使用分液漏斗前必须仔细检查活塞和玻璃塞是否紧密配套，确认不漏液时方可使用。

(2) 振荡前应密闭上下磨口塞，特别是上口处磨口上的“孔”和“槽”要错开，以免振荡时液体漏出。

(3) 振荡后，特别是漏斗内盛有易挥发的溶剂，如乙醚、苯等，或用碳酸钠溶液中和酸液时，应注意及时放出气体，以使内外压力平衡。放气时要使分液漏斗的尾管朝上，切忌尾管朝人。

(4) 振荡完毕后应把分液漏斗竖直架在铁圈上，静置分层。

(5) 下层液从下端放出，上层液从上口倒出。

【思考题】

(1) 使用分液漏斗时要注意哪些事项？

(2) 当用有机溶剂萃取水溶液中的物质，而又不能确定分液漏斗中哪一层是有机层时，你将如何迅速做出决定？

实验 6　从茶叶中提取咖啡因

【实验目的】

(1) 学习从茶叶中提取咖啡因的基本原理和方法，了解咖啡因的一般性质。

(2) 掌握用索氏提取器提取有机化合物的原理和方法。

(3) 进一步熟悉萃取、蒸馏、升华等基本操作。

【实验原理】

咖啡因是一种温和的兴奋剂，具有刺激心脏、兴奋中枢神经和利尿等作用。它可以作为中枢神经兴奋药，也是复方阿司匹林等药物的组分之一。咖啡因是弱碱性化合物，可溶于氯仿、丙醇、乙醇和热水中，难溶于乙醚和苯(冷)。纯品的熔点为 235～236℃，含结晶水的咖啡因为白色针状晶体，在 100℃时失去结晶水，并开始升华，120℃时显著升华，178℃时迅速升华。利用这一性质可纯化咖啡因。咖啡因的结构式为

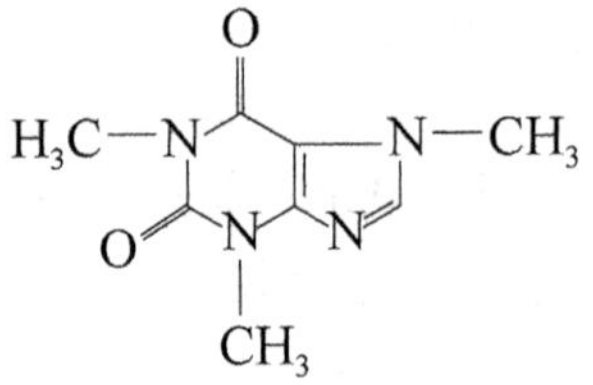

咖啡因(1，3，7-三甲基-2，6-二氧嘌呤)

咖啡因存在于茶叶、咖啡、可可等植物中。例如，茶叶中含有 1%～5%的咖啡因，同时还含有 11%～12%的单宁酸(鞣酸)、0.6%的色素，以及纤维素、蛋白质等物质。

从固体物质中萃取化合物的一种方法是，用溶剂将固体长期浸润而将所需要的物质浸出来，即长期浸出法。此法花费时间长、溶剂用量大、效率不高。提取咖啡因的方法有碱液提取法和索氏提取器提取法。本实验以乙醇为溶剂，用索氏提取器提取，再经浓缩、中和、升华，得到含结晶水的咖啡因。

索氏提取器由烧瓶、提取管和回流冷凝管三部分组成，提取管两侧分别有虹吸管[1]和连接管。索氏提取器是利用溶剂的回流及虹吸原理，使固体物质每次都被纯的热溶剂所萃取，减少了溶剂用量，缩短了提取时间，因而效率较高。

【实验仪器及药品】

主要仪器：索氏提取器、圆底烧瓶、75°蒸馏弯头、直形冷凝管、接收管、三角瓶、蒸发皿、普通漏斗等。

主要药品：95%乙醇、茶叶、生石灰。

【实验装置】

实验装置如图 5-7 和图 5-8 所示。

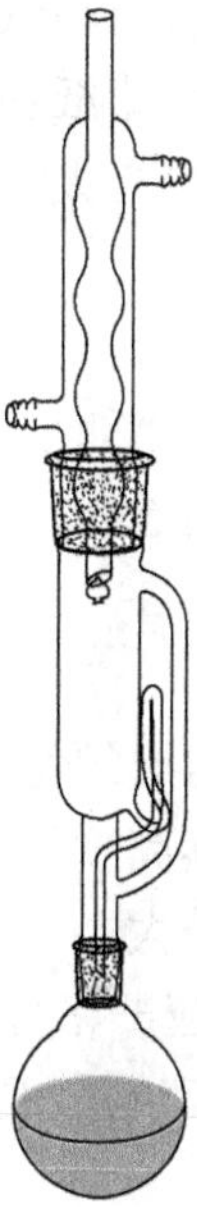

图 5-7　索氏提取器

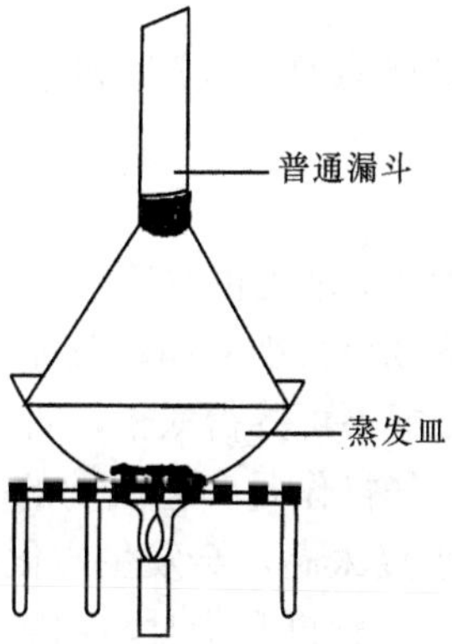

图 5-8　升华装置

【实验步骤】

1. 索氏提取法提取咖啡因

称取 10g 茶叶，放入 150mL 索氏提取器[2]中，在圆底烧瓶中加入 80～100mL 95%乙醇。水浴加热，加热乙醇至沸，实验时能够观察到，随着回流的进行，当提取筒中回流下的乙醇溶液的液面稍高于索氏提取器的虹吸管顶端时，提取筒中的乙醇溶液发生虹吸并全部流回到烧瓶内，然后再次回流、虹吸。虹吸五六次后，当提取筒中提取液颜色变得很浅时，说明被提取物已大部分被提取。待冷凝液刚刚虹吸下去时，立即停止加热。稍冷后，将仪器改成蒸馏装置，把提取液中大部分乙醇蒸出(回收)，趁热把烧瓶中的剩余液[3](约 5～10mL)倒入蒸发皿中，烧瓶用少量乙醇洗涤，洗涤液也倒入蒸发皿中，留作升华法提取咖啡因用。

2. 升华法提取咖啡因

向提取液中加入 4g 生石灰粉，搅拌均匀，用电热套加热(100～120V)，蒸发至干，除去全部水分，使其成粉状。在蒸发皿上盖一张刺有许多小孔且孔刺向上的滤纸，再罩一个合适漏斗，漏斗颈部塞一小团疏松棉花，用电热套隔着石棉网小心加热蒸发皿，慢慢升高温度[4]，使咖啡因升华。咖啡因通过滤纸孔遇到漏斗内壁凝为固体，附着于漏斗内壁和滤纸上。当发现有棕色烟雾生成，纸上出现白色针状晶体时，暂停加热。冷至 100℃左右，揭开漏斗和滤纸，把附着于滤纸及漏斗壁上的咖啡因刮入表面皿中。将蒸发皿内的残渣加以搅拌，重新放好滤纸和漏斗，用较高的温度再加热升华一次。此时温度也不宜太高，否则蒸发皿内会大量冒烟，产品既受污染又遭损失。合并两次升华所收集的咖啡因。

3. 检验

用显微熔点测定仪测定熔点。纯净咖啡因的熔点为 234.5℃。

【注释】

[1] 索式提取器的虹吸管极易折断，安装装置和取拿时必须特别小心。

[2] 滤纸套大小应满足既能紧贴器壁又能方便放置，其高度不得超过虹吸管。

[3] 乙醇不可蒸得太干，否则残液很黏，转移时损失较大。

[4] 升华操作是实验成功的关键。升华过程中始终都应严格控制用小火间接加热，如果温度太高，会发生炭化，从而将一些有色物带入产物；温度低，咖啡因又不能升华。进行再升华时，加热温度也应严格控制。

【思考题】

(1) 索式提取器的优点是什么？

(2) 提取咖啡因时用到生石灰，它起什么作用？

(3) 升华过程中，为什么必须严格控制温度？

实验 7　薄层色谱法分离绿色植物叶绿素

【实验目的】

(1) 掌握薄层色谱的原理与操作技术。

(2) 学习展开剂的选择与配比。

(3) 掌握薄层色谱法分离和指认绿色植物的天然色素斑点。

【实验原理】

有机化学实验中经常遇到化合物结构和物理化学性质十分相近的情况，此时，用萃取、蒸馏、重结晶、升华等方法都难以获得满意的分离效果。色谱技术是一种分离混合物、提纯物质、鉴定物质的有效方法，随着科学技术的发展，色谱技术日益成为分离性质相似的化合物的有力工具，在有机合成中应用极为广泛。

色谱分析法按操作条件可分为柱色谱、薄层色谱、纸色谱、气相色谱和高压液相色谱等类型。在色谱分析中，流动相携带样品通过固定相时，样品与固定相之间相互作用，使样品在流动相与固定相之间分配。样品中与固定相作用力大的组分向前移动的速度慢，与固定相作用力小的组分向前移动的速度快，经过移动一段距离后，由于多次反复分配，使原本性质差异很小的组分得到很好的分离。

薄层色谱法需要的样品量少、展开速度快、分离效率高，在有机实验室中使用最为广泛，通常用作分离少量样品或检测反应的进程。一般薄层色谱分为吸附薄层色谱、分配薄层色谱、离子交换薄层色谱和凝胶薄层色谱。薄层色谱的基本原理和操作要点见 4.7.2。

绿色植物中存在着多种天然色素，它们对植物体的各种生理过程产生重要作用，其中对绿色植物的光合作用起决定性因素的叶绿体色素最为重要。叶绿体色素包括叶绿素(绿色)、胡萝卜素(橙色)和叶黄素(黄色)。它们的结构分别表示为

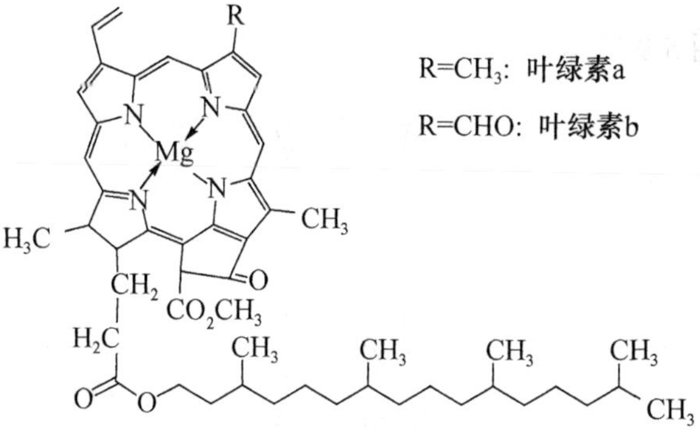

R=CH_3：叶绿素a

R=CHO：叶绿素b

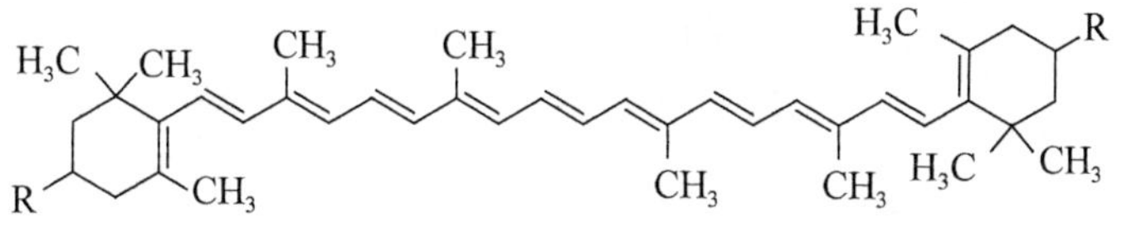

R=H：β-胡萝卜素　　R=OH：叶黄素

叶绿素是高等植物光合作用的催化剂，它吸收可见光并将光能转变为化学能。结构上，叶绿素分子中含有四个吡咯环经四个甲烯基连接而成的卟啉环，卟啉环中央有一个镁原子分别与吡咯环上的氮原子以两个共价键和两个配位键结合，形成镁的配合物。叶绿素可分为叶绿素 a($C_{55}H_{72}O_5N_4Mg$)和叶绿素 b($C_{55}H_{70}O_6N_4Mg$)，二

者结构非常相似，差别仅在于叶绿素 a 中的一个甲基被叶绿素 b 中的甲酰基取代。在绿色植物中叶绿素 a 的含量约是叶绿素 b 的三倍。由于它们分子中具有大的烷基结构，因此易溶于丙酮、乙醇、乙醚、石油醚等有机溶剂。

胡萝卜素（$C_{40}H_{56}$）是一种不饱和的四萜类碳氢化合物，而叶黄素（$C_{40}H_{56}O_2$）则是胡萝卜素的氧化衍生物。它们在强光下可防止叶绿素的氧化，在弱光下可作为辅助色素吸收光能并传递给叶绿素。胡萝卜素有 α-、β-和 γ-三种异构体，其中 β-胡萝卜素的含量最多，也最为重要。β-胡萝卜素的结构是由两分子维生素 A 在链端失去两分子水结合而成，在生物体内受酶的催化氧化而成维生素 A。叶黄素在绿叶中的含量通常是胡萝卜素的两倍，由于叶黄素的极性比胡萝卜素大，故它较易溶于乙醇而在石油醚中溶解度较小。

本实验根据植物中这些天然色素在有机溶剂中的溶解特性，采用有机溶剂将它们从植物绿叶中提取出来[1]，用薄层色谱对提取的色素[2]进行分离。

【实验仪器及药品】

主要仪器：研钵、布氏漏斗、抽滤瓶、锥形瓶、硅胶 G 板、展开槽、分液漏斗、剪刀、滴管、毛细管、普通蒸馏装置等。

主要药品：绿色植物叶、95%乙醇、丙酮、乙酸乙酯、石油醚、无水硫酸镁。

【实验装置】

实验装置如图 5-9 所示。

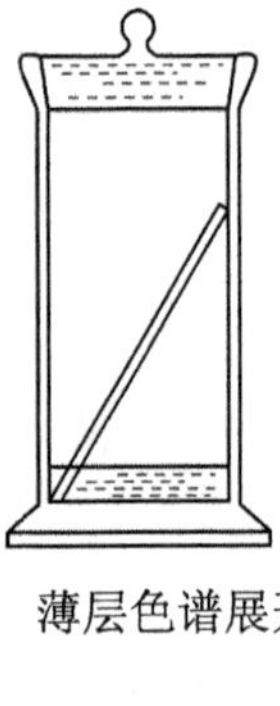

图 5-9　薄层色谱展开装置

【实验步骤】

1. 制样

将新鲜的绿色植物叶子如菠菜叶洗净，除去叶柄和中脉，干燥至叶面无水。称取 2g，剪碎后置于研钵中捣烂，用 15mL 2∶1 的石油醚-乙醇分几次浸取，然后抽滤。将滤液转入分液漏斗，每次用 15mL 的水洗涤两次，洗涤时振荡要轻，以防乳化。分液，弃去下层的水-醇层，上层的石油醚层用无水硫酸镁干燥并过滤到一蒸馏烧瓶中，蒸馏浓缩至体积为 0.5mL 左右。

2. 点样及展开

用铅笔在一块 10cm×1cm 的硅胶 G 板上距离板一端约 1cm 处轻轻画一条直线作为“起始线”，然后用内径为 0.5mm 的平口毛细管吸取上述浓缩液样品，将样品液小心地点在“起始线”上。若样点颜色较浅，可重复点样，每次样品斑点的直径不超过 2mm，须待前一次点样的溶剂挥发后再点样。点样时毛细管下端应轻触硅胶板，防止用力过猛戳破硅胶层。取体积比为 8∶2 的石油醚-丙酮混合液加入展开槽中作为展开剂，加入后槽内展开剂深约 0.5cm。待样点干燥后将点好样的薄层板小心放入展开槽中[3]，使点样一端向下，上端斜靠在展开槽壁上，注意样点不要浸泡在展开剂中，盖好盖子[4]。由于吸附剂的毛细作用，展开剂不断沿薄层板上升，样点也随之展开。当展开剂前沿距薄层板上端约 1cm 处时，取出薄层板并立刻用铅笔标出展开剂前沿位置。分别测量前沿及各个色素斑点中心到“起始线”的距离，按下式计算样品中各色素的 R_f 值：

$$R_f=\frac{\text{样品中某组分移动离开原点的距离}}{\text{展开剂前沿距原点的距离}}$$

各色素斑点的 R_f 值随板层厚度、活化程度及操作条件的不同略有差异。大致次序为胡萝卜素(橙黄色，R_f 值 0.75)、叶黄素(黄色，R_f 值 0.70)、叶绿素 a(蓝绿色，R_f 值 0.67)、叶绿素 b(黄绿色，R_f 值 0.50)。通常还可以看到另一个未知色素斑点(R_f 值 0.20)。

另取一块 10cm×1cm 的硅胶 G 板按前述方法点样，换展开剂为 8∶2 的石油醚-乙酸乙酯。展开后计算各色斑的 R_f 值，比较两种展开剂的分离效果。

【注释】

[1] 叶绿体色素对光、温度、氧气及酸碱都较敏感，色素的提取和分离最好在避光、低温及无酸碱干扰的情况下进行，提取液不能长期存放。

[2] 嫩叶中叶黄素含量较少，加之其易溶于醇而在石油醚中溶解度较小，提取洗涤损失后所余更少，所以色斑很浅，甚至可能观察不到。

[3] 点好样品的薄层板待溶剂挥发后再放入展开槽中进行展开，防止溶剂起到展开剂的作用。

[4] 在展开过程中应将展开槽的盖子盖好，以免溶剂挥发造成展开槽内上下溶剂浓度不同影响展开效果。

【思考题】

(1) 比较胡萝卜素、叶黄素、叶绿素 a、叶绿素 b 的极性，解释为什么胡萝卜素在薄层色谱中移动最快？

(2) 薄层色谱分离色素的原理是什么？

(3) 展开剂液面高度如果超过点样线会出现什么后果？

实验 8　柱色谱法分离甲基橙和亚甲基蓝

【实验目的】

(1) 了解柱色谱法的分离原理及应用。

(2) 掌握柱色谱法的实验操作技术。

【实验原理】

柱色谱法，又称层析法，是一种以分配平衡为机理的分配方法。色谱体系包含两个相，一个是固定相，一个是流动相。当两相相对运动时，反复多次地利用混合物中所含各组分分配平衡性质的差异，最后达到彼此分离的目的。

柱色谱法的详细介绍参见 4.7.1。

甲基橙和亚甲基蓝均为指示剂，它们的结构式如下：

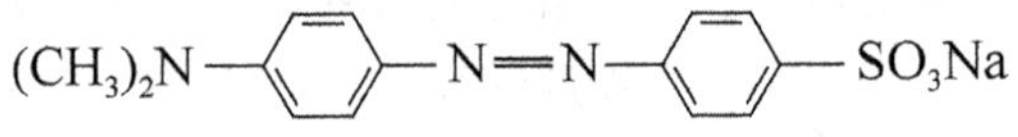

甲基橙

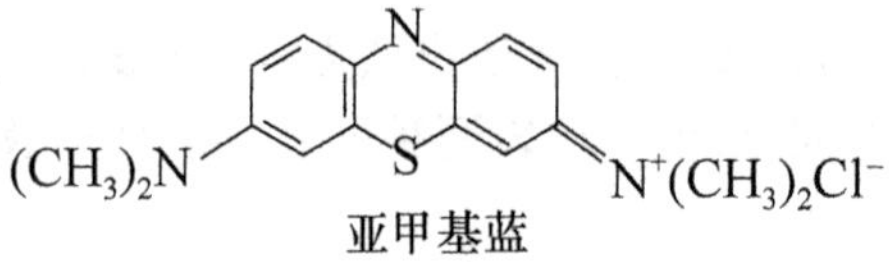

亚甲基蓝

由于甲基橙和亚甲基蓝的结构不同，因此极性不同，吸附剂对它们的吸附能力不同，洗脱剂对它们的解析速度也不同。极性小、吸附能力弱、解析速度快的亚甲基蓝先被洗脱下来，而极性大、吸附能力强、解析速度慢的甲基橙后被洗脱下来，从而使两种物质得以分离。本实验以中性氧化铝作为吸附剂。

【实验仪器及药品】

主要仪器：色谱柱管(20cm×1cm)[1]

主要药品：中性氧化铝(100～200 目)、95%乙醇溶液(内含 1mg 甲基橙和 5mg 亚甲基蓝)2mL、95%乙醇、石英砂。

【实验装置】

实验装置如图 5-10 所示。

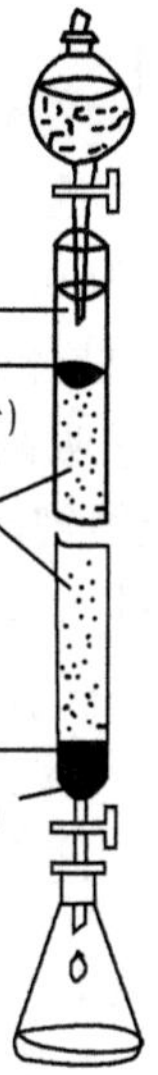

图 5-10　柱色谱的洗脱装置

【实验步骤】

1. 装柱(湿法)

装柱前，柱子应干净、干燥，并垂直固定在铁架台上。关闭活塞，向柱中倒入 95%乙醇溶剂至约为柱高的 1/4 处，取一小团玻璃毛或脱脂棉用溶剂润湿后塞入管中，用一长玻璃棒轻轻送到底部，适当捣压，赶出棉团中的气泡，但不能压得太紧，否则淋洗剂将流出太慢或根本流不出来(若管子带有筛板，则可省略该步操作)。再在上面加入一层约 5mm 厚的洁净细石英砂，从对称方向轻轻叩击柱管，使砂面平整。将 10g 中性氧化铝置于烧杯中，加一定量的 95%乙醇浸润，使其溶胀并调成糊状。打开柱下活塞，调节流出速度为每秒 1 滴，同时通过漏斗慢慢装入已调成糊状的中性氧化铝，使其逐渐沉入底部。用洗耳球敲打柱子，使氧化铝装实、均匀[2]。当装柱至柱高的 3/4 时，再在上面盖一层石英砂(若柱很小，也可不用石英砂而盖上一张直径与柱内径相当的滤纸片)，关闭活塞[3]。

2. 加样

打开活塞放出柱中乙醇，待液面刚好与石英砂平面相切时，立即关闭活塞。然后沿柱壁加入 2mL 95%乙醇溶液(内含 1mg 甲基橙和 5mg 亚甲基蓝)，打开活塞，待液面降至刚好与石英砂平面相切时，关闭活塞并用少量 95%乙醇沿加样处冲洗内壁，再打开活塞将液面降至与石英砂平面相切。依上法重复操作直至柱壁和顶部的淋洗剂均无颜色。

3. 洗脱

用 95%乙醇溶液洗脱[4]，控制流出速度为每秒 1 滴。整个过程都应有洗脱剂覆盖吸附剂。亚甲基蓝因极性小首先向下移动，极性较大的甲基橙则留在柱的上端，形成不同的色带。当最先下行的色带快流出时，更换另一接收瓶，继续洗脱，至滴出液近无色为止。换水作为洗脱剂，这时甲基橙向柱子下部移动，用另一接收瓶收集甲基橙溶液。

实验结束后，应让溶剂尽量流干，然后倒置，用洗耳球从活塞口向管内挤压空气，将吸附剂从柱顶挤压出。使用过的吸附剂倒入垃圾桶里。

【注释】

[1] 色谱柱的大小规格由待分离样品的量和吸附的难易程度来决定。一般柱管的直径为 0.5～10cm，长度为直径的 10～40 倍。填充吸附剂的量为样品质量的 20～50 倍，柱体高度应占柱管高度的 3/4，柱子过于细长或过于粗短都不好。

[2] 吸附剂最好一次加完。若分数次加，则会沉积为数层，各层交接处的吸附剂颗粒很细，在分离时易被误认为是一个色层。

[3] 在整个装柱过程及装完柱后，都需始终保持吸附剂上面有一段液柱，否则将会有空气进入吸附剂，在其中形成气泡而影响分离效果。如果发现柱中已经形成了气泡，应设法排除，若不能排除，则应倒出重装。

[4] 注意洗脱时切勿使溶剂流干！

【思考题】

(1) 在色谱分离过程中，为什么不要让柱内的液体流干和不让柱内留有气泡？

(2) 柱层析操作中，为什么要控制淋洗剂流出的速度为每秒 1 滴？

第 6 章　有机化合物的制备实验

实验 9　环己烯的制备

【实验目的】

(1) 学习在酸催化下醇脱水制备烯烃的原理和方法。

(2) 掌握分馏和水浴蒸馏的基本操作。

(3) 基本掌握使用干燥剂干燥液体的方法。

【实验原理】

烯烃是重要的有机化工原料。工业上主要通过石油裂解的方法制备烯烃，有时也利用醇在氧化铝等催化剂存在下，进行高温催化脱水来制取。实验室则主要用浓硫酸、浓磷酸做催化剂使醇脱水或卤代烃在醇钠作用下脱卤化氢来制备烯烃。

本实验采用浓磷酸做催化剂使环己醇脱水制备环己烯。

主反应：

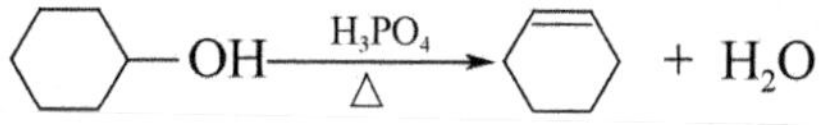

副反应：

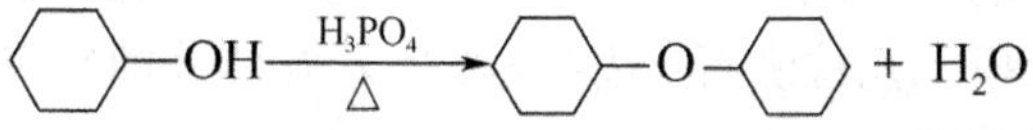

本实验的反应为可逆反应，为提高反应产率，本实验采用边反应边分馏的方法，将环己烯不断蒸出，从而使平衡向右移动。

【实验仪器及药品】

主要仪器：圆底烧瓶(50mL)、韦氏分馏柱、直形冷凝管、蒸馏头、温度计套管、接收管、锥形瓶(25mL)、量筒(20mL)、温度计(150℃)、分液漏斗等。

主要药品[1]：环己醇 10mL(9.6g，0.096mol)、85%磷酸 5mL、氯化钠、5%碳酸钠、无水氯化钙。

【实验装置】

实验装置如图 6-1 所示。

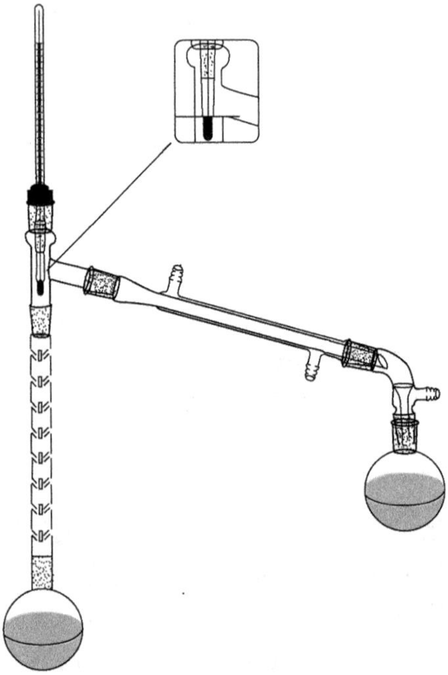

图 6-1　分馏反应装置

【实验步骤】

在 50mL 干燥的圆底烧瓶中加入 10mL 环己醇及 5mL 85%磷酸，充分振荡使两种液体混合均匀。投入几粒沸石，按图 6-1 所示安装分馏反应装置[2]。用小锥形瓶做接收器，置于碎冰浴里。

用小火慢慢加热混合物至沸腾，以较慢速度进行蒸馏，并控制分馏柱顶部温度不超过 73℃[3]，蒸出液为环己烯和水的浑浊液。当无液体蒸出时，加大火力，继续蒸馏。当温度计达到 85℃，烧瓶中只剩下很少量的残渣并出现阵阵白雾时，即可停止蒸馏。

将蒸出液用氯化钠饱和[4]，然后加入 3～4mL 5%碳酸钠中和微量的酸。将此液体倒入小分液漏斗中，振荡后静置分层。将下层水溶液自漏斗下端活塞放出、上层的粗产物自漏斗上口倒入干燥的小锥形瓶中，加入适量[5]的无水氯化钙干燥。

将干燥后的粗制环己烯滤入干燥的蒸馏烧瓶中[6]，加入沸石后用水浴加热蒸馏，收集 80～85℃的馏分于一干燥的小锥形瓶中。

纯环己烯为无色透明液体，沸点为 82.98℃，d_4^{20} 为 0.8102，n_D^{20} 为 1.4465。

【检验与测试】

(1) 测定样品的沸点和折射率。

(2) 测试样品的红外光谱，与图 6-2 的标准谱图对照。

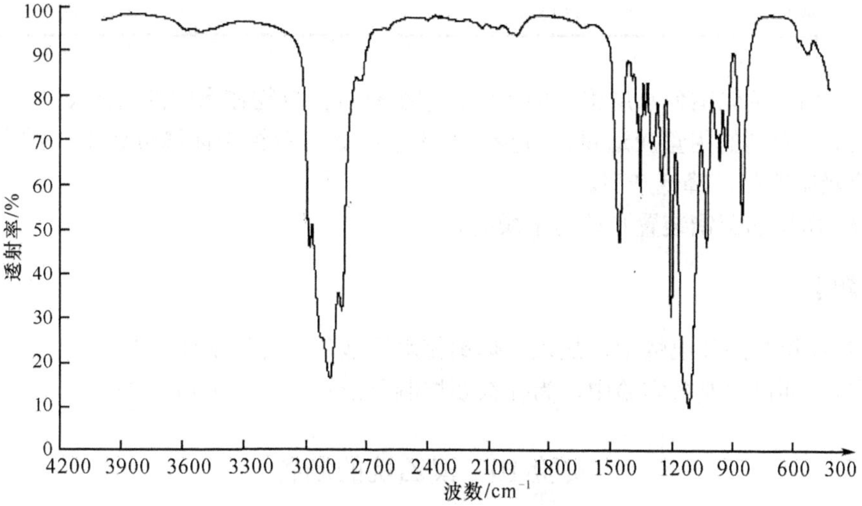

图 6-2　环己烯的红外光谱

【注释】

[1] 主要试剂及产物的物理常数见表 6-1。

表 6-1　主要试剂及产物的物理常数

化合物名称	相对分子质量	相对密度 d_4^{20}	熔点/℃	沸点/℃	折射率 n_D^{20}	水溶性(20℃)
环己醇	100.16	0.9624	25.93	160.84	1.4641	微溶
环己烯	82.14	0.8102	−103.7	82.98	1.4465	不溶
磷酸	98	1.834	42.3	261	—	混溶

[2] 最好用油浴加热，使反应物受热均匀。加热温度不宜过高，速度不宜过快，以减少未反应的环己醇被蒸出。

[3] 小火加热至沸腾，调节加热速度，以保证反应速度大于蒸出速度，使分馏得以连续进行。控制柱顶温度不超过 85℃，防止未反应的环己醇蒸出，降低反应产率。环己醇和水、环己烯和水皆可形成二元共沸混合物，见表 6-2。

表 6-2 环己醇、水和环己烯形成的二元共沸混合物

沸点/℃	组成/%		
	环己醇	水	环己烯
97.8	20	80	
70.8		10	90
64.9	30.5		69.5

[4] 加入氯化钠使水层饱和的目的是减少有机化合物在水中的溶解度。

[5] 干燥剂的用量应适量，过少，水不能除尽，蒸馏中前馏分较多；过多，干燥剂会吸附产品，降低产率。

[6] 所用的蒸馏装置必须是干燥的。

【思考题】

(1) 在粗制的环己烯中，加入氯化钠使水层饱和的目的是什么？

(2) 在环己烯制备实验中，为什么要控制分馏柱顶温度不超过 73℃？

实验 10 溴乙烷的制备

【实验目的】

(1) 掌握由醇制备卤代烃的方法、原理。

(2) 学习磁力搅拌器的使用。

(3) 学习低沸点蒸馏的基本操作，巩固分液漏斗的使用方法。

【实验原理】

主反应：

$$NaBr + H_2SO_4 \longrightarrow NaHSO_4 + HBr$$

$$C_2H_5OH + HBr \rightleftharpoons C_2H_5Br + H_2O$$

副反应：

$$2C_2H_5OH \xrightarrow{H_2SO_4} C_2H_5OC_2H_5 + H_2O$$

$$C_2H_5OH \xrightarrow{H_2SO_4} CH_2{=}CH_2 + H_2O$$

$$2HBr + H_2SO_4 \xrightarrow[\triangle]{} Br_2 + SO_2 + 2H_2O$$

【实验仪器及药品】

主要仪器：烧瓶、锥形瓶、烧杯、蒸馏头、直形冷凝管、温度计、温度计套管、分液漏斗、量筒、电热套、磁力搅拌器。

主要药品[1]：乙醇(95%) 10mL(7.9g，0.165mol)、浓硫酸、溴化钠(无水) 13g(0.126mol)、饱和亚硫酸氢钠 5mL。

【实验装置】

实验装置如图 6-3 所示。

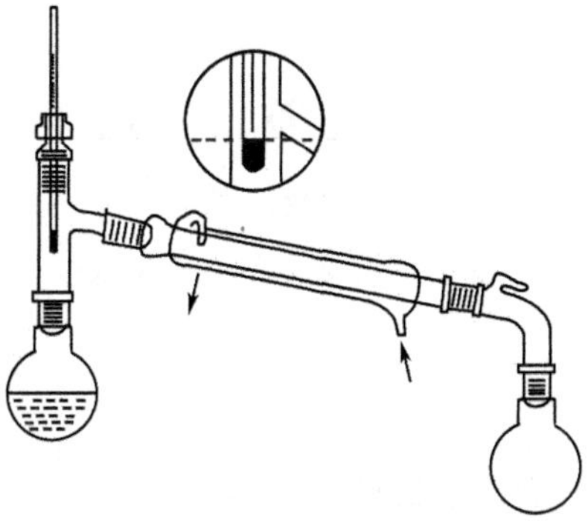

图 6-3　蒸馏反应装置

【实验步骤】

在 100mL 圆底烧瓶中加入 13g 研细的溴化钠，然后放入 9mL 水，振荡使之溶解，再加入 10mL 95%乙醇，在冷却和不断摇荡下，慢慢地加入 19mL 浓硫酸，同时用冷水浴冷却烧瓶至室温后，加入几粒沸石，按图 6-3 所示安装反应装置。接收器内外均应放入冰水混合物，以防止产品的挥发损失。接液管的支管连接橡皮管插入水槽中。将反应混合物在磁力搅拌器上加热蒸馏，瓶中物质开始发泡。控制火焰大小[2]，使油状物质逐渐蒸馏出去，约 30min 后慢慢加大火焰大小，到无油点[3]蒸出为止。馏出物为乳白色[4]油状物，沉于瓶底。

将馏出液倒入分液漏斗中，静置分层后[5]，将下层的粗制溴乙烷放入干燥的小锥形瓶中，在冰水浴中，边振摇边滴加浓硫酸，直至溴乙烷变得清澈透明，而且瓶底有液层分出。用干燥的分液漏斗仔细地分去下面的硫酸层，将溴乙烷层从分液漏斗的上口倒入 30mL 蒸馏烧瓶中，水浴加热蒸馏，接收器外用冰水浴冷却，收集 37～40℃的馏分。称量，计算产率。

纯溴乙烷为无色液体，沸点为 38.4℃，d_4^{20} 为 1.4612，n_D^{20} 为 1.4242。

【检验与测试】

(1)测定样品的沸点和折射率。

(2)测试样品的红外光谱，与图 6-4 的标准谱图对照。

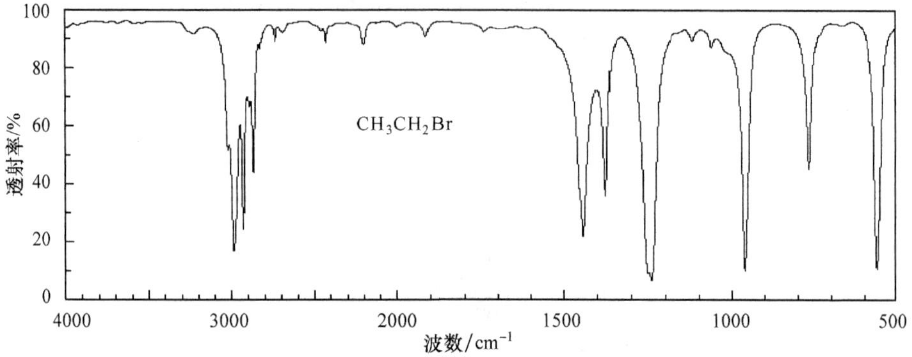

图 6-4　溴乙烷的红外光谱

【注释】

[1] 主要试剂及产物的物理常数见表 6-3。

表 6-3　主要试剂及产物的物理常数

化合物名称	相对分子质量	相对密度 d_4^{20}	熔点/℃	沸点/℃	折射率 n_D^{20}	水溶性(20℃)
乙醇	46.07	0.7893	−114.1	78.5	1.3624	混溶
溴化钠	102.89	3.203	747	1390	—	易溶
溴乙烷	108.97	1.4612	−119	38.4	1.4242	难溶
乙醚	74.12	0.7134	−116.3	34.6	1.3555	微溶
乙烯	28.06	0.61	−169.4	−103.9	1.363	不溶
浓硫酸	98.04	1.840	10.4	338.0	1.4183	混溶

[2] 加热时要先小火，以避免溴化氢逸出。然后逐渐稍大，使反应平稳发生，避免大火，否则产物损失，并有副产物生成。

[3] 在反应过程中，既不能反应时间不够，也不能蒸馏时间太长，将水过分蒸出，造成硫酸钠凝固在烧瓶中，不易倒出。

[4] 反应时若温度过高，会有少量的溴生成，使蒸出的油层带棕黄色，加亚硫酸氢钠可除去此棕黄色。

[5] 精制时首先要彻底分去水，然后冷却下加硫酸，否则加硫酸时产生热量使

产物挥发损失。

【思考题】

(1)在制备溴乙烷时，反应混合物中如果不加水，会有什么结果？
(2)粗产物中会有什么杂质？是如何除去的？
(3)粗产品溴乙烷呈棕黄色是什么原因？应该如何处理？

实验 11　1-溴丁烷的制备(半微量)

【实验目的】

(1)学习 1-溴丁烷的制备原理和方法。
(2)熟悉带有尾气吸收的回流反应装置。
(3)练习回流、蒸馏、分液、洗涤、液体干燥和气体吸收的操作。

【实验原理】

主反应：

$$NaBr + H_2SO_4 \xlongequal{} NaHSO_4 + HBr\uparrow$$

$$CH_3CH_2CH_2CH_2OH + HBr \rightleftharpoons CH_3CH_2CH_2CH_2Br + H_2O$$

可能的副反应：

$$CH_3CH_2CH_2CH_2OH \xrightarrow[170^\circ C]{H_2SO_4} CH_3CH_2CH=CH_2 + H_2O$$

$$CH_3CH_2CH_2CH_2OH \xrightarrow[140^\circ C]{H_2SO_4} (CH_3CH_2CH_2CH_2)_2O + H_2O$$

$$2HBr + H_2SO_4 \xlongequal{\triangle} Br_2\uparrow + SO_2\uparrow + 2H_2O$$

本实验的主反应为可逆反应，提高产率的措施是让 HBr 过量，并用 NaBr 和 H_2SO_4 代替 HBr，边生成 HBr 边使其参与反应，这样可提高 HBr 的利用率；H_2SO_4 还起到催化脱水作用。反应中，为防止反应物醇被蒸出，采用了回流装置。由于 HBr 有毒，为防止 HBr 逸出，污染环境，需安装气体吸收装置。回流后再进行粗蒸馏，一方面使生成的产品 1-溴丁烷分离出来，便于后面的洗涤操作；另一方面，粗蒸过程可进一步使醇与 HBr 的反应趋于完全。

【实验仪器及药品】

主要仪器：圆底烧瓶(25mL)、球形冷凝管、导气管、小玻璃漏斗、量筒(10mL)、烧杯(250mL)、75°蒸馏弯头、直形冷凝管、接收管、真空塞、分液漏斗、锥形瓶、蒸馏头、温度计套管、温度计(200℃)、加热套。

主要药品[1]：正丁醇 2.5mL(2.03g，0.027mol)、溴化钠(无水)3.33g(0.032mol)、浓硫酸($d_4^{20}=1.84$)4mL、饱和碳酸氢钠溶液、无水氯化钙。

【实验装置】

实验装置如图 6-5 和图 6-6 所示。

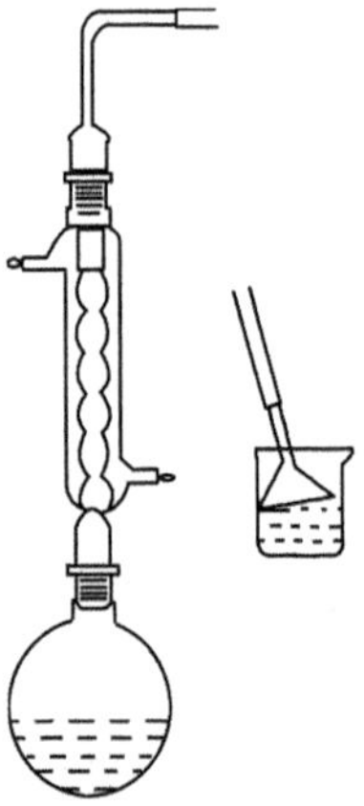

图 6-5　带有气体吸收的回流装置

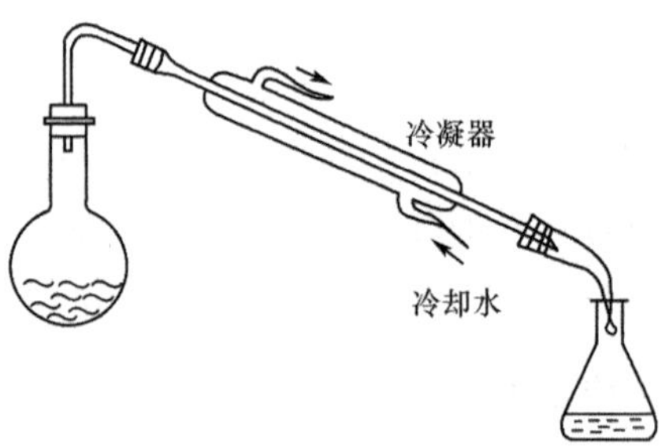

图 6-6　简易蒸馏装置

【实验步骤】

在 25mL 圆底烧瓶中加入 3.33g 溴化钠[2]、2.5mL 正丁醇和一两粒沸石，按图 6-5 安装装置，将 8.0mL 1∶1 硫酸分三次从冷凝管上端加入，边滴加边振摇[3]。冷凝管上端接一溴化氢吸收装置(使漏斗口恰好接触水面，切勿浸入水中，以免倒吸)，用饱和碳酸氢钠溶液做吸收剂。

将烧瓶在加热套中小火加热[4]回流 0.5h，回流过程中不断摇动[5]烧瓶，以使反应物充分接触。反应完毕，稍冷却后改为简易蒸馏装置(图 6-6)，蒸出 1-溴丁烷粗品，至馏出液清亮为止[6]。

将馏出液移入分液漏斗中，加入 3.3mL 水洗涤，分去水层，有机相转入另一干燥的分液漏斗中，用 1.7mL 浓硫酸洗涤一次，分出硫酸层。有机层再依次用水、饱和碳酸氢钠及水各 3.3mL 洗涤一次呈中性后[7]，分出 1-溴丁烷有机层于干燥的锥形瓶中，用无水氯化钙干燥后蒸馏，收集 99～103℃的馏分。称量，计算产率。

纯 1-溴丁烷为无色液体，沸点为 102℃，d_4^{20} 为 1.275，n_D^{20} 为 1.4399。

【检验与测试】

(1)测定样品的沸点和折射率。

(2)测试样品的红外光谱，与图 6-7 的标准谱图对照。

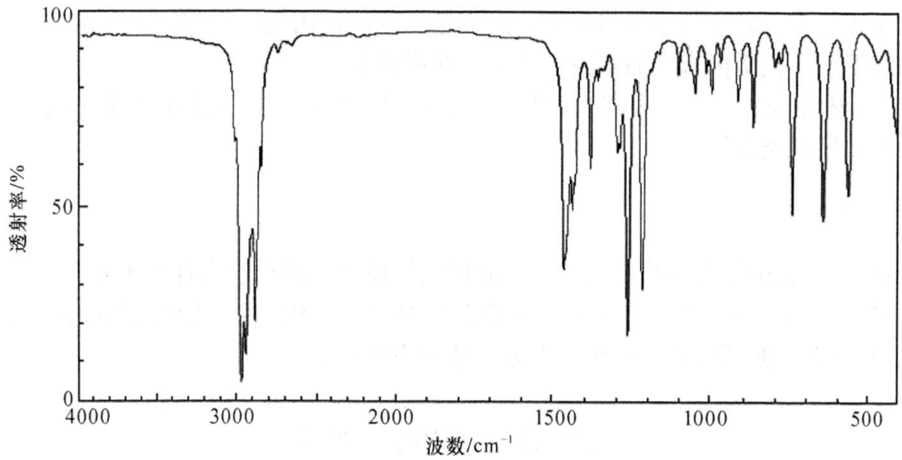

图 6-7　1-溴丁烷的红外光谱图

【注释】

[1] 主要试剂及产物的物理常数见表 6-4。

表 6-4　主要试剂及产物的物理常数

化合物名称	相对分子质量	相对密度 d_4^{20}	熔点/℃	沸点/℃	折射率 n_D^{20}	水溶解性（20℃）
1-丁醇	74.12	0.8109	−88.9	117.2	1.3993	微溶
1-溴丁烷	137.03	1.275	−112.4	102.0	1.4399	不溶
1-丁烯	56.11	0.670	−185.3	−6.47	1.3902^{25}	不溶
溴化氢	80.91	3.39	−86.9	−66.8	—	易溶
硫酸	98.04	1.840	10.4	338.0	1.4183	混溶
溴化钠	102.89	3.2033	755	1390	1.6413	易溶

[2] 溴化钠不要黏附在液面以上的烧瓶壁上。

[3] 从冷凝管上端加入 1∶1 的硫酸时，每加一次都要充分振荡，混合均匀。否则，因放出大量的热而使反应物氧化，颜色加深。

[4] 加热时，应用小火加热至沸，并始终保持微沸状态。一开始不要加热过猛，否则，反应生成的 HBr 来不及反应就逸出，另外，反应混合物的颜色也会很快变深。操作情况良好时，油层仅呈浅黄色，冷凝管顶端无明显的 HBr 逸出。

[5] 由于正丁醇和 1-溴丁烷在水中的溶解度都不大，反应为多相反应，回流过程中应不断摇动烧瓶，可增加反应物之间的接触，加快反应的进行，减少暴沸发生。

[6] 粗蒸 1-溴丁烷时，应蒸至黄色油层消失，馏出液无油滴为止。检验方法：

取一事先装有一定量的水的锥形瓶，用其接一两滴馏出液，观察液滴入水情况。若有油滴下沉，说明仍有产品蒸出；若无，则蒸馏完成。

[7] 洗涤分离时，注意观察产品在上层还是下层；每步洗涤的作用不同，各步洗涤的顺序不能颠倒。

【思考题】

(1) 本实验中硫酸的作用是什么？硫酸的浓度过大或过小有什么不好？

(2) 反应后的粗产物中含有哪些杂质？是如何除去的？各步洗涤的目的是什么？

(3) 什么时候用气体吸收装置？怎样选择吸收剂？

实验 12　苯甲醇的制备

【实验目的】

(1) 了解相转移催化反应的原理，学习利用相转移催化反应制备苯甲醇的方法。

(2) 掌握电动搅拌的基本操作方法。

(3) 练习高温蒸馏和空气冷凝管的使用方法。

【实验原理】

主反应：

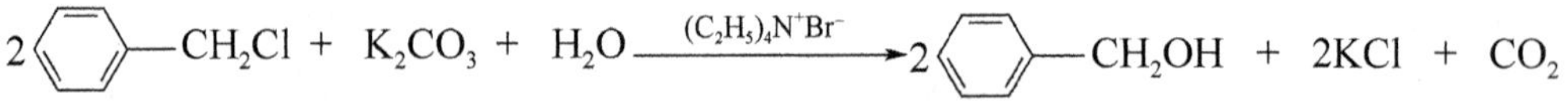

用苯甲基氯制备苯甲醇是由卤代烃水解制备醇的一个实例，水解在碱性水溶液中进行。由于卤代烃均不溶于水，这个两相反应进行得很慢，并且需要强烈搅拌。如果加入相转移催化剂，如四乙基溴化铵，反应时间可以大大缩短。相转移催化剂是可以帮助反应物从一相转移到能够发生反应的另一相中，从而加快异相系统反应速率的一类催化剂。相转移催化的反应一般都存在水溶液和有机溶剂两相，离子型反应物往往可溶于水溶液，不溶于有机溶剂，而有机化合物则可溶于有机溶剂中。当不存在相转移催化剂时，两相相互分离，几个反应物无法大面积接触，反应进行得很慢。当加入相转移催化剂后，相转移催化剂可以与水溶液中的离子结合，并利用自身对有机溶剂的亲和性，将水溶液中的反应物转移到有机溶剂中，促使反应发生。

【实验仪器及药品】

主要仪器：电动搅拌器、三颈烧瓶(250mL)、球形冷凝管、滴液漏斗(60mL)、分液漏斗(125mL)、直形冷凝管、空气冷凝管、蒸馏头、接收管、锥形瓶等。

主要药品[1]：苯甲基氯 10mL(11g，0.087mol)、碳酸钾 9g(0.065mol)、四乙基溴化铵(50%水溶液)2mL、无水硫酸镁、乙酸乙酯。

【实验装置】

实验装置如图 6-8 和图 6-9 所示。

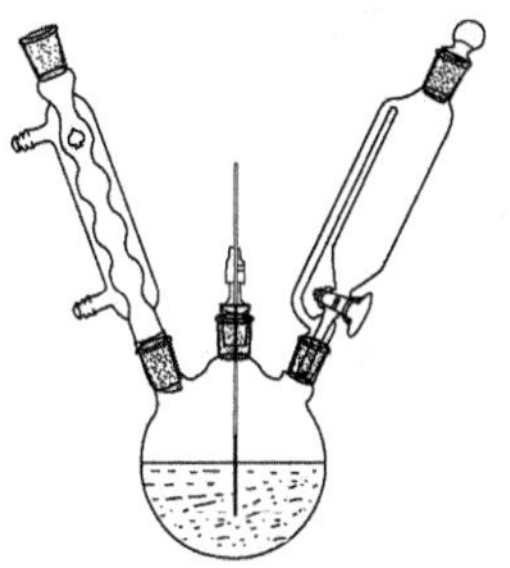

图 6-8　反应装置

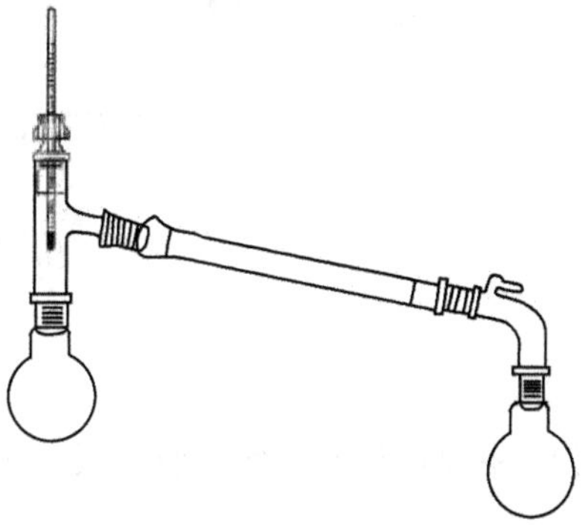

图 6-9　高温蒸馏装置

【实验步骤】

在装有电动搅拌器[2]的 250mL 三颈烧瓶里加入碳酸钾水溶液(9g 碳酸钾溶于 80mL 水中)及 2mL 50%四乙基溴化铵水溶液，加几粒沸石。按图 6-8 所示装上回流冷凝管和滴液漏斗，在滴液漏斗中装 10mL 苯甲基氯。开动搅拌器，在回流状态下将苯甲基氯滴入三颈烧瓶中，滴加完毕后，继续在搅拌下回流反应 2h。

反应完毕后，停止加热，将三颈烧瓶冷却到 30～40℃[3]，把反应液移入分液漏斗中，分出油层。水层用乙酸乙酯萃取 2 次，每次用 10mL。合并萃取液和粗苯甲醇，用适量的无水硫酸镁干燥。

将干燥透明的苯甲醇乙酸乙酯溶液倒入 100mL 蒸馏烧瓶里，先用一般的蒸馏装置蒸馏，回收乙酸乙酯后，将直形冷凝管改为空气冷凝管，进行高温加热蒸馏。收集 200～208℃的馏分。

纯苯甲醇为无色透明液体，沸点为 205.4℃，d_4^{20} 为 1.0419，n_D^{20} 为 1.5396。

【检验与测试】

(1) 测定样品的沸点和折射率。

(2) 测试样品的红外光谱，与图 6-10 的标准谱图对照。

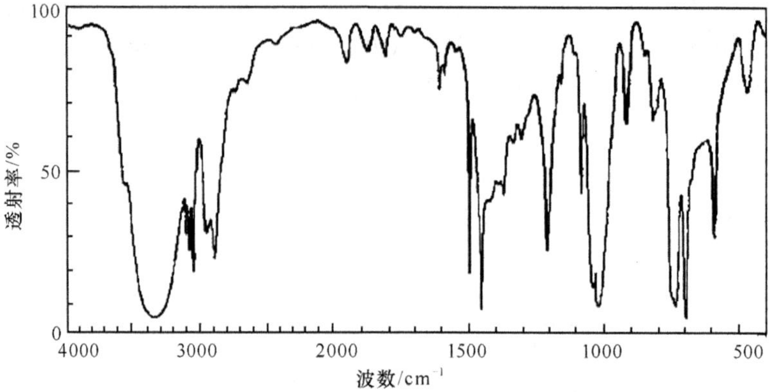

图 6-10　苯甲醇的红外光谱

【注释】

[1] 主要试剂及产物的物理常数见表 6-5。

表 6-5　主要试剂及产物的物理常数

化合物名称	相对分子质量	相对密度 d_4^{20}	熔点/℃	沸点/℃	折射率 n_D^{20}	水溶性(20℃)
苯甲基氯	126.58	1.100	–43	179.4	1.5391	微溶
碳酸钾	138.21	2.428	891	333.6	—	易溶
四乙基溴化铵	210.16	1.397	285	—	—	易溶
苯甲醇	108.14	1.042	–15.3	205.4	1.5396	微溶

[2] 虽然加入了相转移催化剂，反应中仍然需要搅拌来加快相转移的速度，如果不加相转移催化剂，反应需 6～8h 才能完成。

[3] 温度过低，会有固体析出，给分离带来困难。

【思考题】

(1)在实验室中，还有哪些合适的方法可用于制备苯甲醇？

(2)本反应加入相转移催化剂的作用是什么？

(3)简答什么情况下才考虑用空气冷凝管蒸馏？

实验 13　三苯甲醇的制备

【实验目的】

(1)了解格氏试剂的制备、应用和进行格氏反应的条件。

(2)进一步加深巩固搅拌、回流、萃取、蒸馏等基本操作。

【实验原理】

1. 格氏试剂的制备

卤代烷在干燥的乙醚中能和镁屑作用生成烃基卤化镁 RMgX，俗称格氏(Grignard)试剂。

$$PhBr + Mg \xrightarrow{\text{无水乙醚}} \underset{\text{苯基溴化镁}}{PhMgBr}$$

2. 格氏试剂与苯甲酸乙酯反应合成三苯甲醇

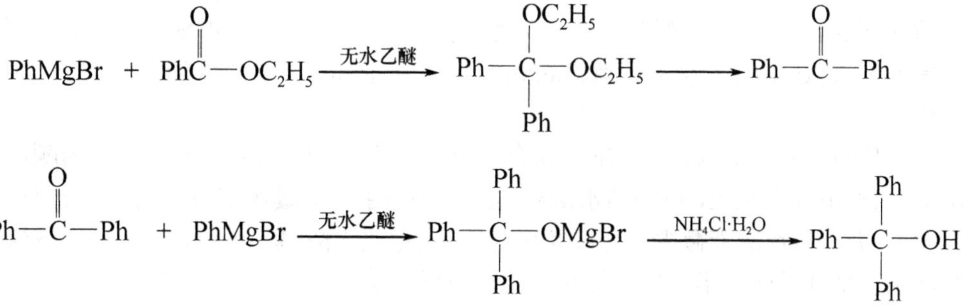

可能的副反应：

$$PhMgBr + H_2O \longrightarrow PhH + Mg(OH)Br$$
$$2PhMgBr + O_2 \longrightarrow 2PhOMgBr$$
$$PhMgBr + PhBr \longrightarrow Ph—Ph + MgBr_2$$

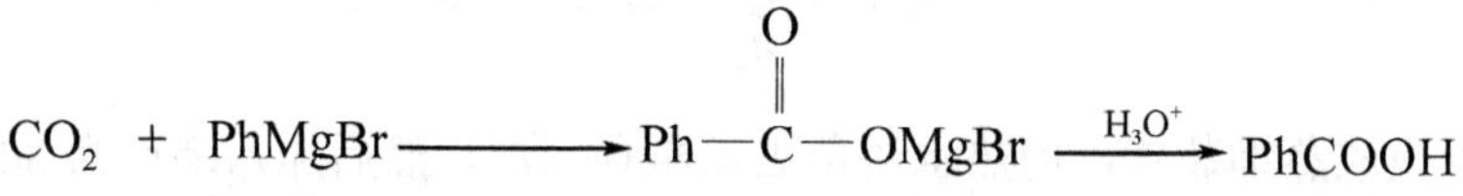

在制备格氏试剂时需要注意整个体系必须保证绝对无水，不然将得不到烃基卤化镁，或者产率很低。在形成格氏试剂的过程中往往有一个诱导期，作用非常慢，甚至需要加温或者加入少量碘来使反应发生，诱导期过后反应变得非常剧烈，需要用冰水或冷水在反应器外冷却，使反应缓和下来。

【实验仪器及药品】

主要仪器：三颈烧瓶(100mL)、球形冷凝管、滴液漏斗、干燥管、直形冷凝管、分液漏斗、蒸馏头、接收管、锥形瓶(50mL)、电动搅拌器等。

主要药品[1]：溴苯 6.5mL(9.72g，0.062mol)、镁条 1.5g(0.062mol)、苯甲酸乙酯

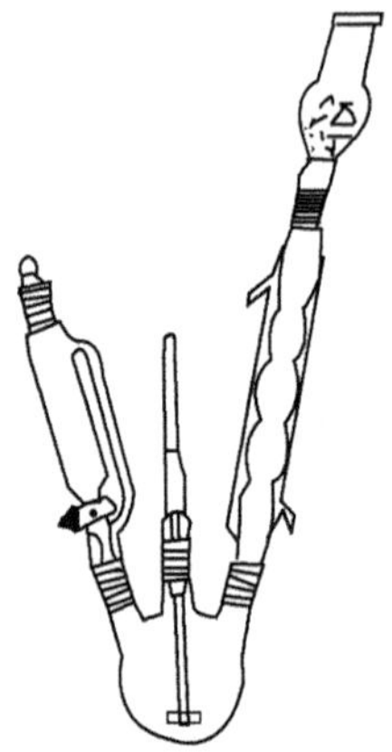

图 6-11　反应装置

6.3mL(6.59g，0.044mol)、石油醚、碘、氯化铵、无水乙醚、95%乙醇、无水氯化钙。

【实验装置】

由于反应要求无水操作，在反应装置中的冷凝管口上需安装干燥管。反应装置如图 6-11 所示。

【实验步骤】

1. 合成格氏试剂

实验所用仪器均要干燥，无水乙醚中加入无水氯化钙干燥过夜。将镁条用砂纸打磨发亮，除去表面氧化膜，然后剪成屑状。称取 1.5g 镁屑加入三颈烧瓶，加入 10mL 无水乙醚和一小粒碘[2]，按图 6-11 装好反应装置。分别将 6.5mL 溴苯和 15mL 无水乙醚加入滴液漏斗中，混匀。

先从滴液漏斗中滴入 5～7mL 混合溶液于三颈烧瓶中[3]，反应开始后碘的颜色逐渐消失(若不发生反应，可用温水浴温热)。开动搅拌器，缓慢滴加[4]剩余混合液(2～3s/滴)，并保持反应液微沸。溴苯溶液滴完后，用热水浴(禁止用明火)使反应液保持回流至镁全部反应完毕，然后将反应液冷却至室温。

2. 制备三苯甲醇

将 6.3mL 苯甲酸乙酯和 10mL 无水乙醚在滴液漏斗中混匀，搅拌下缓慢滴加(在冰水浴条件下)，滴完后，用温水浴保持回流 1h。反应完毕后，冷却至室温。然后通过滴液漏斗在搅拌下慢慢滴入饱和氯化铵水溶液[5](由 7.5g 氯化铵和 27mL 水配成)，冷却。

将装置换成蒸馏装置，用热水浴蒸去乙醚(回收)。然后加入沸程为 30～60℃的石油醚[6]25mL，即有固体产品析出，冷却过滤得黄白色固体。滤液用分液漏斗分层并回收石油醚。固体用水洗涤、抽干。粗产品可用 95%乙醇重结晶，干燥后称量，并计算产率。

纯三苯甲醇为白色片状晶体，熔点为 164.2℃。

【检验与测试】

(1)测定样品的熔点。

(2)测试样品的红外光谱，与图 6-12 的标准谱图对照。

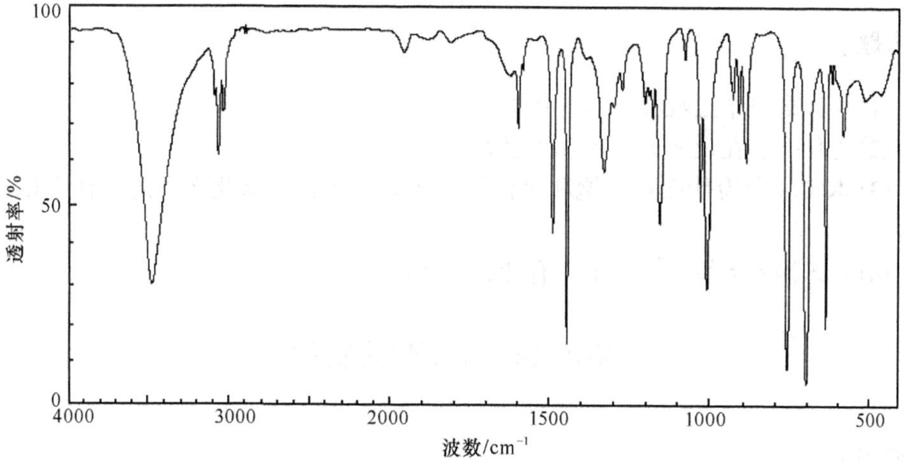

图 6-12　三苯甲醇的红外光谱

【注释】

[1] 主要试剂及产物的物理常数见表 6-6。

表 6-6　主要试剂及产物的物理常数

化合物名称	相对分子质量	相对密度 d_4^{20}	熔点/℃	沸点/℃	折射率 n_D^{20}	水溶性(20℃)
溴苯	157.02	1.4950	−30.82	156.2	1.5597	不溶
苯甲酸乙酯	150.17	1.0468	−34.6	212.6	1.5007	不溶
三苯甲醇	260.33	1.199	164.2	380	1.1994	不溶
乙醚	74.12	0.7134	−116.3	34.6	1.3555	微溶
二苯酮	182.22	1.1146	48.5	305.4	1.6077	不溶
联苯	154.21	1.04	69.2	255.9	1.475	不溶

[2] 碘用于引发溴苯与镁的反应，其可将溴化物转变为碘代物，碘代物易与镁反应生成格氏试剂。但碘的用量不宜过多，否则必须用亚硫酸氢钠溶液洗涤以去除碘代物的颜色。

[3] 在反应初期，为利于反应的发生，可使局部的溴苯有较高的浓度，所以不需要搅拌。

[4] 滴加的速度太快，反应过于剧烈，不易控制，并会增加副产物的生成。

[5] 采用氯化铵饱和溶液主要是为了将不溶性氢氧化镁变成可溶性氯化镁，若仍有白色絮状物，可加入少量稀盐酸。

[6] 加入石油醚是为了除去副产物。

【思考题】

(1) 为什么整个过程要无水操作？

(2) 为什么要在反应开始时加入碘？

(3) 本实验中为什么要用饱和氯化铵溶液分解产物？除此之外还有什么试剂可代替？

(4) 溴苯滴入太快或一次加入有什么不好？

实验 14　正丁醚的制备

【实验目的】

(1) 掌握分子间脱水制醚的反应原理和实验方法。

(2) 学习分水器的使用方法，掌握分水回流操作技术。

【实验原理】

在醚类中，正丁醚的溶解能力强，对许多天然及合成油脂、树脂、橡胶、有机酸酯、生物碱等都有很强的溶解能力。在储存时生成过氧化物少，毒性和危险性小，是安全性很高的溶剂。由于正丁醚是惰性溶剂，还可用作格氏试剂、橡胶、农药等的有机合成反应溶剂。本实验利用正丁醇在酸性脱水剂催化下，共热生成正丁醚，反应式如下：

主反应：

$$2CH_3CH_2CH_2CH_2OH \xrightarrow[138\sim140℃]{H_2SO_4} (CH_3CH_2CH_2CH_2)_2O + H_2O$$

副反应：

$$CH_3CH_2CH_2CH_2OH \xrightarrow[>140℃]{H_2SO_4} CH_3CH_2CH{=\!=}CH_2 + H_2O$$

用硫酸做催化剂，在不同的温度下，正丁醇和硫酸作用生成的产物会有不同，因此必须严格控制温度。本实验的主反应为可逆反应，为了提高产率，利用正丁醇与生成的正丁醚及水形成共沸物的特性[1]，可把生成的水从反应体系中分离出来。

【实验仪器及药品】

主要仪器：三颈烧瓶(100mL)、球形冷凝管、分水器、圆底烧瓶(50mL)、蒸馏头、直形冷凝管、温度计、分液漏斗、接收管、锥形瓶等。

主要药品[2]：正丁醇 27mL(22g，0.3mol)、浓硫酸 4mL、5%氢氧化钠溶液、饱和食盐水、饱和氯化钙溶液、无水氯化钙。

【实验装置】

实验装置如图 6-13 所示。

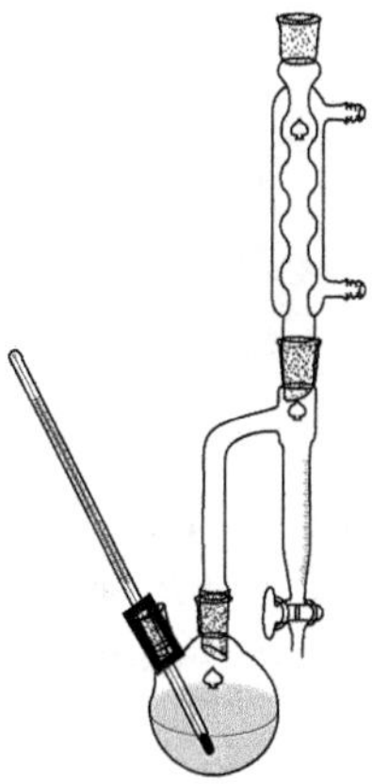

图 6-13　反应装置

【实验步骤】

在三颈烧瓶中依次加入 27mL 正丁醇、4mL 浓硫酸和几粒沸石，摇匀[3]。按图 6-13 所示安装好反应装置，并在分水器中加入一定量的饱和食盐水[4](加入量可等于分水器的总容量减去反应完全时可能生成的水量)。小火加热，保持微沸，随着反应的进行，分水器中的水层会不断增加，反应液的温度也逐渐上升[5]，如果分水器中的水层超过了支管则应分去。大约经 1.5h 后，反应液温度可达 134～136℃。当看不见水珠穿行或水面不再上升时，表示反应完毕，停止加热。若继续加热，则反应液变黑并有较多副产物丁烯的生成。

待反应液稍冷，拆除分水器，将仪器改成蒸馏装置，加几粒沸石，进行蒸馏至无馏出液为止。

将馏出液倒入已装有 50mL 水的分液漏斗中，振荡，静置，分出水层。粗产品依次用 20mL 水、15mL 5%氢氧化钠溶液[6]、20mL 水和 15mL 饱和氯化钙溶液洗涤。最后用无水氯化钙干燥。干燥后的产物滤入 50mL 蒸馏烧瓶中进行蒸馏，收集 140～144℃的馏分。记录产品外观、沸程、实际产量，计算产率。

纯正丁醚为无色液体，沸点为 142.4℃，d_4^{20} 为 0.7725，n_D^{20} 为 1.3992。

【检验与测试】

(1) 测定样品的沸点和折射率。

(2) 测试样品的红外光谱，与图 6-14 的标准谱图对照。

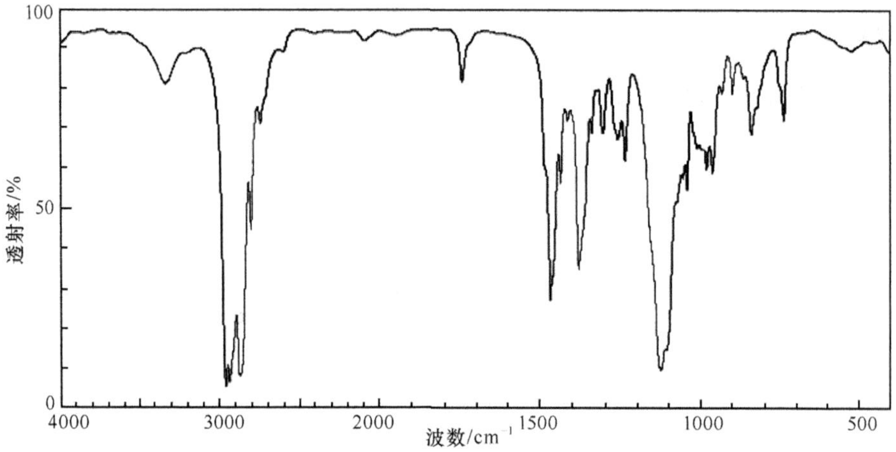

图 6-14　正丁醚的红外光谱

【注释】

[1] 正丁醇、正丁醚和水形成的共沸物见表 6-7。

表 6-7　正丁醇、正丁醚和水形成的共沸物

共沸物	沸点/℃	组成比(质量分数)
正丁醇-水	93.0	55.5∶45.5
正丁醚-水	94.1	66.6∶33.4
正丁醇-正丁醚	117.6	17.5∶82.5
正丁醇-正丁醚-水	90.6	35.5∶34.6∶29.9

[2] 主要试剂及产物的物理常数见表 6-8。

表 6-8　主要试剂及产物的物理常数

化合物名称	相对分子质量	相对密度 d_4^{20}	熔点/℃	沸点/℃	折射率 n_D^{20}	水溶性(20℃)
1-丁醇	74.12	0.8109	−88.9	117.2	1.3993	微溶
正丁醚	130.23	0.7725	−97.9	142.4	1.3992	不溶
1-丁烯	56.11	0.670	−185.3	−6.47	1.3902^{25}	不溶
硫酸	98.04	1.840	10.4	338.0	1.4183	混溶

[3] 加浓硫酸时要慢，并充分摇匀，防止局部炭化。

[4] 用饱和食盐水的目的是降低正丁醇和正丁醚在水中的溶解度。

[5] 反应开始回流时，因为有恒沸物的存在，温度不可能马上达到 135℃。但随着水被蒸出，温度逐渐升高。最后达到 135℃以上，即应停止加热。如果温度升得太高，反应溶液会炭化变黑，并有大量副产物丁烯生成。

［6］在碱洗过程中，不宜剧烈地摇动分液漏斗，否则严重乳化，难以分层。

【思考题】

(1) 为什么回流温度很难达到制备正丁醚的适宜温度 130～140℃？如果初始温度过高，会有什么结果？

(2) 制备正丁醚时，试计算理论上应分出多少体积的水？实际上往往超过理论值，为什么？

(3) 精制时，各步洗涤的目的是什么？

实验 15　环己酮的制备

【实验目的】

(1) 掌握铬酸氧化法制备环己酮的原理和方法。

(2) 熟练回流、蒸馏、液体的洗涤、干燥等基本操作。

(3) 了解盐析效应在分离有机化合物中的应用。

【实验原理】

环己酮是重要的化工原料，是制造尼龙、己内酰胺和己二酸的主要中间体，也是重要的工业溶剂。环己酮因对许多高聚物(如树脂、橡胶、涂料)的溶解性能优异而得到广泛的应用，在皮革工业中还用作脱脂剂和洗涤剂。

实验室制备脂肪醛、酮和脂环醛、酮最常用的方法是将伯醇和仲醇用铬酸氧化。铬酸是重铬酸盐与 40%～50%硫酸的混合液。制备相对分子质量低的醛，可以将铬酸滴加到热的酸性醇溶液中，以防止反应混合物中有过量的氧化剂存在，同时将较低沸点的醛不断蒸出，可以达到中等产率。尽管如此，仍有部分醛被进一步氧化成羧酸，并生成少量的酯。用此法制备酮，酮对氧化剂比较稳定，不易进一步被氧化。铬酸氧化是一个放热反应，必须严格控制反应的温度，以免反应过于剧烈。

主反应：

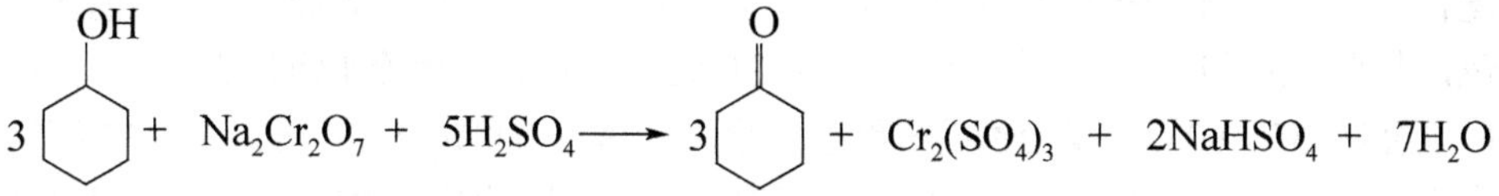

副反应：

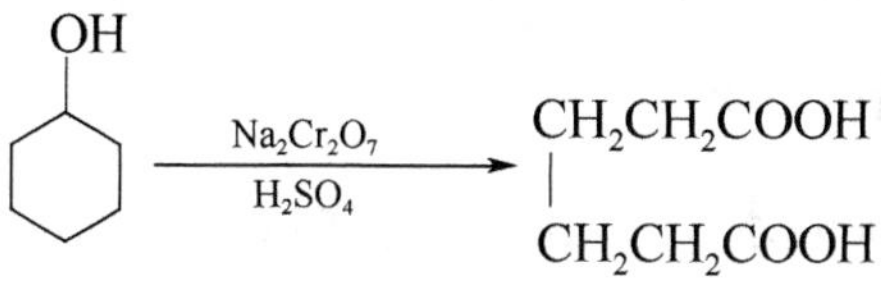

【实验仪器及药品】

主要仪器：圆底烧瓶(250mL)、蒸馏头、冷凝管、接收管、量筒、温度计、烧杯、分液漏斗、电热套、75°蒸馏弯头、铁夹、玻璃棒等。

主要药品[1]：重铬酸钠($Na_2Cr_2O_7 \cdot 2H_2O$) 10.4g (0.035mol)、环己醇 10.4mL (10g，0.10mol)、浓硫酸(d_4^{20}=1.84) 10mL、乙二酸、无水硫酸镁、精盐等。

【实验装置】

实验装置如图 6-15 和图 6-16 所示。

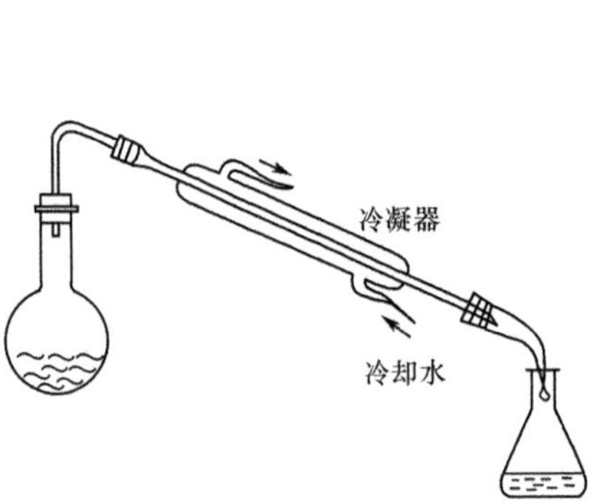

图 6-15　简易蒸馏装置

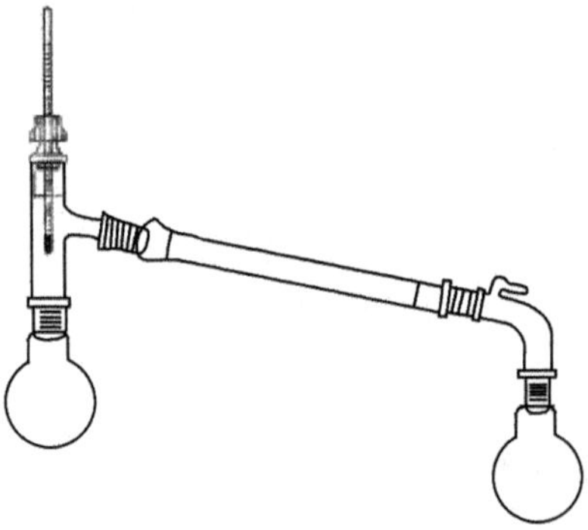

图 6-16　高温蒸馏装置

【实验步骤】

1. 投料反应

在 250mL 圆底烧瓶内加入 60mL 冰水，在搅拌下慢慢加入 10mL 浓硫酸，充分混匀，小心加入 10.4mL 环己醇。在上述混合液内插入一支温度计，将溶液冷至 30℃以下。

在 100mL 烧杯中，将 10.4g 重铬酸钠水合物($Na_2Cr_2O_7 \cdot 2H_2O$)溶解于 10mL 水中，将此溶液冷至 30℃以下，并分几批加到环己醇的硫酸溶液中。充分振荡，使反应物充分混合。第一批重铬酸钠溶液加入后，不久反应温度自行上升，反应液由橙红色变为墨绿色，表明氧化反应已经发生。待反应温度升到 55℃时，可用冷水浴适当冷却[2]，控制反应温度在 55～60℃。反应物的橙红色完全消失后，方可加入下一批。待重铬酸钠溶液全部加完，继续振荡反应瓶，直至反应温度出现下降趋势，再间歇振荡反应瓶 5～10min。然后加入 0.5～1g 乙二酸[3]，使反应液完全变成墨绿色，以还原过量的氧化剂。

2. 分离粗产物和精制产物

在反应瓶内加入 50mL 水及几粒沸石，按图 6-15 所示安装好装置进行简易水蒸气蒸馏，将环己酮与水一起蒸馏出来[4]，直至馏出液不再浑浊后再多蒸[5]约 10mL(共收集馏出液 30～40mL)，用精盐[6](需 7～10g)饱和馏出液并移入分液漏斗中，静置后分出有机层(环己酮)，用无水硫酸镁干燥。再进行高温蒸馏(装置如图 6-16 所示)，收集 150～156℃的馏分。

纯的环己酮为无色液体，沸点为 155.7℃，d_4^{20} 为 0.9478，n_D^{20} 为 1.4507。

【检验与测试】

(1)测定样品的沸点和折射率。

(2)测试样品的红外光谱，与图 6-17 的标准图谱对照。

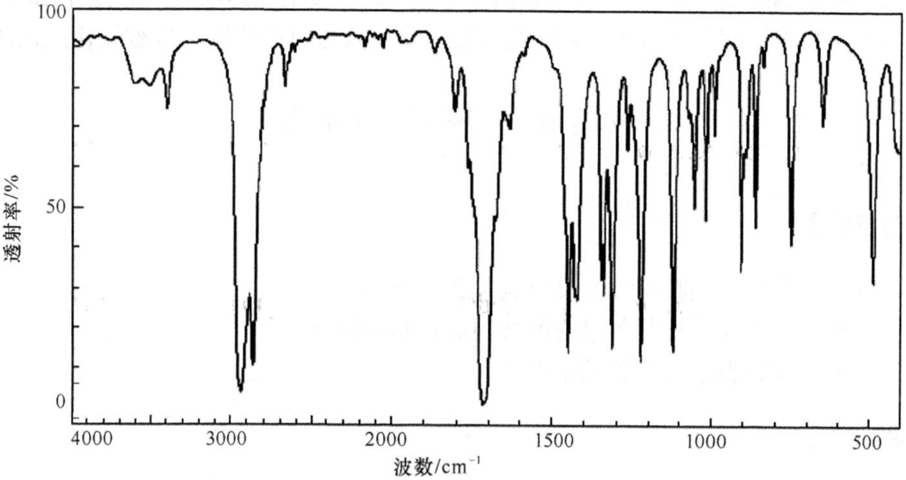

图 6-17　环己酮的红外光谱

【注释】

[1] 主要试剂及产物的物理常数见表 6-9。

表 6-9　主要试剂及产物的物理常数

化合物名称	相对分子质量	相对密度 d_4^{20}	熔点/℃	沸点/℃	折射率 n_D^{20}	水溶性(20℃)
环己醇	100.16	0.9624	25.93	160.84	1.4650	微溶
环己酮	98.14	0.9478	−45	155.7	1.4507	微溶
$Na_2Cr_2O_7 \cdot 2H_2O$	297.99	2.35	357(无水)	400(无水)	—	易溶

[2] 反应物不宜过于冷却，以免积累起未反应的铬酸，当铬酸达到一定浓度时，氧化反应会进行得非常剧烈，有失控的危险。

[3] 也可以加入 1～2mL 甲醇。

[4] 这步蒸馏操作实际上是一种简化了的水蒸气蒸馏，环己酮与水能形成沸点为95℃的共沸混合物，含环己酮38.4%。

[5] 水的馏出量不宜过多，否则即使使用盐析，仍不可避免有少量环己酮溶于水中而损失。

[6] 30℃时，环己酮在水中的溶解度是 2.4g，馏出液中加入精盐是为了降低环己酮在水中的溶解度，并有利于环己酮的分层。

【思考题】

(1) 反应温度为什么要控制在 55～60℃，温度过高或过低有什么不好？

(2) 环己酮的制备中，能否用高锰酸钾替代重铬酸钠作为氧化剂氧化环己醇？

(3) 如欲将乙醇氧化成乙醛，应采用哪些措施以防止乙醛进一步被氧化成乙酸？

实验 16　己内酰胺的制备

【实验目的】

(1) 学习用酮和羟胺的缩合反应制备肟的方法。

(2) 掌握贝克曼重排制备己内酰胺的原理和方法。

(3) 进一步熟悉重结晶等基本操作。

【实验原理】

己内酰胺是一种重要的有机化工原料，它是生产尼龙-6 纤维(锦纶)和尼龙-6 工程塑料的单体，在汽车、纺织、电子、机械等众多领域具有广泛应用。

己内酰胺可以通过环己酮肟发生贝克曼重排反应来合成。其反应式如下：

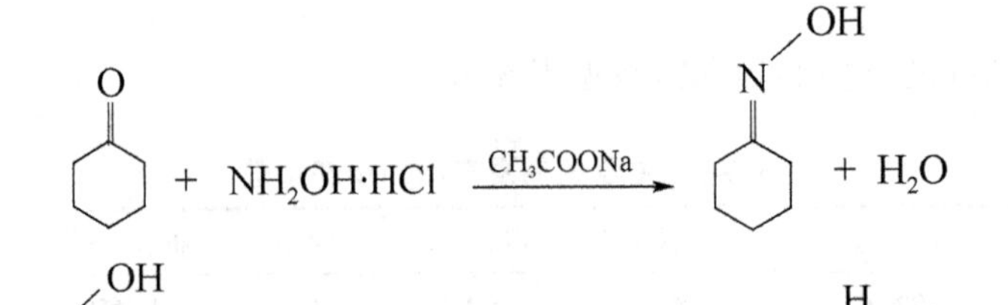

酮肟在酸性催化剂如硫酸、多聚磷酸以及能产生强酸的三氯化磷、五氯化磷、苯磺酰氯和氯化亚砜等试剂作用下，重排成酰胺的反应称为贝克曼(Beckmann)重排，反应机理如下：

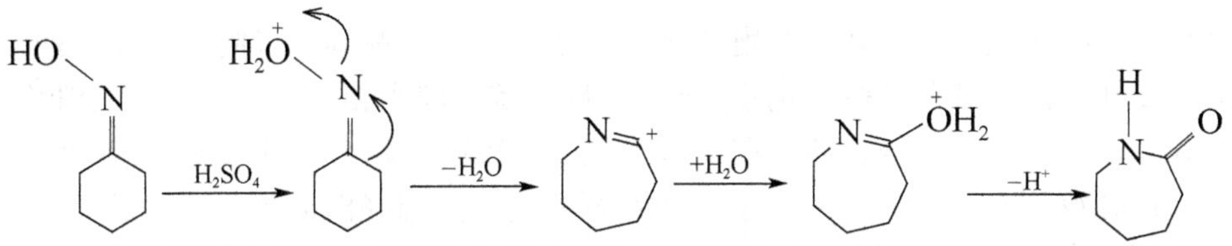

研究表明，酮肟首先在酸的催化作用下发生羟基的质子化，帮助羟基离去。离去基团与迁移基团处于反式，基团的离去与基团的迁移是同步进行的，迁移基团在迁移前后构型不变。

己内酰胺常温下容易吸湿，具有微弱的胺类刺激性气味。易溶于水、醇、醚、烷烃、氯仿和芳香烃等溶剂。受热易发生聚合反应。

【实验仪器及药品】

主要仪器：锥形瓶(250mL)、三颈烧瓶(250mL)、恒压滴液漏斗、减压抽滤装置、分液漏斗、烧杯等。

主要药品[1]：盐酸羟胺 7.0g(0.10mol)、环己酮 7.5mL(7.11g，0.072mol)、结晶乙酸钠 10g、环己酮肟 5.0g(0.044mol)、85% 硫酸 3.0mL、20%氨水、二氯甲烷、石油醚、无水硫酸镁、活性炭等。

【实验步骤】

1. 环己酮肟的制备

在 250mL 磨口锥形瓶中，加入 7g 盐酸羟胺及 10g 结晶乙酸钠，用 30mL 水溶解。每次 1mL，分批共加入 7.5mL 环己酮，边加边振荡，此时即有固体析出。加完环己酮后，用塞子塞住瓶口，剧烈振摇[2]锥形瓶 10min，可以看到白色粉状的环己酮肟结晶析出。将锥形瓶放在冰水浴中冷却，冷却后将混合物抽滤，固体用少量的水洗涤。抽干后，在滤纸上进一步压干。用乙醇做重结晶，用红外灯干燥产品。环己酮肟为白色晶体，熔点为 89～90℃。

2. 己内酰胺的合成

在 250mL 烧杯[3]中加入 5g 环己酮肟和 6mL 85%硫酸，用玻璃棒搅拌使反应物混合均匀。在烧杯中放置一支 200℃的温度计，小火慢慢加热[4]烧杯，当出现气泡时(约 120℃)，立即移去火焰，反应剧烈放热，温度很快自行上升(可达 160℃)，反应在几秒内即完成。稍冷，将反应液倒入 250mL 三颈烧瓶中，三颈烧瓶分别安装上搅拌器、温度计和恒压滴液漏斗[5]，并在冰盐浴中冷却。当溶液温度降至 0～5℃时，在不断搅拌下慢慢滴加 20%氨水[6]，控制温度在 10℃以下，以免己内酰胺在温度较高时发生水解，直至溶液恰好使石蕊试纸变蓝(pH≈8)。

抽滤，除去硫酸铵晶体，并用 10mL 二氯甲烷洗涤晶体上吸附的产品。滤液转入分液漏斗中，分出有机相，再用 10mL 二氯甲烷萃取水相三次，合并有机相[7]。经无水硫酸镁干燥后，过滤，滤液在水浴上蒸去二氯甲烷。大约剩余 5mL 溶剂[8]后，将残余液转移到干燥的烧杯中，小心加入石油醚，至刚好出现浑浊。然后于冰水浴中冷却至有大量的固体析出。抽滤，用少量石油醚洗涤沉淀，干燥、称量。己内酰胺易吸潮，应在密闭容器中储存。

纯的己内酰胺为白色晶体，熔点为 69～71℃。

【检验与测试】

(1) 测定样品的熔点。

(2) 测试样品的红外光谱，与图 6-18 的标准图谱对照。

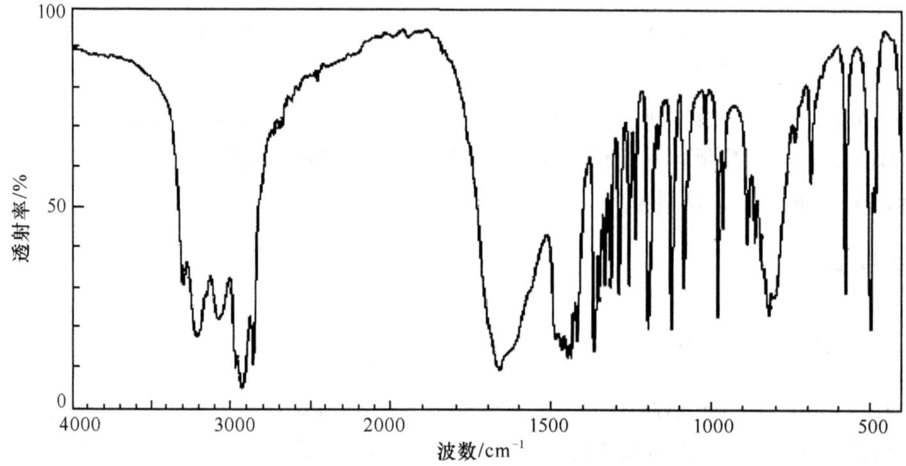

图 6-18　己内酰胺的红外光谱

【注释】

[1] 主要试剂及产物的物理常数见表 6-10。

表 6-10　主要试剂及产物的物理常数

化合物名称	相对分子质量	相对密度 d_4^{20}	熔点/℃	沸点/℃	折射率 n_D^{20}	水溶性(20℃)
盐酸羟胺	69.49	1.67	152℃(分解)	—	—	溶
环己酮	98.14	0.9478	–45	155.7	1.4507	微溶
环己酮肟	113.16	1.1	89～90	206	—	溶
己内酰胺	133.16	1.01	69.3	270	1.4935	溶
二氯甲烷	84.93	1.3266	–95.1	39.8	1.4244	不溶

[2] 环己酮与水溶液不互溶，而羟胺溶解在水中，环己酮与羟胺不能较好地接触，因此反应不够彻底。剧烈振摇使环己酮与羟胺能充分接触，反应完全。若环己酮肟呈白色小球状，说明反应还未完全，还需振摇。

[3] 贝克曼重排反应很剧烈，用大烧杯有利散热，使反应缓和。

[4] 由于反应液较少，升温容易过快，要控制好升温速度。

[5] 反应体系必须与大气相通，可在固定温度计的橡皮塞上刻一沟槽。

[6] 开始滴加氨水时，反应放热较为剧烈，因此要缓慢滴加。

[7] 如果有机相颜色太深，可用少量活性炭脱色。

[8] 若蒸馏后所剩溶剂较多，加入石油醚后不易析出晶体，较少则所得晶体会包夹过多杂质。此外，加入石油醚的量也将影响产品的重结晶结果。

【思考题】

(1) 制备环己酮肟时，加入乙酸钠的目的是什么？

(2) 环己酮肟与硫酸溶液加热至有气泡产生时，所产生的气泡是什么？

(3) 苯乙酮与羟胺反应生成的酮肟，经贝克曼重排后，得到的主要产物是什么？写出其反应历程。

实验 17　苯甲酸的制备

【实验目的】

(1) 学习由甲苯氧化制备苯甲酸的原理和方法。

(2) 掌握电动搅拌的操作方法。

(3) 进一步掌握回流加热操作和粗产品的纯化过程。

【实验原理】

氧化反应是制备羧酸的常用方法。芳香族羧酸通常用芳香烃的氧化来制备。苯环对氧化剂是稳定的，但苯环上的侧链可被氧化，不管链多长，只要含 α-H，都被氧化成苯甲酸。

制备羧酸采用的都是较强烈的氧化条件，而氧化反应一般都是放热反应，所以控制反应在一定的温度下进行是非常重要的。如果反应失控，不但会破坏产物，使产率降低，有时还有发生爆炸的危险。

由于甲苯不溶于高锰酸钾水溶液中，故该反应为两相反应，反应需要较高温度和较长时间，因此反应采用了加热回流搅拌装置。

主反应：

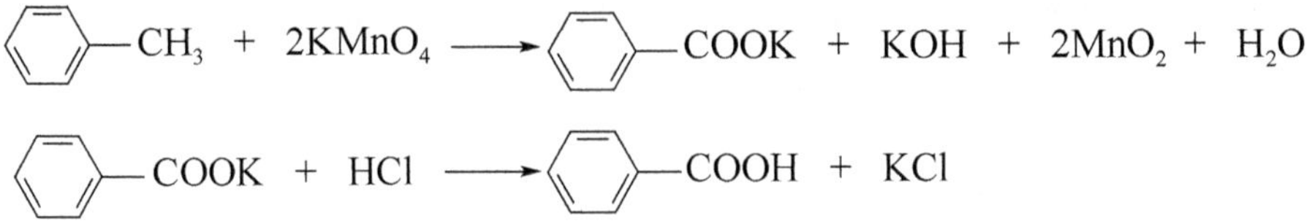

【实验仪器及药品】

主要仪器：电动搅拌器、三颈烧瓶(250mL)、烧杯、球形冷凝管、温度计、布氏漏斗、抽滤瓶等。

主要药品[1]：甲苯 2.7mL(2.3g，0.025mol)、高锰酸钾 8.5g(0.054mol)、浓盐酸、亚硫酸氢钠。

【实验装置】

实验装置如图 6-19 所示。

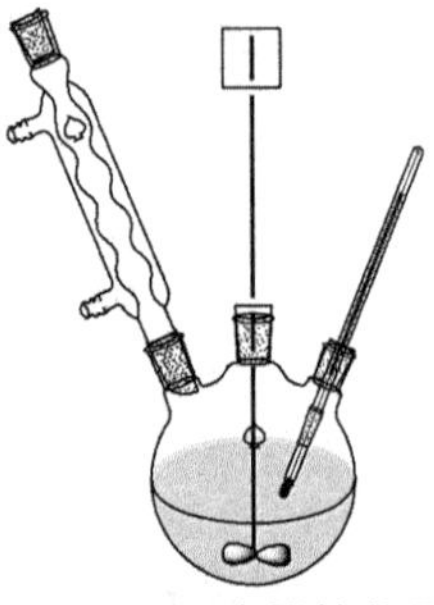

图 6-19　回流搅拌装置

【实验步骤】

在 250mL 圆底烧瓶中加入 8.5g 高锰酸钾、100mL 水和几粒沸石，振摇，使高锰酸钾全溶，按图 6-19 所示安装反应装置。加热，当溶液温度达到 80℃时，开启搅拌器，从冷凝管上口分批加入[2] 2.7mL 甲苯，每次加甲苯后应待反应完全平缓时再加入下一批，最后用少量水将黏附在冷凝管壁上的甲苯冲入瓶内，继续搅拌回流，直到甲苯层几乎近于消失、回流液不再出现油珠为止[3]。

将反应混合物趁热过滤，并用少量热水洗涤二氧化锰滤渣，合并滤液和洗涤液[4]，在水浴中冷却，然后用 1∶1 盐酸溶液酸化直至刚果红试纸变蓝，放置待晶体析出，抽滤，沉淀用少量冷水洗涤，抽干溶剂，晾干，得到粗产品。若要得到纯净产物，可在水中进行重结晶[5]。

纯苯甲酸为无色针状晶体，熔点为 122.4℃。

【检验与测试】

(1) 测定样品的熔点。

(2) 测试样品的红外光谱，与图 6-20 的标准谱图对照。

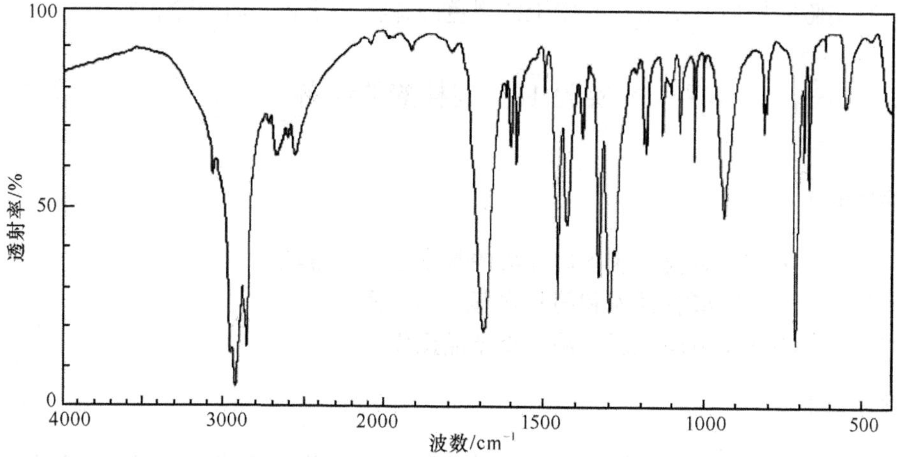

图 6-20　苯甲酸的红外光谱

【注释】

[1] 主要试剂及产物的物理常数见表 6-11。

表 6-11　主要试剂及产物的物理常数

化合物名称	相对分子质量	相对密度 d_4^{20}	熔点/℃	沸点/℃	折射率 n_D^{20}	水溶性(20℃)
甲苯	92.14	0.866	−94.9	110.6	1.4967	不溶
苯甲酸	122.12	1.2659	122.4	249	—	微溶
高锰酸钾	158.03	1.01(25℃)	240	—	—	易溶

[2] 每次加入甲苯不宜过多，否则反应过于剧烈，放出的热量来不及散发而导致反应液喷出。

[3] 当反应回流液中无油珠出现时，说明不溶于水的甲苯已经被氧化完全，此时氧化反应即达到反应终点。

[4] 滤液如果呈紫色，是由过剩的高锰酸钾所致，可加入少量的亚硫酸氢钠使紫色褪去，并重新抽滤。

[5] 苯甲酸在 100g 水中的溶解度为 4℃，0.18g；18℃，0.27g；75℃，2.2g。苯甲酸在 100℃左右开始升华，故除重结晶方法外，也可用升华方法精制苯甲酸。

【思考题】

(1) 在氧化反应中，影响苯甲酸产量的主要因素是哪些？

(2) 反应完毕后，滤液如果呈紫色，是什么原因所致？应如何处理？

(3) 实验完毕后，黏附在瓶壁上的黑色固体物是什么？如何除去？

实验 18　肉桂酸的制备

【实验目的】

(1) 了解通过珀金反应制备肉桂酸的基本原理和方法。

(2) 掌握空气冷凝管回流和简易水蒸气蒸馏操作。

(3) 进一步熟悉巩固减压过滤、重结晶操作。

【实验原理】

肉桂酸，又名 β-苯丙烯酸，是一种重要的精细化工合成中间体，广泛用于医药、香料、塑料和感光树脂等化工产品中。有顺式和反式两种异构体，通常以反式存在。

芳香醛和酸酐在碱性催化剂的作用下，可以发生类似羟醛缩合的反应，生成 α，β-不饱和酸，该反应称为珀金(Perkin)反应。通常使用的催化剂是与酸酐相应的羧酸钠盐或钾盐，有时也可用碳酸钾代替。典型的例子是肉桂酸的制备，可由苯甲醛与乙酸酐缩合而得。

主反应：

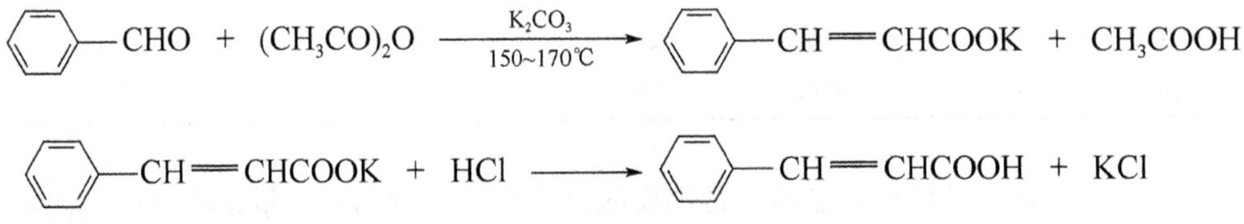

【实验仪器及药品】

主要仪器：三颈烧瓶(100mL)、直形冷凝管、空气冷凝管、蒸馏头、干燥管、温度计、接收管、锥形瓶、布氏漏斗、抽滤瓶、表面皿、量筒、蒸发皿、研钵、镊子、洗耳球等。

主要药品[1]：无水碳酸钾、苯甲醛 3.0mL (3.12g，0.029mol)、乙酸酐 8.0mL (8.65g，0.085mol)、浓盐酸、10%NaOH、无水乙醇、无水氯化钙、活性炭、pH 试纸、刚果红试纸等。

【实验装置】

实验装置如图 6-21 所示。

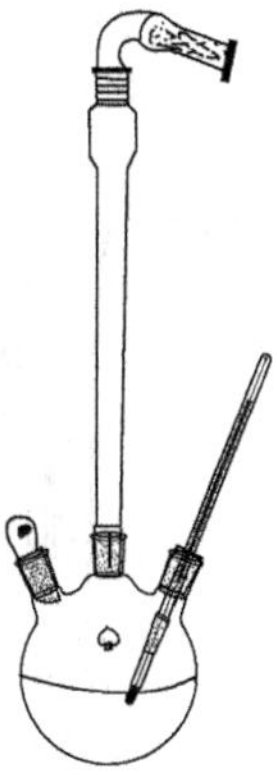

图 6-21　回流装置

【实验步骤】

1. 投料反应

在干燥[2]的 100mL 三颈烧瓶中加入 3mL 新蒸馏[3]的苯甲醛，8mL 新蒸馏的乙酸酐[4]以及研细的 4.4g 无水碳酸钾[5]，振荡使其混合均匀。装上带有氯化钙干燥管的空气冷凝管和温度计。按图 6-21 所示安装好反应装置。在电热套上进行加热[6]，回流 45min[7]。由于有二氧化碳逸出，最初反应会出现泡沫。

待反应冷却[8]后，向其中加入 30mL 水，用玻璃棒轻轻捣碎[9]瓶中的固体。将装置改装成普通蒸馏装置，对反应混合物进行简易的水蒸气蒸馏，直至无油状物质蒸出[10]为止。冷却，向圆底烧瓶中加入约 20mL 10% NaOH(至 pH9～10)，以保证所有的肉桂酸形成肉桂酸钠而溶解。再加入少许活性炭[11]，加热煮沸 2～3min，脱色过滤(双层滤纸，以防活性炭透过)。滤液[12]倒入 250mL 烧杯中冷却至室温后，在搅拌下慢慢[13]用浓盐酸进行酸化至 pH<3(也可使刚果红试纸至蓝)。冷却使晶体析出完全，抽滤得到白色晶体。

2. 提纯

将粗产品置于 250mL 烧杯中，用水-乙醇重结晶。先加入 120mL 水[14]，加热至大部分固体溶解，稍冷，加入 20mL 乙醇，再加热至全部固体溶解后，冷却至室温，待结晶完全，抽滤，用少量冷水洗涤[15]晶体，抽干。在 80℃烘箱中干燥后称量，计算产率并测定其熔点。

纯肉桂酸为白色片状晶体，熔点为 133℃。

【检验与测试】

(1)测定样品的熔点。

(2)测试样品的红外光谱，与图 6-22 的标准图谱对照。

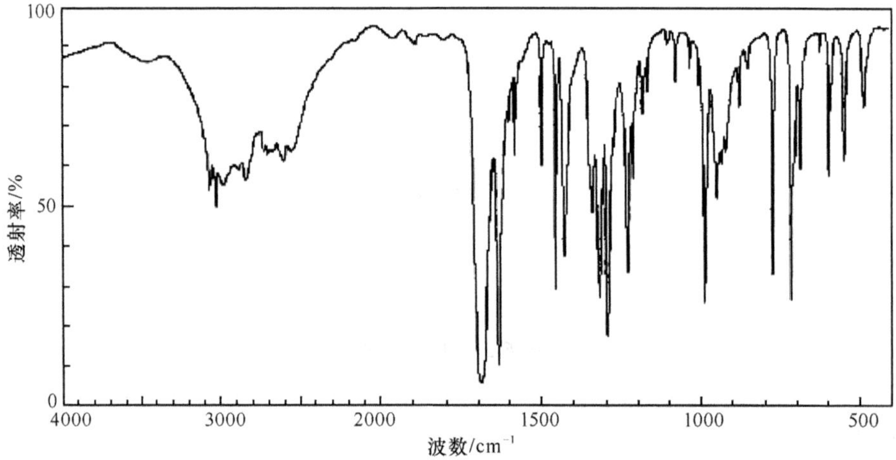

图 6-22　肉桂酸的红外光谱

【注释】

[1] 主要试剂及产物的物理常数见表 6-12。

表 6-12　主要试剂及产物的物理常数

化合物名称	相对分子质量	相对密度 d_4^{20}	熔点/℃	沸点/℃	折射率 n_D^{20}	水溶性(20℃)
苯甲醛	106.12	1.0415	−26	179.1	1.5455	微溶
乙酸酐	102.09	1.081	−73	140.0	1.3910	水解
肉桂酸	148.15	1.245	133	300	—	微溶

[2] 所用仪器(包括量取苯甲醛和乙酸酐的量筒)、药品均需是无水彻底干燥的，因为乙酸酐遇水即水解成乙酸；无水碳酸钾也极易吸潮，导致缩合反应不能顺利进行。

[3] 苯甲醛久置后含有苯甲酸，后者不但会影响反应的进行，而且混在产物中不易除去，会影响产品质量。因此，实验中使用的苯甲醛必须重新蒸馏，收集 170～180℃的馏分。

[4] 加料迅速，防止乙酸酐吸潮。

[5] 本实验中使用的无水碳酸钾必须新鲜熔焙，否则将会使乙酸酐水解而导致实验失败。将含水碳酸钾放入蒸发皿中加热，则盐先在自己的结晶水中溶化。水分

挥发后又结成固体。强热使固体再熔化，并不断搅拌，使水分散发后，趁热倒在金属板上，冷后用研钵研碎，放入干燥器中待用。

[6] 反应宜缓慢升温，以防苯甲醛氧化。控制火焰的大小至刚好回流，反应开始后，由于逸出二氧化碳，有泡沫出现，随着反应的进行，泡沫会自动消失。加热回流，控制反应呈微沸状态，如果反应液剧烈沸腾易使乙酸酐蒸气来不及反应就从冷凝管上口溢出而影响产率。

[7] 反应混合物在 150～170℃长时间加热，产品会发生部分脱羧而产生不饱和烃副产物(苯乙烯)，并进而生成树脂状物。若反应温度过高(200℃左右)，这种现象更为明显。

[8] 使反应体系的温度降至 100℃以下，即回流装置上的冷凝管无液滴往下滴时。

[9] 防止戳烂烧瓶！反应混合物容易结晶并紧密地黏结在烧瓶壁上，若烧瓶内仍有黏结的物体，可继续往下做，因加入少量水并放置于电热套中加热即可熔化。

[10] 蒸馏苯甲醛是否完全，可以从以下几个方面来判断：①馏出液由浑浊变澄清；②蒸馏烧瓶内油层(上层)消失；③试管检验：取几滴馏出液，加少量水振摇，如无油珠，表示已蒸馏完毕。

[11] 加活性炭脱去有色物质。使用时应注意：①活性炭用量的多少视反应液颜色而定，一般为粗品质量的 1%～5%，加入量过多，活性炭会吸附一部分产品，加入量少，脱色不彻底；②不可在溶液沸腾时加活性炭，以防暴沸；③不可煮沸溶液的时间过长。

[12] 若滤液太多(含水量多)时，可加热烧杯以促蒸发，否则会因水量太多造成产品不能结晶。

[13] 进行酸化时要慢慢加入浓盐酸，一定不要加入太快，以免产品冲出烧杯造成产品损失。

[14] 重结晶时，溶剂的用量不能过量太多，也不能过少。过量太多，不能形成热饱和溶液，冷却时析不出结晶或结晶太少；过少，有部分待结晶的物质热溶时未溶解，热过滤时和不溶性杂质一起留在滤纸上，造成损失。考虑到热过滤时有部分溶剂被蒸发损失掉，使部分晶体析出留在滤纸上或漏斗颈中造成结晶损失，所以适宜用量是制成热的饱和溶液后，再多加 20%左右。

[15] 产品洗涤方法：停止抽气，把少量溶剂均匀地洒在滤饼上，使溶剂恰能盖住滤饼。静置片刻，使溶剂渗透滤饼，待有滤液从漏斗下端滴下时，再进行抽气，把滤饼尽量抽干、压干。在布氏漏斗中用溶剂洗涤固体时应该用重结晶的同一溶剂进行洗涤，用量应尽量少，以减少溶解损失。

【思考题】

(1) 所用仪器、药品为什么均需干燥无水？

(2) 本实验用水蒸气蒸馏除去什么？

(3) 能否在水蒸气蒸馏前用氢氧化钠代替碳酸钠来中和水溶液？

实验 19　乙酰苯胺的制备

【实验目的】

(1) 熟悉氨基酰化反应的原理及意义，掌握乙酰苯胺的制备方法。

(2) 熟练掌握重结晶、热过滤和减压过滤等操作技术。

(3) 学会利用分馏装置进行制备反应。

【实验原理】

乙酰苯胺，学名 *N*-苯基乙酰胺，为白色有光泽片状结晶或白色结晶粉末，具有退热镇痛作用，是较早使用的解热镇痛药，因此俗称“退热冰”；乙酰苯胺是磺胺类药物的原料，可用作止痛剂、退热剂、防腐剂和染料中间体。

芳香胺的酰化在有机合成中有着重要的作用。由于芳香环上的氨基易被氧化，在合成中为了保护氨基，往往先将其乙酰化转化为乙酰苯胺，然后再进行其他反应；同时，氨基经酰化后，降低了氨基在亲电取代反应(特别是卤化)中的活化能力，使其由很强的第 I 类定位基变为中等强度的第 I 类定位基，使反应由多元取代变为有用的一元取代，在合成的最后步骤，氨基很容易通过酰胺在酸碱催化下水解重新产生。

乙酰苯胺可由苯胺与乙酰化试剂如乙酰氯、乙酸酐或乙酸等直接作用来制备。反应活性是乙酰氯＞乙酸酐＞乙酸。由于乙酰氯的价格较贵，乙酸酐的来源受限，而乙酸(俗称冰醋酸)的价格便宜、易得，操作方便。故实验选用冰醋酸作为乙酰化试剂。反应式如下：

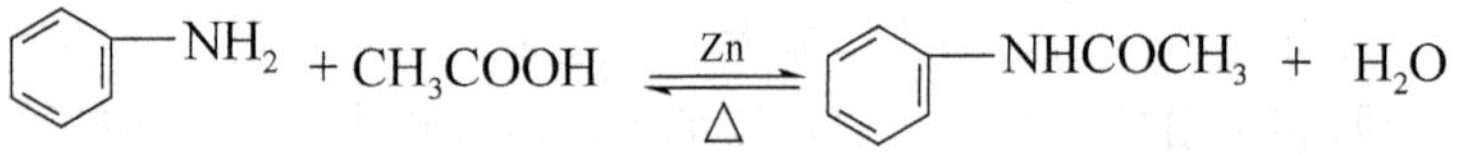

冰醋酸与苯胺的反应速率较慢，且反应可逆，为了提高乙酰苯胺的产率，一般采用冰醋酸过量的方法，同时利用分馏柱将反应生成的水蒸出。由于苯胺易被氧化，因此加入少量锌粉，防止苯胺在反应过程中被氧化。

乙酰苯胺在水中的溶解度随温度的变化差异较大，因此生成的乙酰苯胺粗品可以用水进行重结晶提纯。

【实验仪器及药品】

主要仪器：圆底烧瓶(100mL)、蒸馏头、分馏柱、接收管、量筒(10mL)、温度计(200℃)、烧杯、抽滤瓶、布氏漏斗、表面皿、电热套、恒温水槽、铁夹、玻璃棒等。

主要药品[1]：苯胺 5mL(5.11g，0.055mol)、冰醋酸 8mL(0.132mol)、锌粉、活性炭。

【实验装置】

实验装置如图 6-23 所示。

【实验步骤】

1. 制备

在 100mL 圆底烧瓶中，加入 5mL 新蒸馏的苯胺[2]和 8mL 冰醋酸，再加入少量锌粉[3]。装上分馏柱(裹以干毛巾！)，在柱顶安装一支温度计，用小量筒收集蒸出的水和乙酸。实验装置如图 6-23 所示。

用电热套缓慢加热至反应物沸腾。调节电压，保持温度在 105～110℃，使反应生成的水充分蒸出[4]，经 40～60min，当温度计读数发生波动和下降或瓶内出现白雾时，说明反应基本完成，停止加热。

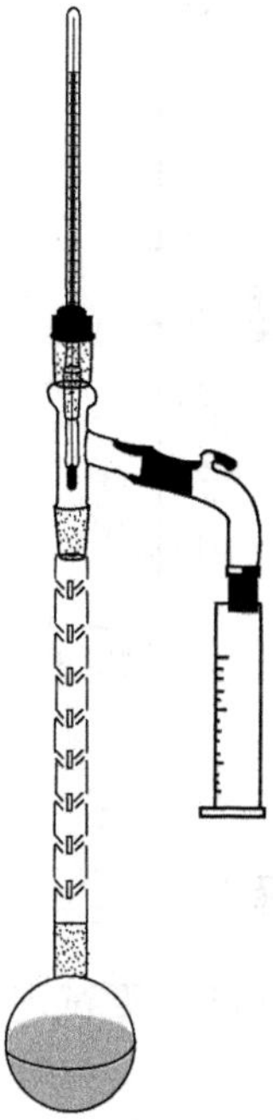

图 6-23　简易分馏装置

在搅拌下将反应液趁热[5]以细流状慢慢倒入盛有 100mL 冷水的烧杯中，继续搅拌并冷却烧杯，使粗乙酰苯胺呈细粒状完全析出。减压抽滤，用 5～10mL 冷水洗涤固体，以除去残留的酸液，抽干，得粗品乙酰苯胺。

2. 提纯

将粗乙酰苯胺转入盛有 100～120mL 热水[6]的烧杯中，加热至沸，使之溶解，如仍有未溶解的油珠状物[7]，需补加热水，至油珠在沸腾下全部溶解后再加入 5mL 热水[8]。稍冷，在搅拌下加入约 0.5g 活性炭[9]，再煮沸约 2min，趁热过滤[10]，将滤液自然冷却至室温，待结晶完全析出后，进行抽滤。用少量冷水洗涤滤饼两次，压紧抽干。将结晶转移至表面皿中，自然晾干后称量，计算产率。

纯乙酰苯胺为白色片状晶体，熔点为 114℃。

【检验与测试】

(1)测定样品的熔点。

(2)测试样品的红外光谱，与图 6-24 的标准谱图对照。

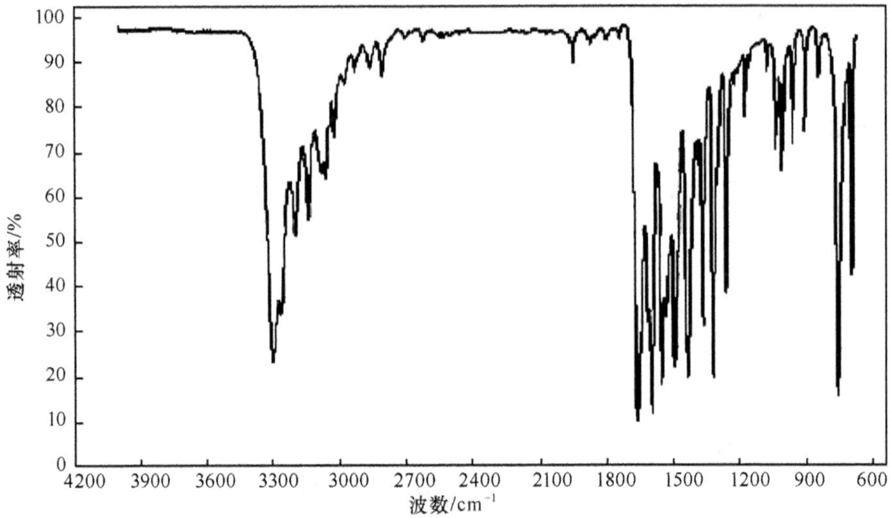

图 6-24　乙酰苯胺的红外光谱

【注释】

[1] 主要试剂及产物的物理常数见表 6-13。

表 6-13　主要试剂及产物的物理常数

化合物名称	相对分子质量	相对密度 d_4^{20}	熔点/℃	沸点/℃	折射率 n_D^{20}	水溶性(20℃)
苯胺	93.13	1.022	−6.2	184.4	1.5863	微溶
冰醋酸	60.05	1.049	16.7	118.1	1.3720	混溶
乙酰苯胺	135.17	1.219	114.3	304	—	微溶
锌粉	65.39	7.140	419.6	907	—	不溶

[2] 久置的苯胺因为氧化而颜色较深，使用前要重新蒸馏以除去其中的杂质，否则将影响产品的产量和质量。

[3] 锌粉在酸性介质中可使苯胺中的有色物质还原，防止苯胺进一步被氧化。但锌粉加入量不可过多，否则不仅消耗乙酸(生成乙酸锌)，还会在后处理时因乙酸锌水解生成难溶于水的 $Zn(OH)_2$ 而难以从乙酰苯胺中分离出去。锌粉加入适量，反应液呈淡黄色或接近无色。

[4] 开始时要缓慢加热，保持分馏柱顶温度不超过 105℃，待有水生成后，调节反应温度，以保持生成水的速度与分出水的速度之间的平衡。切忌开始时就强烈加热。

[5] 因乙酰苯胺熔点较高，稍冷即会固化，因此反应结束后须立即倒入事先准备好的水中。否则凝固在烧瓶中难以倒出。

[6] 乙酰苯胺在水中的溶解度与温度的关系见表 6-14。

表 6-14 乙酰苯胺在水中的溶解度与温度的关系

温度/℃	20	40	60	80	100
溶解度/[g · (100gH_2O)$^{-1}$]	0.52	0.95	1.96	3.5	5.2

[7] 此油珠是熔融状态的含水的乙酰苯胺(83℃时含水 13%)，如果溶液温度在 83℃以下时，溶液中未溶解的乙酰苯胺以固态存在。

[8] 为防止溶液过饱和，加入一定量的水有利于热过滤。

[9] 不要在沸腾的溶液中加入活性炭，否则会引起暴沸，活性炭必须在溶液沸点温度以下加入。

[10] 趁热过滤时，布氏漏斗和抽滤瓶一定要预热。滤纸大小要合适，抽滤过程要快，避免产品在布氏漏斗中结晶。

【思考题】

(1) 还可以用其他什么方法以苯胺制备乙酰苯胺？写出反应方程式。

(2) 在制备乙酰苯胺实验中(用冰醋酸法)，采用了哪些措施来提高产率？

(3) 用冰醋酸制乙酰苯胺时，为什么要控制分馏柱上端的温度为 105～110℃？

实验 20 乙酸乙酯的制备

【实验目的】

(1) 掌握乙酸乙酯的制备原理和方法，掌握可逆反应提高产率的措施。

(2) 进一步练习并熟练掌握液体产品的纯化方法。

【实验原理】

有机酸酯可用醇和羧酸在少量无机酸催化下直接酯化制得。酯化反应为可逆反应，为使平衡向生成酯的方向移动，通常使反应物之一过量，或将生成物从反应体系中及时除去，或两者兼用。本实验采用加入过量的乙醇，在反应过程中不断蒸出生成的产物和水，促进平衡向生成酯的方向移动。

主反应：

$$CH_3COOH + CH_3CH_2OH \underset{120\sim125℃}{\overset{H_2SO_4}{\rightleftharpoons}} CH_3COOC_2H_5 + H_2O$$

副反应：

$$2CH_3CH_2OH \xrightleftharpoons[140℃]{H_2SO_4} C_2H_5OC_2H_5 + H_2O$$

$$CH_3CH_2OH \xrightleftharpoons[170℃]{H_2SO_4} CH_2{=\!=}CH_2 + H_2O$$

【实验仪器及药品】

主要仪器：三颈烧瓶(100mL)、分馏柱、恒压滴液漏斗、分液漏斗、锥形瓶、直形冷凝管、蒸馏头、接收管等。

主要药品[1]：95%乙醇 23mL(约 0.37mol)、冰醋酸 14.3mL(15.0g，0.25mol)、浓硫酸、饱和碳酸钠溶液、饱和食盐水、饱和氯化钙溶液、无水硫酸镁。

【实验装置】

实验装置如图 6-25 所示。

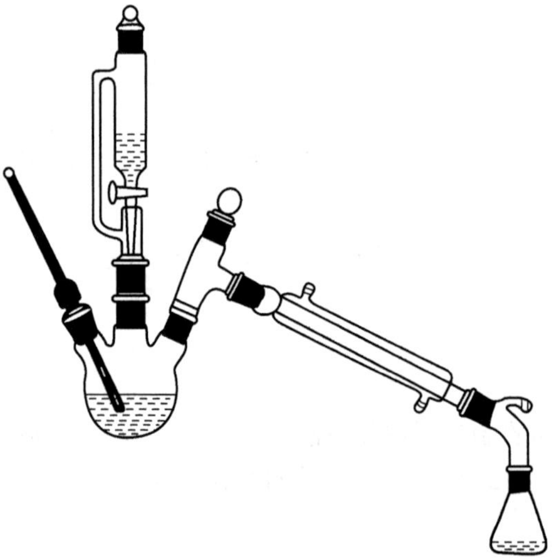

图 6-25　滴加蒸出反应装置

【实验步骤】

在一个小锥形瓶内加入 10mL 95%乙醇，瓶外用冷水冷却，边振荡边滴加 3mL 浓硫酸，使之混合均匀，倒入三颈烧瓶中，加入几粒沸石。将 13mL 乙醇与 14.3mL 冰醋酸混匀后倒入恒压滴液漏斗中，按图 6-25 安装好反应装置。加热升温，使温度达到 120℃左右[2]。然后将滴液漏斗中的混合液逐滴加入三颈烧瓶中，并保持滴加速度与馏出液的速度相一致[3]，大约 40min 加完。这时，保持反应混合物的温度为 120～125℃。滴加完毕后，继续加热 10min，直到不再有液体馏出为止。

反应完毕后，向馏出液中缓慢加入饱和碳酸钠溶液，每次 1～2mL，并不断摇动，一直加到无气泡放出为止[4]。将混合液转移到分液漏斗中，静置分层，分去下层水相层，用石蕊试纸检验上层酯层，若仍显酸性，再用饱和碳酸钠溶液洗涤，直至不呈酸性为止。酯层用等体积的饱和食盐水[5]洗涤，然后再用等体积的饱和氯化钙溶液洗涤两次。

将酯层自分液漏斗上口转移至干燥的锥形瓶中，加入适量的无水硫酸镁干燥[6]，充分振荡，静置 30min，在此期间要间歇振荡锥形瓶。

将经过干燥的粗乙酸乙酯滤入 50mL 蒸馏烧瓶中，加入沸石，在水浴上进行加热蒸馏，收集 74～80℃馏分。

纯乙酸乙酯是具有果香味的无色液体，沸点为 77.1℃，d_4^{20} 为 0.897，n_D^{20} 为 1.3720。

【检验与测试】

(1) 测定样品的沸点和折射率。

(2) 测试样品的红外光谱，与图 6-26 的标准谱图对照。

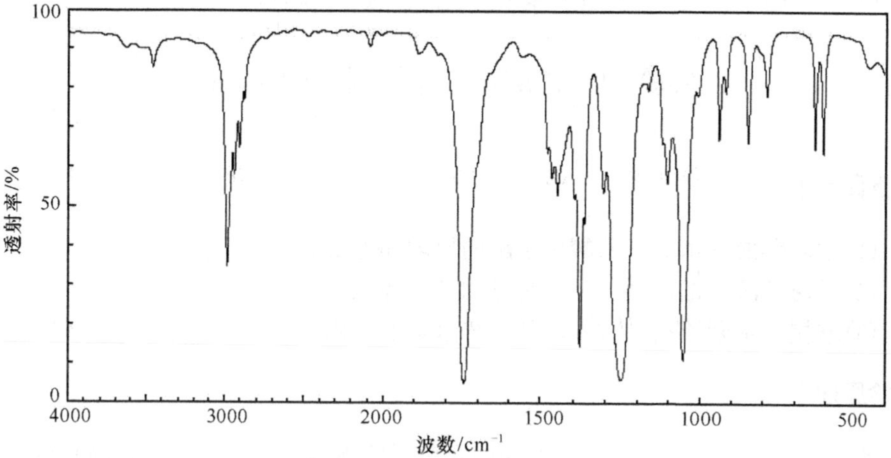

图 6-26　乙酸乙酯的红外光谱

【注释】

[1] 主要试剂及产物的物理常数见表 6-15。

表 6-15　主要试剂及产物的物理常数

化合物名称	相对分子质量	相对密度 d_4^{20}	熔点/℃	沸点/℃	折射率 n_D^{20}	水溶性(20℃)
冰醋酸	60.05	1.049	16.6	117.9	1.3716	易溶
乙醇	46.07	0.789	−114.3	78.3	1.3624	易溶
乙酸乙酯	88.12	0.897	−84	77.1	1.3720	微溶
浓硫酸	98.04	1.84	10.371	338	1.4183	易溶

[2] 温度过高，会增加副产物乙醚的含量。

[3] 滴加速度太快，会使反应温度下降过快，同时，也会使乙醇与乙酸来不及反应而被蒸出，导致主产物的产量下降。

[4] 不要加入过多的碱，因为碱会和下一步的氯化钙反应。

[5] 用饱和食盐水洗涤除去残存的碳酸钠，因为酯在盐水中的溶解度比在水中的溶解度要小，可降低洗涤造成的损失。

[6] 乙酸乙酯与水或乙醇可分别生成共沸混合物。因此，有机层中的乙醇不除净或干燥不够时，由于形成低沸点共沸混合物，从而影响酯的产率。

【思考题】

(1) 酯化反应有什么特点？在实验中如何创造条件促使酯化反应尽量向生成物方向进行？

(2) 本实验若采用乙酸过量的做法是否合适？为什么？

(3) 蒸出的粗乙酸乙酯中主要有哪些杂质？如何除去？

实验 21　乙酸正丁酯的制备(半微量)

【实验目的】

(1) 学习醇酸脱水制备乙酸正丁酯的原理和方法。

(2) 学习共沸蒸馏原理，了解常见的共沸体系。

(3) 掌握分水回流操作技术，熟悉分水器的使用。

【实验原理】

乙酸正丁酯是一种具有水果香味的无色透明液体。它是一种优良的有机溶剂，对涂料、人造革、橡胶、树脂等具有良好的溶解性能；也常用于调制香料。

在酸催化下(如硫酸、盐酸、磺酸)，酸与醇直接酯化是工业和实验室制备羧酸酯最重要的方法。酸的作用是使羰基质子化从而提高羰基的反应活性。酰氯、酸酐和腈醇解也可以制备酯。本实验利用乙酸与正丁醇在浓硫酸催化下直接酯化制备乙酸正丁酯，反应方程式如下：

主反应：

$$CH_3COOH + CH_3CH_2CH_2CH_2OH \underset{}{\overset{H_2SO_4}{\rightleftharpoons}} CH_3COOCH_2CH_2CH_2CH_3 + H_2O$$

副反应：

$$CH_3CH_2CH_2CH_2OH \longrightarrow CH_3CH_2CH = CH_2 + H_2O$$

$$CH_3CH_2CH_2CH_2OH \longrightarrow (CH_3CH_2CH_2CH_2)_2O + H_2O$$

酯化反应是可逆反应，如果用等物质的量的原料进行反应，到达平衡时只有 2/3 的乙酸和正丁醇转化为酯。为了使反应向有利于生成酯的方向移动，通常采用过量的醇或酸，或不断移去产物水，或二者同时采用。本实验的原料乙酸略为过量，并利用共沸蒸馏法除去酯化反应中生成的水。

正丁醇、乙酸正丁酯和水形成的几种二元或三元共沸混合物见表 6-16。

表 6-16　正丁醇、乙酸正丁酯和水形成的二元或三元共沸混合物

沸点/℃	组成/%		
	丁醇	水	乙酸正丁酯
117.6	67.2		32.8
93.0	55.5	45.5	
90.7		27.0	73.0
90.5	28.7	28.6	52.7

【实验仪器及药品】

主要仪器：圆底烧瓶(25mL)、分水器、电热套、球形冷凝管、分液漏斗、锥形瓶、直形冷凝管、接收管、蒸馏头、温度计、量筒、滴管等。

主要药品[1]：正丁醇 5mL(4.05g，0.055mol)、冰醋酸 4mL(4.20g，0.070mol)、浓硫酸、饱和氯化钠溶液、10%碳酸钠溶液、无水硫酸镁等。

【实验装置】

实验装置如图 6-27 所示。

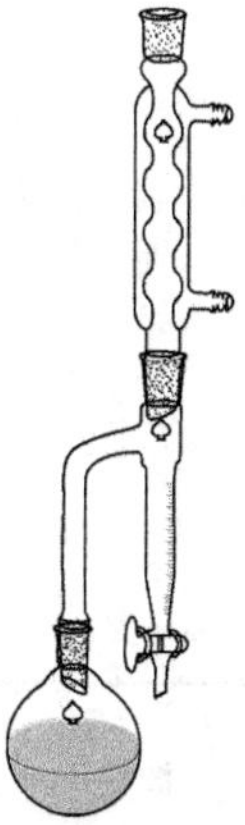

图 6-27　分水回流装置

【实验步骤】

在 25mL 干燥的圆底烧瓶中，装入 4mL 冰醋酸和 5mL 正丁醇，再加入 5 滴浓硫酸[2]，混合均匀，投入几粒沸石。按图 6-27 所示安装分水器及回流冷凝管[3]，并在分水器中预先加入饱和 NaCl 溶液至略低于支管口。打开循环水，待水流稳定后用电热套加热混合物回流[4]，反应一段时间后逐渐分去分水器中增加的水以保持水层在原来的高度。约 40min 后不再看见水珠穿行或水面不再上升时，表示反应完毕。记录放水量。

停止加热，冷却后，卸下回流冷凝管，把分水器中的酯层和反应瓶中的反应液一起倒入分液漏斗。在分液漏斗中用 5mL 水洗涤，静置分层，分去下层的水层。再向分液漏斗中加入 10%碳酸钠溶液洗涤至中性为止，分去下层的水层。最后在分液漏斗中将酯层再用 5mL 水洗涤一次，分去水层。将酯层从分液漏斗的上口倒入小锥形瓶中，加少量无水硫酸镁干燥[5]。将干燥后的粗乙酸正丁酯过滤至干燥的圆底烧瓶中，加入几粒沸石，安装好蒸馏装置，加热蒸馏。用已称量的接收瓶收集 120～126℃的馏分，称量、计算产率。

纯乙酸正丁酯为无色透明，具有愉快果香气味的液体，沸点为 126.1℃，d_4^{20} 为 0.8825，n_D^{20} 为 1.3941。

【检验与测试】

(1) 测定样品的沸点和折射率。

(2) 测试样品的红外光谱，与图 6-28 的标准谱图对照。

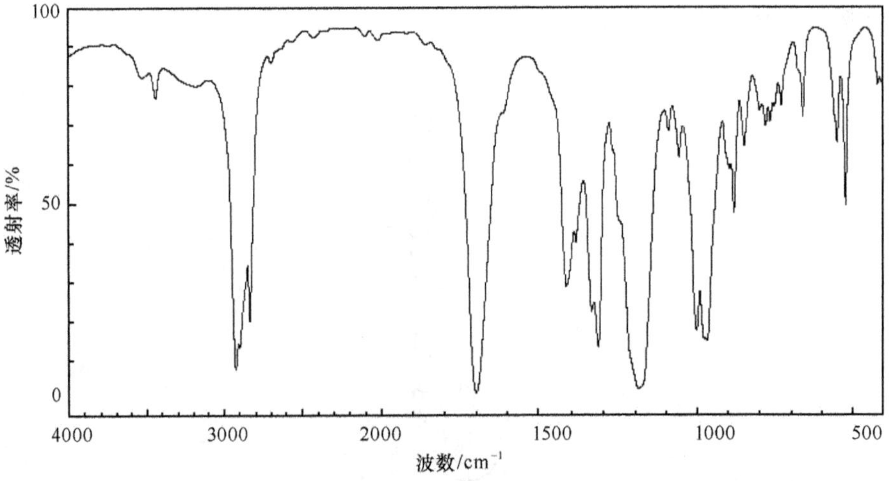

图 6-28　乙酸正丁酯的红外光谱

【注释】

[1] 主要试剂及产物的物理常数见表 6-17。

表 6-17　主要试剂及产物的物理常数

化合物名称	相对分子质量	相对密度 d_4^{20}	熔点/℃	沸点/℃	折射率 n_D^{20}	水溶性(20℃)
正丁醇	74.12	0.8098	−88.9	117.2	1.3993	微溶
乙酸	60.05	1.049	16.7	118.1	1.3720	混溶
乙酸正丁酯	116.16	0.8825	−77.9	126.1	1.3941	难溶
正丁醚	130.23	0.7694	−98	142.4	1.3992	难溶

[2] 浓硫酸在反应中起催化作用，所以只需少量。加入硫酸后要混合均匀，否则硫酸局部浓度过高会引起碳化现象。

[3] 安装冷凝管时，应将管端斜口正对分水器的侧管，这样可使滴下的液体距分水器侧口最远，而不是滴在侧口附近来不及分层就溢流回反应瓶中影响分水效果。

[4] 回流时，应使蒸气冷凝在球形冷凝管下方的第二个球为宜。回流速度过慢，分水效果不明显；回流速度过快，上升蒸气来不及冷却，造成挥发损失。

[5] 不可使用无水氯化钙做干燥剂，因为它会与酯形成加成配合物。干燥要完全，否则水与丁醇、乙酸正丁酯形成二元或三元共沸物，蒸馏时降低沸点，影响产率。

【思考题】

(1) 什么是酯化反应？本实验如何提高乙酸正丁酯的产率？

(2) 增加硫酸量，是否可以增加酯的产量？为什么？

(3) 如果洗涤乙酸正丁酯时，用氢氧化钠溶液代替 10%碳酸钠溶液，将产生什么问题？

实验 22　乙酰乙酸乙酯的制备

【实验目的】

(1) 掌握克莱森酯缩合反应及互变异构现象。

(2) 熟悉无水操作。

(3) 进一步练习并熟练掌握减压蒸馏操作。

【实验原理】

乙酰乙酸乙酯是一种重要的有机合成原料，在医药上用于合成氨基吡啉、维生素 B 等，也用于偶氮黄色染料的制备，还用于调和苹果香精及其他果香香精。另外，乙酰乙酸乙酯也广泛用于农药、清漆及添加剂等行业。

含有 α-H 的酯在碱性催化剂存在下，能和另一分子酯发生缩合反应生成 β-酮酸酯，这类反应称为克莱森(Claisen)酯缩合反应。乙酰乙酸乙酯就是通过这个反应制备的。

反应式：

$$2CH_3COOC_2H_5 \xrightarrow{C_2H_5ONa} Na^+[CH_3COCHCOOC_2H_5]^-$$

$$\xrightarrow{CH_3COOH} CH_3COCH_2COOC_2H_5 + CH_3COONa$$

反应机理：

这里的催化剂是乙醇钠，也可以是金属钠。因为金属钠和残留在乙酸乙酯中的少量乙醇(少于 2%)作用后就有乙醇钠生成。一旦反应开始后，乙醇就可以不断地生成，并和金属钠继续作用产生乙醇钠。乙酰乙酸乙酯的生成经过以下一系列平衡反应：

$$C_2H_5OH + Na \longrightarrow C_2H_5ONa + H_2$$

$$CH_3COOC_2H_5 + C_2H_5O^- \rightleftharpoons \bar{C}H_2COOC_2H_5 + C_2H_5OH$$

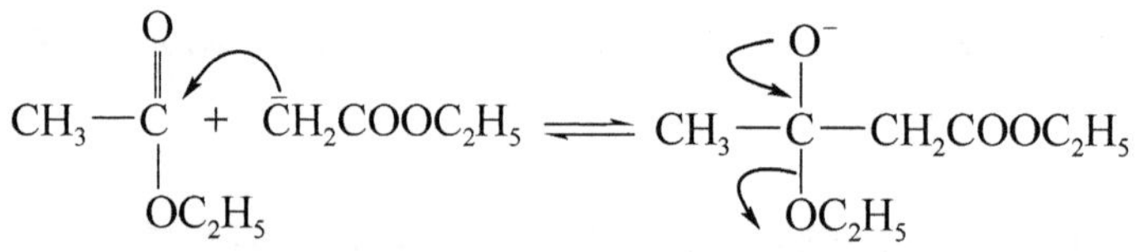

$$\rightleftharpoons CH_3COCH_2COOC_2H_5 + C_2H_5O^-$$

由于生成的乙酰乙酸乙酯分子中亚甲基上的氢非常活泼，能与醇钠作用生成稳定的钠化物，故使反应向生成乙酰乙酸乙酯的方向进行。

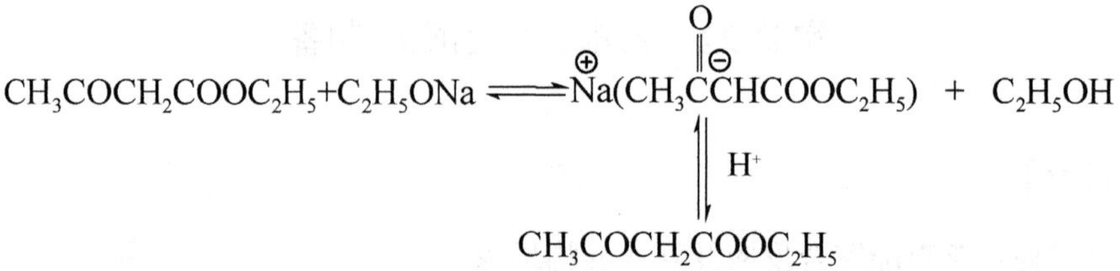

最后乙酰乙酸乙酯的钠化物与乙酸作用，即成乙酰乙酸乙酯。

$$\overset{\oplus}{Na}(CH_3\overset{O}{\overset{\|}{C}}\overset{\ominus}{C}HCOOC_2H_5) + CH_3COOH \longrightarrow CH_3COCH_2COOC_2H_5 + CH_3COONa$$

本实验要求反应系统是无水的，因为水的存在可造成钠的损失和 NaOH 的产生，NaOH 会使酯发生皂化，降低产率。

【实验仪器及药品】

主要仪器：圆底烧瓶(100mL)、球形冷凝管、分液漏斗、直形冷凝管、磨口锥形瓶、减压蒸馏装置等。

主要药品[1]：乙酸乙酯 25mL(0.25mol)、金属钠 1.5g(0.065mol)、二甲苯 15mL、50%乙酸溶液、饱和食盐水、无水硫酸镁、5%碳酸钠溶液、二甲苯。

【实验装置】

实验装置如图 6-29 和 6-30 所示。

图 6-29　无水干燥回流装置

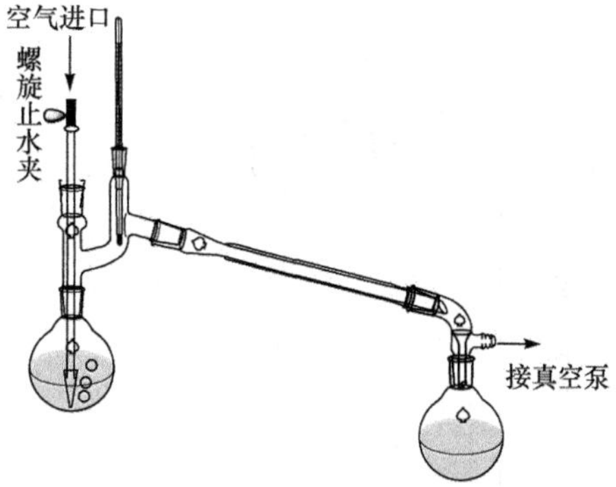

图 6-30　减压蒸馏装置

【实验步骤】

在干燥[2]的 100mL 圆底烧瓶中放入 1.5g 已切去表面氧化物的金属钠，加入 15mL 二甲苯，装上回流冷凝管，加热使钠熔融。稍冷，拆去冷凝管，将烧瓶用塞子塞紧，沿垂直方向用力振摇使金属钠成灰色细粒状钠珠[3]，倾斜旋转烧瓶，尽量将壁上附着的钠珠转移到二甲苯液体中，以免氧化。冷至室温后将二甲苯倾出[4]，并迅速加入 25mL 已干燥过的乙酸乙酯，按图 6-29 所示，装上带有氯化钙干燥管的冷凝管。反应立即开始，并有氢气泡逸出。如反应很慢，可稍加温热。为防止反应过于剧烈，要控制加热电压，保持微沸状态直至金属钠全部作用完毕[5]。停止加热，得橘红色并有绿色荧光的溶液，有时析出黄白色沉淀(均为烯醇盐)。待反应物稍冷后，在摇动和冷水浴下，缓慢加入 15mL 50%乙酸溶液，至反应液呈弱酸性[6]，固体沉淀物溶解。

将反应液移入分液漏斗，用等体积饱和食盐水洗涤，振摇，静置。分出乙酰乙酸乙酯层，用 pH 试纸检验酯层，若仍呈弱酸性，再用 5%碳酸钠溶液中和，分出酯层，倒入干燥的磨口锥形瓶中，加入无水硫酸镁干燥。将干燥好的粗乙酰乙酸乙酯倒入干燥的 50mL 圆底烧瓶中，加入几粒沸石，加热，先常压蒸出乙酸乙酯，再进行减压蒸馏[7]。减压蒸馏时需缓慢加热，待残留的低沸点物质蒸出后，再升高温度，收集馏分[8]。

纯乙酰乙酸乙酯为无色液体，沸点为 181℃，d_4^{20} 为 1.029，n_D^{20} 为 1.4192。

【检验与测试】

(1)测定样品的沸点和折射率。

(2)测试样品的红外光谱，与图 6-31 的标准谱图对照。

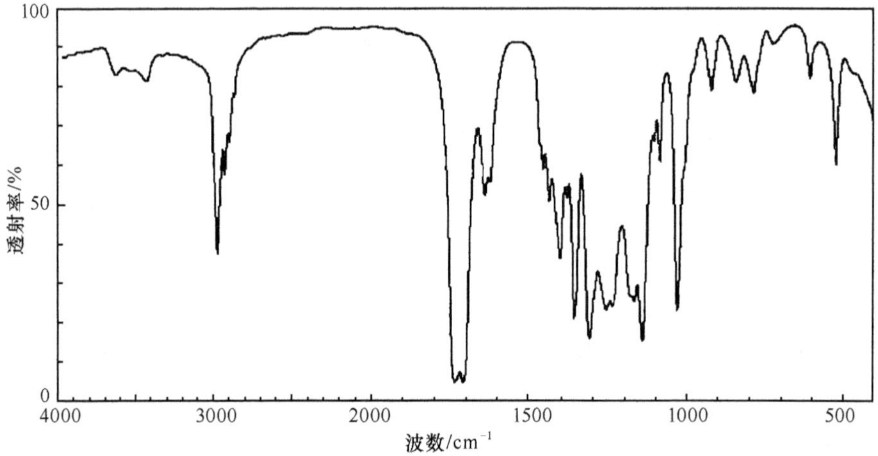

图 6-31　乙酰乙酸乙酯的红外光谱

【注释】

[1] 主要试剂及产物的物理常数见表 6-18。

表 6-18　主要试剂及产物的物理常数

化合物名称	相对分子质量	相对密度 d_4^{20}	熔点/℃	沸点/℃	折射率 n_D^{20}	水溶性(20℃)
乙酸	60.05	1.049	16.6	117.9	1.3716	混溶
乙酸乙酯	88.12	0.897	−84	77.1	1.3720	微溶
乙酰乙酸乙酯	130.15	1.029	−45	181	1.4192	微溶
二甲苯	106.17	0.8802	−25.18	144.4	1.5055	不溶
钠	23	0.968	97.82	881.4	—	反应

[2] 本实验所用的仪器及试剂均需彻底干燥。冷凝管及烧瓶磨口部分均要涂抹凡士林，以免玻璃被腐蚀。

[3] 摇制钠珠为本实验的关键步骤，因为钠珠的大小决定着反应的快慢。钠珠越细越好，应成小米粒状，否则，应重新熔融再摇。摇制钠珠时应用干抹布包住瓶颈，快速而有力地来回振摇，往往最初的数下用力振摇即达到要求。切勿对着人摇，也勿靠近实验桌，以防意外。

[4] 倾出的二甲苯要用干燥的锥形瓶接收，并倒入指定的回收瓶中，严禁倒入水槽，以免引起火灾，发生意外。

[5] 金属钠全部作用需要的时间取决于钠珠的颗粒大小，如有少量的钠未反应并不妨碍下一步操作。

[6] 乙酸不能多加，否则会造成乙酰乙酸乙酯的溶解损失。若沉淀未全部溶解，可加入少量的水。

[7] 由于乙酰乙酸乙酯在常温下蒸馏时容易分解而降低产量，故选用减压蒸馏。

[8] 所收集馏分的沸点可根据表6-19中所对应的压力而定。

表6-19　乙酰乙酸乙酯在不同压力下的沸点

压力/kPa	1.67	1.87	2.40	3.87	5.33	6.00	10.67
沸点/℃	71	74	79	88	92	94	100

【思考题】

(1)所用仪器未经干燥处理，对反应有什么影响？为什么？

(2)为什么最后一步要用减压蒸馏？

(3)用乙酸中和时，要注意什么问题？乙酸浓度过高，用量过多对结果有何影响？

实验23　苯甲醇和苯甲酸的制备

【实验目的】

(1)掌握无 α-H 的醛在浓的强碱溶液中的歧化反应，加深对康尼札罗反应的认识。

(2)进一步练习并熟练掌握电动搅拌器的使用。

(3)进一步掌握萃取、洗涤、蒸馏、干燥和重结晶等基本操作。

【实验原理】

无 α-H 的醛在浓碱溶液作用下发生歧化反应，一分子醛被氧化成羧酸，另一分子醛则被还原成醇，此反应称为康尼札罗(Cannizzaro)反应。本实验采用苯甲醛在浓氢氧化钠溶液中发生康尼札罗反应，制备苯甲醇和苯甲酸。反应式如下：

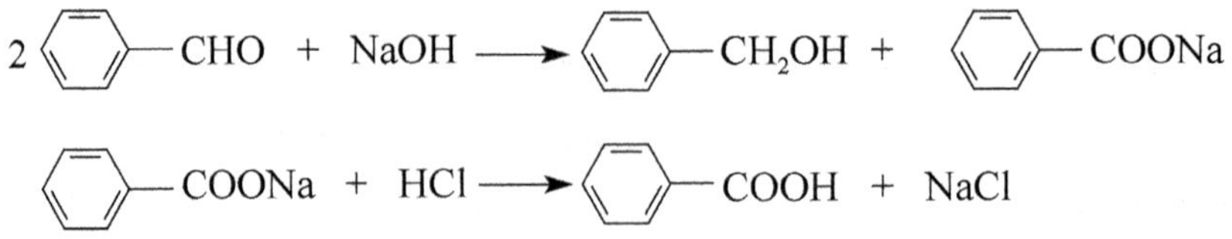

【实验仪器及药品】

主要仪器：三颈烧瓶(150mL)、球形冷凝管、直形冷凝管、圆底烧瓶(50mL)、蒸馏头、温度计(250℃，带磨口套)、分液漏斗、接收管、锥形瓶、电动搅拌器等。

主要药品[1]：苯甲醛 10mL(10.42g，0.098mol)、氢氧化钠 8g(0.2mol)、浓盐酸、乙醚、饱和亚硫酸钠溶液、10%碳酸钠溶液、无水硫酸镁。

【实验装置】

实验装置如图 6-32 所示。

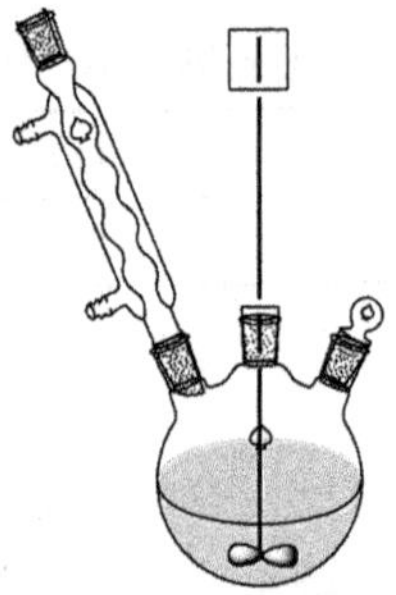

图 6-32　电动搅拌回流装置

【实验步骤】

在 150mL 三颈烧瓶中加入 8g 氢氧化钠和 30mL 水，振荡，使氢氧化钠溶解。稍冷，加入 10mL 新蒸过的苯甲醛[2]，按图 6-32 所示安装反应装置。开启搅拌器，小火加热，保持微沸、平稳回流，当苯甲醛油层几乎消失[3]，反应物透明时停止加热。

1. 苯甲醇的制备

从球形冷凝管上口缓缓加入冷水 20mL，摇动均匀，冷却至室温。将溶液倒入分液漏斗中，每次用 10mL 乙醚萃取三次，合并上层提取液，水层保留用于制备苯甲酸。上层提取液依次用 5mL 饱和亚硫酸氢钠溶液、10mL 10%碳酸钠溶液、10mL 水洗涤。分出醚层，倒入干燥的锥形瓶，加入无水硫酸镁干燥，注意锥形瓶上要加塞[4]。将干燥的乙醚溶液滤入 100mL 圆底烧瓶中，先低温蒸出乙醚，后蒸苯甲醇，收集 204～206℃的馏分，即为苯甲醇。

纯苯甲醇为无色液体，沸点为 205.4℃，d_4^{20} 为 1.0419，n_D^{20} 为 1.5396。

2. 苯甲酸的制备

在不断搅拌下，往步骤 1 中保留的水层慢慢加入 1∶1 盐酸溶液直至刚果红试纸变蓝。充分冷却，使苯甲酸完全析出。抽滤，沉淀用少量冷水洗涤，抽干溶剂，晾干，得到粗产品。粗苯甲酸用水做溶剂进行重结晶。

纯苯甲酸为无色针状晶体，熔点为 122.4℃。

【检验与测试】

(1) 测定苯甲醇的沸点和折射率，测定苯甲酸的熔点。

(2) 测试苯甲醇和苯甲酸的红外光谱，与图 6-33 和图 6-34 的标准谱图对照。

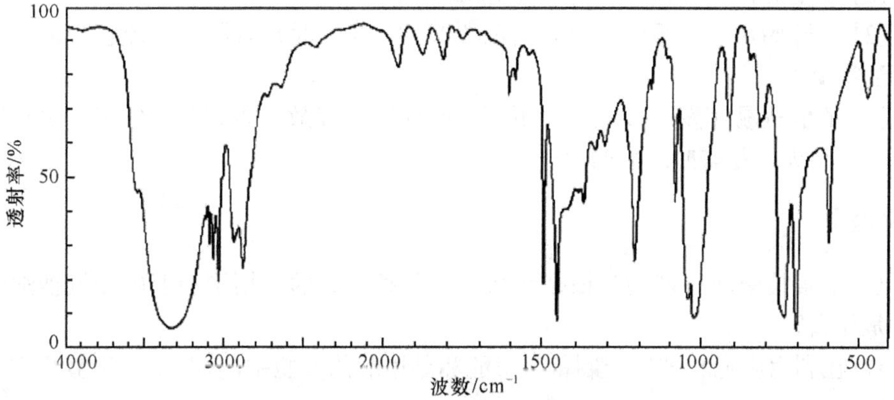

图 6-33　苯甲醇的红外光谱

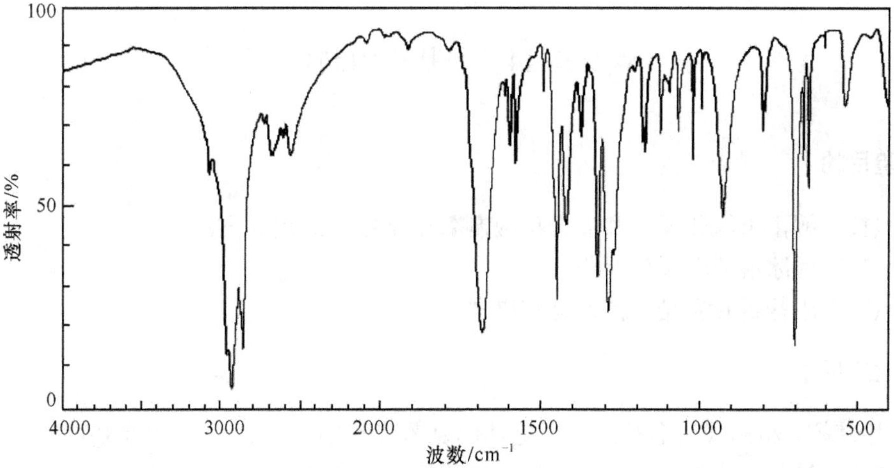

图 6-34　苯甲酸的红外光谱

【注释】

[1] 主要试剂及产物的物理常数见表 6-20。

表 6-20　主要试剂及产物的物理常数

化合物名称	相对分子质量	相对密度 d_4^{20}	熔点/℃	沸点/℃	折射率 n_D^{20}	水溶性(20℃)
苯甲醛	106.12	1.0415	−26	179.1	1.5455	微溶
苯甲醇	108.14	1.0419	−15.4	205.4	1.5396	微溶
苯甲酸	122.12	1.2659	122.4	249	—	微溶
乙醚	74.12	0.7135	−116.3	34.6	1.3555	微溶

[2] 苯甲醛长期放置易被空气氧化成苯甲酸。

[3] 一开始加入苯甲醛时会有白色浑浊物产生，呈现片状，回流物为油状，之后浑浊物变少。

[4] 乙醚极易挥发、极易燃，不可长时间敞口存放，否则其蒸气可能引来远处的明火而起火，蒸醚时严禁明火。

【思考题】

(1) 本实验中两种产物是根据什么原理分离提纯的？用饱和亚硫酸氢钠洗涤的目的是什么？

(2) 在利用康尼札罗反应制备苯甲酸和苯甲醇的实验中，为什么苯甲醇的产率会过低？

(3) 为什么要用新蒸过的苯甲醛？否则对实验有什么影响？

实验 24　甲基橙的制备

【实验目的】

(1) 了解由重氮化反应和偶合反应制备甲基橙的原理和方法。

(2) 掌握冰浴低温反应操作。

(3) 巩固盐析和重结晶的原理和操作。

【实验原理】

甲基橙，结构式命名是对二甲氨基偶氮苯磺酸钠或 4-{[4-(二甲氨基)苯基]偶氮基}苯磺酸钠盐，性状为橙红色鳞状晶体或粉末，微溶于水，较易溶于热水，不溶于乙醇等有机溶剂。甲基橙是一种常用的酸碱指示剂或 pH 指示剂，pH 变色范围为

3.1(红)～4.4(黄)。

甲基橙的合成包括两个过程：首先是对氨基苯磺酸与亚硝酸在低温下生成重氮盐，这一反应称为重氮化过程。然后重氮盐再和 *N*，*N*-二甲基苯胺作用生成偶氮化合物，这一反应称为偶合过程。

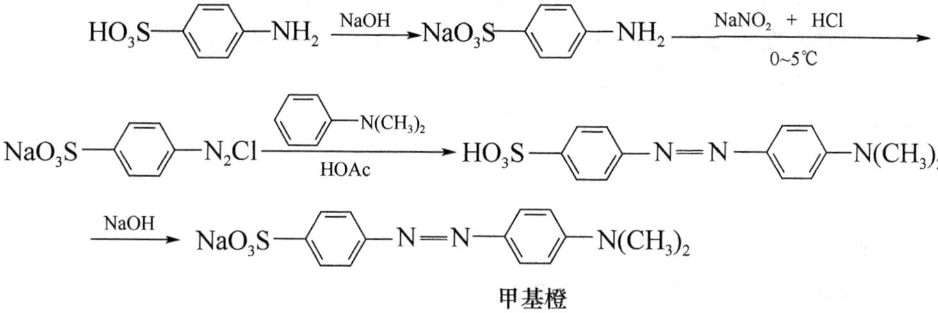

【实验仪器及药品】

主要仪器：量筒、烧杯、温度计、减压抽滤装置。

主要药品[1]：对氨基苯磺酸 2.1g(0.012mol)、5%氢氧化钠溶液、10%亚硝酸钠溶液、浓盐酸、*N*，*N*-二甲基苯胺 1.3mL(1.25g，0.010mol)、冰醋酸、乙醚、乙醇。

【实验步骤】

1. 重氮盐的制备

在 100mL 烧杯中加入 2.1g 对氨基苯磺酸和 10mL 5%氢氧化钠溶液，搅拌、温热使之溶解，用石蕊试纸检验溶液呈碱性[2]。冷却至室温，然后加入 8mL 10%亚硝酸钠溶液，摇匀，放入冰盐浴中冷至 0～5℃。在另一支烧杯中倒入 3mL 浓盐酸和 10g 碎冰，也放在冰盐浴中冷至 0～5℃。将对氨基苯磺酸钠与亚硝酸钠的混合液边搅拌边慢慢地倒入冰冷的盐酸溶液中，用石蕊试纸或刚果红试纸检验，始终保持反应液为酸性[3]。如果冰都溶解了，可以再加少量冰屑，以控制反应温度在 5℃以下[4]。将混合液在冰浴中放置 15min，以保证反应全部完成。此时应该有重氮盐的白色晶体生成[5]。用淀粉-碘化钾试纸检验溶液中有无过量的亚硝酸[6]。

2. 偶氮化合物的制备

在一支试管中加入 1.3mL *N*，*N*-二甲基苯胺和 1mL 冰醋酸，混合均匀，把此溶液置于冰盐浴中冷却到 5℃左右，然后在不断搅拌下，慢慢加到上述重氮盐的冷溶液中，加完后充分搅拌 10min，使反应完全。此后再在搅拌下慢慢加入 5%氢氧化钠溶液，直至反应液变为橙色，这时反应液呈碱性，粗制的甲基橙呈细粒状沉淀析出。

将反应物加热至沸腾，使粗制的甲基橙溶解后，冷却至室温，再在冰水浴中冷却，使甲基橙晶体析出完全。减压过滤，依次用少量水、乙醇、乙醚洗涤[7]，压干。

3. 精制

若要得到较纯产品，可用沸水进行重结晶。按每克甲基橙加入 20～25mL 水制成热饱和溶液，趁热过滤，冷却，使甲基橙晶体充分析出。抽滤，沉淀依次用少量乙醇、乙醚洗涤，干燥即得成品。

甲基橙为橙色片状结晶，熔点为 300℃。

【检验与测试】

(1) 测定样品的熔点。

(2) 测试样品的红外光谱，与图 6-35 的标准谱图对照。

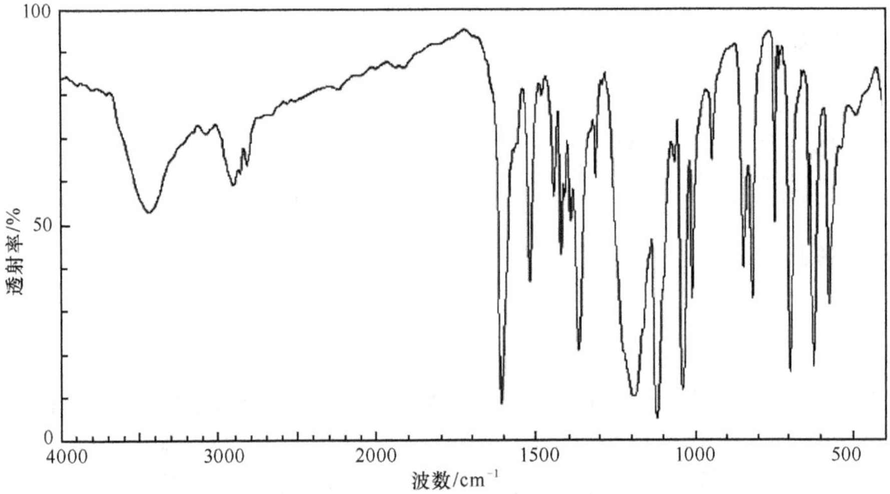

图 6-35　甲基橙的红外光谱

【注释】

[1] 主要试剂及产物的物理常数见表 6-21。

表 6-21　主要试剂及产物的物理常数

化合物名称	相对分子质量	相对密度 d_4^{20}	熔点/℃	沸点/℃	水溶性(20℃)
对氨基苯磺酸	173.20	1.5	280	—	微溶
N，*N*-二甲基苯胺	121.18	0.96	2.5	194	不溶
亚硝酸钠	68.995	2.17	271	—	易溶
甲基橙	327.33	0.987	300	—	微溶

[2] 对氨基苯磺酸是两性化合物，以内盐形式存在，难溶于水和无机酸，但由于其酸性比碱性强，因此它可以与碱作用成盐，使对氨基苯磺酸溶于水中。

[3] 为了使亚硝酸钠分解产生亚硝酸，从而使重氮化反应能够进行，必须使反应液保持酸性。

[4] 重氮化反应过程中，控制温度很重要，反应温度若高于 5℃，生成的重氮盐容易分解为苯酚，从而降低产率。

[5] 这是因为重氮盐在水中可以电离形成中性的内盐，在低温时难溶于水，因而形成细小的晶体析出。

[6] 溶液中若有亚硝酸存在，可将碘化钾氧化为碘，碘遇到试纸上的淀粉则会显蓝色。若试纸不显蓝色，则需补充亚硝酸钠溶液，并充分搅拌，直至淀粉-碘化钾试纸刚好变蓝为止。若试纸呈现很深的蓝色，说明亚硝酸钠过量了，过量的亚硝酸钠会导致产生一些副反应，如与 *N*，*N*-二甲基苯胺作用生成亚硝基化合物或肟等副产物。因此，有必要加入一些尿素水溶液，用以分解过量的亚硝酸。

[7] 用乙醇、乙醚洗涤的目的是使产物更容易干燥。

【思考题】

(1) 在重氮盐制备前为什么还要加入氢氧化钠？如果直接将对氨基苯磺酸与盐酸混合后，再加入亚硝酸钠溶液进行重氮化操作可以吗？为什么？

(2) 重氮化反应中，控制温度是实验成败的关键之一，为什么？

(3) 解释亚硝酸过量对偶合反应的影响，说明去除过量亚硝酸的办法。

实验 25 双酚 A 的制备

【实验目的】

(1) 熟悉苯酚与酮的缩合反应原理，掌握双酚 A 的制备方法。

(2) 进一步熟练掌握重结晶、电动搅拌、缓慢滴加液体等实验操作技术。

【实验原理】

双酚 A (bisphenol A)，化学名称为 2，2-双(4-羟基苯基)丙烷，是一种用途非常广泛的化工原料。它是制造多种高分子材料的原料，如双酚 A 环氧树脂、聚碳酸酯、聚砜、聚芳香酯、聚苯醚等。在塑料制品的制造过程中，添加双酚 A 可以使其无色透明、耐用、轻巧并具有突出的防冲击性能。可以说，从矿泉水瓶、医疗器械到食品包装袋，都有它的身影。此外，它还经常用作塑料和油漆的抗氧化剂、橡胶的抗老化剂、聚氯乙烯的热稳定剂等。但最近由于发现双酚 A 能诱发性早熟，欧盟已禁止使用含双酚 A 的聚碳酸酯作为婴幼儿奶瓶材料。

工业上双酚 A 是由苯酚和丙酮在酸性催化剂催化下缩合制得的。根据所用的催化剂的不同，其制备方法分为硫酸法、氯化氢法、离子交换树脂法等。本实验采用硫酸法，反应方程式如下：

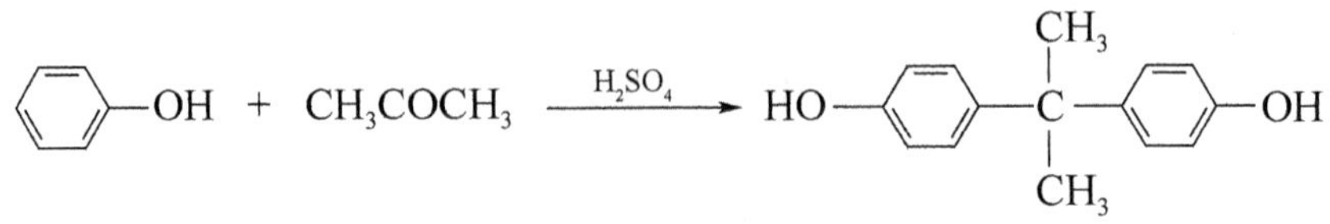

【实验仪器及药品】

主要仪器：滴液漏斗(10mL)、温度计、球形冷凝管、三颈烧瓶(100mL)、二口接管、电动搅拌器、量筒(10mL)、烧杯、抽滤瓶、布氏漏斗等。

主要药品[1]：苯酚 10g(0.106mol)、丙酮 4mL(3.16g，0.054mol)、甲苯、80%硫酸、巯基乙酸、冰水。

【实验装置】

实验装置如图 6-36 所示。

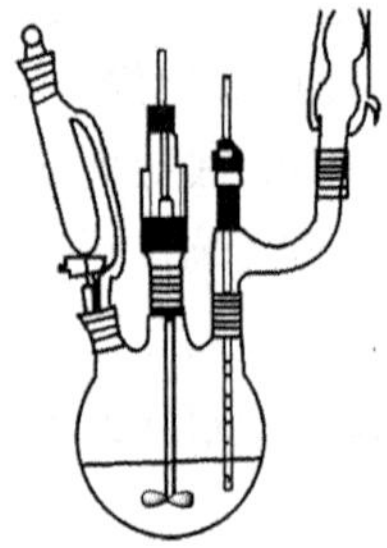

图 6-36　电动搅拌滴加回流装置

【实验步骤】

向装配有搅拌装置、滴液漏斗、温度计和球形冷凝管的 100mL 三颈烧瓶中加入 10g 苯酚和 18mL 甲苯，按图 6-36 所示安装反应装置。搅拌下慢慢加入 7mL 80%硫酸和 0.2g 助催化剂巯基乙酸并保持温度在 28℃左右。加完后再通过滴液漏斗滴加 4mL 丙酮，控制滴加速度，使反应温度[2]在 35℃左右。滴加完毕后，在 35～40℃下继续搅拌 1.5h。

在玻璃棒搅拌下将反应液慢慢倒入盛有 40mL 冰水的烧杯中，静置片刻即有沉淀产生。完全冷却后抽滤，用冷水洗涤至中性得粗产品[3]。将粗产品干燥后[4]，加入约 60mL 甲苯，加热使之溶解。然后将溶液用冰水冷却，待结晶完全析出后，进行抽滤。用少量甲苯洗涤滤饼两次，压紧抽干得纯产品[5]。干燥后称量、计算产率。

纯双酚 A 为白色晶体，熔点为 156～158℃。

【检验与测试】

(1)测定样品的熔点。

(2)测试样品的红外光谱，与图 6-37 的标准谱图对照。

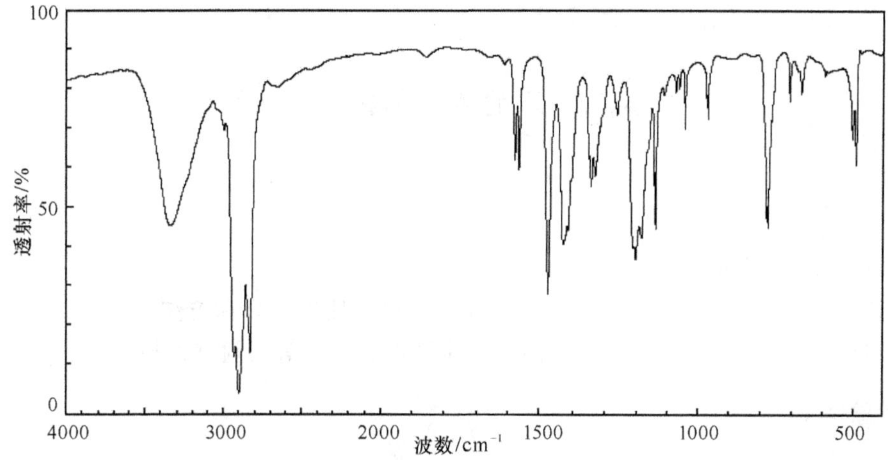

图 6-37　双酚 A 的红外光谱

【注释】

[1] 主要试剂及产物的物理常数见表 6-22。

表 6-22　主要试剂及产物的物理常数

化合物名称	相对分子质量	相对密度 d_4^{20}	熔点/℃	沸点/℃	折射率 n_D^{20}	水溶性(20℃)
苯酚	94.11	1.071	40.6	181.9	1.5418	微溶
丙酮	58.08	0.789	–94.9	56.12	1.3588	∞
巯基乙酸	92.12	1.33	–16.5	220	1.5030	∞
双酚 A	228.3	1.195	158	220(0.53kPa)	—	不溶
甲苯	92.14	0.866	–94.9	110.6	1.4961	不溶

[2] 反应温度的控制是本实验的关键，因为温度过低，反应速率过慢，影响产量；而温度过高，则容易发生磺化等副反应，使产率降低。

[3] 粗产品抽滤后水洗的目的是洗去硫酸根离子和少量苯酚。

[4] 产品抽滤后应尽量用滤纸压干，然后用电热套的余热烘干。烘干时温度不能过高，否则产品容易熔化结块。

[5] 由于双酚 A 在甲苯中具有一定的溶解度，甲苯滤液仍含少量产品，可再浓缩结晶。

【思考题】

(1) 为什么硫酸可以催化双酚 A 的合成？

(2) 为什么要控制好加硫酸的速度？

(3) 一分子丙酮与两分子苯酚在硫酸催化下缩合，除能生成双酚 A 外，还能生成哪些产物？试写出反应方程式。

实验 26　双酚 A 环氧树脂的制备

【实验目的】

(1) 了解双酚 A 在合成材料中的应用。

(2) 学习环氧氯丙烷和双酚 A 反应制备环氧树脂的原理和方法。

(3) 掌握搅拌、回流、常压蒸馏、减压蒸馏、滴定等实验操作技术。

【实验原理】

环氧树脂是指含有环氧基团的聚合物，以双酚 A 环氧树脂应用最为广泛，产量最大。双酚 A 环氧树脂的相对分子质量一般不高，由于分子中含活泼的环氧基团，它们可以与多种类型固化剂发生交联反应而形成具有三维网状结构的高聚物。因而对金属、玻璃、水泥、木材、塑料等多种极性材料具有极强的黏合性能，被称作“万能胶”和“大力胶”。它的使用温度范围为 90～130℃。还可通过单体、添加剂和固化剂的选择组合，生产出适合各种需求的产品，如涂料、封装材料，广泛应用于航空、舰船、军工、机械、电子、交通、建筑、医疗等领域。

双酚 A 环氧树脂是由环氧氯丙烷与双酚 A 在氢氧化钠作用下聚合而成的，反应如下：

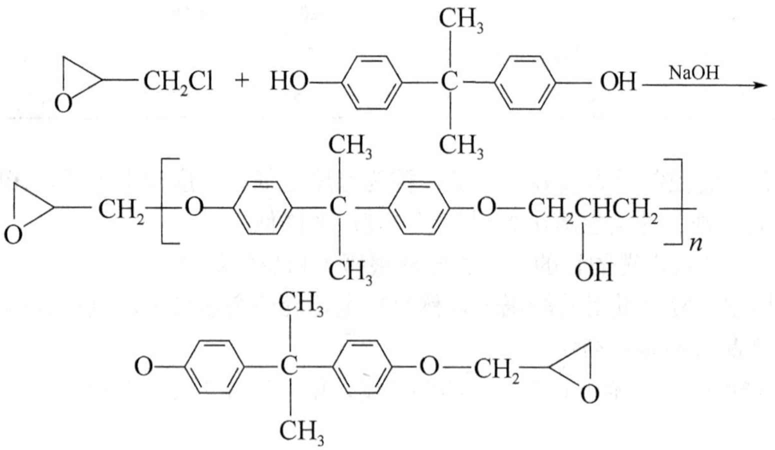

环氧值是环氧树脂的重要性能指标，可用以鉴定环氧树脂的质量，或计算固化剂的用量。它是指每 100g 环氧树脂中含有的环氧基的物质的量，单位为 mol · (100g)$^{-1}$。它与环氧当量的关系为环氧值=100/环氧当量。相对分子质量越高，环氧值相应降低，一般双酚 A 环氧树脂的环氧值为 0.48～0.57。根据原料配比、反应介质、反应温度和加料顺序的不同，可制得不同环氧值的双酚 A 环氧树脂。

相对分子质量小于 1500 的环氧树脂，可用盐酸-丙酮法测定其环氧值。在丙酮中，环氧基与 HCl 发生定量的开环加成反应：

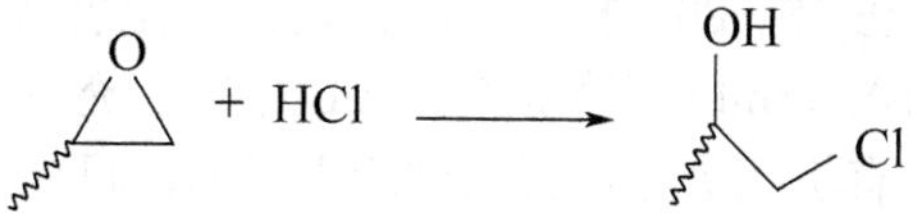

过量的盐酸用标准氢氧化钠的乙醇溶液返滴，同时进行空白实验。环氧值按下式计算：

$$E = \frac{(V_1 - V_2)n}{1000W} \times 100$$

式中，V_1 为空白样消耗的 NaOH 乙醇溶液的平均体积(mL)；V_2 为加入样品后测试所消耗氢氧化钠乙醇溶液的体积(mL)；c 为氢氧化钠的物质的量浓度；W 为树脂的质量(g)。

本实验以环氧氯丙烷与双酚 A 为原料制备双酚 A 环氧树脂，验证其黏合性并测定它的环氧值。

【实验仪器及药品】

主要仪器：三颈烧瓶、冷凝管、搅拌器、温度计、滴液漏斗、减压蒸馏装置、滴定管、移液管、烧杯、锥形瓶等。

主要药品[1]：环氧氯丙烷 3.7g(0.04mol)、双酚 A 9.13g(0.04mol)、氢氧化钠、丙酮、盐酸、甲苯、盐酸-丙酮溶液、乙二胺、氢氧化钠标准溶液、酚酞指示剂等。

【实验装置】

实验装置如图 6-38 所示。

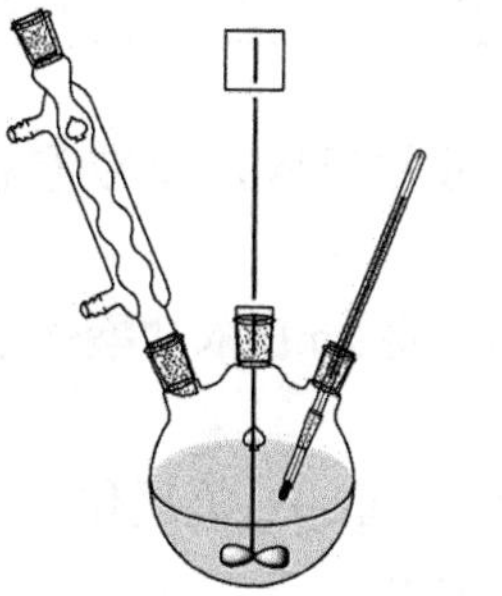

图 6-38　电动搅拌回流装置

【实验步骤】

1. 环氧树脂的制备

向装有搅拌器、回流冷凝管和温度计的三颈烧瓶中加入 3.7g 环氧氯丙烷和 9.13g 双酚 A。水浴加热到 75℃，开动搅拌器，使双酚 A 全部溶解。再取 3.2g 氢氧化钠溶于 8mL 蒸馏水中，通过滴液漏斗从冷凝管上方慢慢滴下[2]，保持温度在 70℃左右。滴加完毕后，维持温度在 75～80℃搅拌 3h，此时液体呈乳黄色。停止反应，冷却至室温，向反应烧瓶中加入 15mL 蒸馏水和 25mL 甲苯，充分振荡后分去水层，有机层再水洗至中性。分出有机相进行常压蒸馏除去甲苯，再减压蒸馏除去未反应的环氧氯丙烷，得淡黄色黏稠的环氧树脂。

2. 黏合性能的测试

取 2g 制备的双酚 A 环氧树脂于小烧杯中，加入乙二胺 0.2g，用玻璃棒调和均匀。取两块干净玻璃片，将少量环氧树脂均匀涂于表面，对接后室温放置固化，观察其黏合效果。

3. 环氧值的测定

在分析天平上准确称取 1g 左右环氧树脂，用移液管加入 25mL 盐酸-丙酮溶液[3]，摇动使其完全溶解。放置 1h 后，加入 3 滴酚酞指示剂，用氢氧化钠标准溶液滴定[4]，同时按上述条件只加 25mL 盐酸-丙酮溶液做空白滴定。重复滴定两次，计算环氧值。

【注释】

[1] 主要试剂及产物的物理常数见表 6-23。

表 6-23　主要试剂及产物的物理常数

化合物名称	相对分子质量	相对密度 d_4^{20}	熔点/℃	沸点/℃	折射率 n_D^{20}	水溶性(20℃)
环氧氯丙烷	92.52	1.181	−57.2	117.9	1.4381	微溶
双酚 A	228.3	1.195	158	220(0.53kPa)	—	不溶

[2] 环氧氯丙烷的开环是放热反应，反应液温度会自动升高，故开始滴加时要慢。

[3] 盐酸-丙酮溶液的配制：将 2mL 浓盐酸溶于 80mL 丙酮中，均匀混合即可，一般现用现配。

[4] NaOH 标准溶液的配制：取 1g 氢氧化钠溶于 250mL 的乙醇中，用干燥的邻苯二甲酸氢钾为基准物进行标定。

【思考题】

(1) 黏合性能实验中加入乙二胺的目的是什么？写出反应方程式。
(2) 为什么氢氧化钠要以滴加的方式加入？
(3) 如何计算产品的平均聚合度？

实验 27　环保型固体酒精的制备

【实验目的】

(1) 了解固体酒精的用途、制备原理和方法。
(2) 掌握固体酒精的生产工艺和操作技能。

【实验原理】

酒精易燃，可作为燃料应用于日常生活中，但它是一种挥发性液体，储存、使用、携带均不方便。固体酒精是一种新型的固体燃料，无毒无害，使用、运输、携带方便，燃烧对环境污染少且安全性好，用塑料袋密封包装后可长期保存。固体酒精燃烧时不熔化、不流淌，直接由固体升华为气体燃烧，火力大、热值高，问世以来，在家庭、饭店、火锅城、小吃摊等场所立刻得到广泛的应用。它还应用于科研、航海、地质勘探、建筑工地、登山旅游、军事训练等场合，是野外煮饭、炒菜、火锅、烧烤等的首选燃料，市场前景巨大。

固体酒精是利用某些固化剂具有网状空间结构且受热时软化，冷却后又重新凝固的性质，将酒精分子填充在固化剂的网状骨架间隙之中而制备的。本实验用硬脂酸做固化剂，硬脂酸与氢氧化钠混合后将发生以下反应：

$$C_{17}H_{35}COOH + NaOH = C_{17}H_{35}COONa + H_2O$$

反应生成的硬脂酸钠是一个长碳链的极性分子，室温下在酒精中不易溶。在较高的温度下，硬脂酸钠可以均匀地分散在液体酒精中，而冷却后则形成凝胶体系，使酒精分子束缚于相互连接的大分子之间，呈不流动状态而凝固，形成了固体状态的酒精。而添加少量不同的无机盐类(如硝酸铜、硝酸钴)，可以改变固体酒精的外观色泽和火焰颜色(分别可得到蓝绿色和浅紫色的固体酒精)。

本工艺制备的固体酒精成本低廉、质地均匀、易成型包装，特别适合中小企业和家庭作坊生产。

【实验仪器及药品】

主要仪器：恒温水浴锅、三颈烧瓶(150mL)、搅拌器、球形冷凝管、温度计、烧杯、模具、燃料盒等。

主要药品[1]：95%酒精(工业品)、硬脂酸、8%氢氧化钠溶液、10%硝酸铜溶液、酚酞等。

【实验装置】

实验装置见图 6-38。

【实验步骤】

1. 制备

向装有搅拌器、温度计和回流冷凝管的 150mL 三颈烧瓶中分别加入 3g 硬脂酸[2]、50mL 95%酒精和两滴酚酞[3]。水浴加热，搅拌，回流。维持水浴温度在 70℃左右，搅拌至固体全部溶解。量取 5mL 8%氢氧化钠溶液于小烧杯中，再加入 5mL 95%酒精配成 1∶1 的混合溶液[4]，将混合溶液从冷凝管上端滴加进三颈烧瓶中，滴加速度先快后慢，滴至溶液颜色由无色变为浅红又马上褪去为止。继续维持水浴温度在 70℃左右，搅拌回流反应 10min 后，一次性加入 1.5mL 10%硝酸铜溶液[5]，再反应 5min 后，停止加热，冷却至 60℃，然后将溶液倒入模具中，自然冷却后得蓝绿色的固体酒精。

2. 燃烧实验

取制备的固体酒精 3g 作为燃料，置于铁罐燃料盒中，点燃，观察燃烧现象，记录燃烧时间，待自然熄灭时，把剩余残渣称重。

【注释】

[1] 主要试剂及产物的物理常数见表 6-24。

表 6-24 主要试剂及产物的物理常数

化合物名称	相对分子质量	相对密度 d_4^{20}	熔点/℃	沸点/℃	水溶性(20℃)
酒精	46.07	0.7894	−117.3	78.5	∞
硬脂酸	284.48	0.9408	56～69	232(2.0kPa)	不溶
硬脂酸钠	306.46	1.02	250～270	—	微溶
氢氧化钠	40.01	2.130	318	1390	易溶

[2] 硬脂酸的加入量直接影响固体酒精的固化效果。为避免固体酒精燃烧过程中变为液体，必须使其在燃烧时仍保持固体状态。为此可通过改变硬脂酸的添加量来实现。控制固体酒精燃烧时不流淌的原理是：硬脂酸的用量增加后，固体酒精燃烧时有一层不易燃烧的硬膜生成，阻止酒精的流淌，酒精的固体状态得以保持。

[3] 本实验选用酚酞做指示剂来确定硬脂酸与氢氧化钠中和的终点。将 1g 酚酞溶于 100mL 60%的工业酒精中，备用。

[4] 氢氧化钠的用量主要影响产品的硬度、燃烧时的流淌程度、燃烧后剩余残渣的量。其过量越多，产品的硬度越大，燃烧后残渣越多。

[5] 金属离子的加入可起两个作用：一是改变固体酒精的外观色泽，二是改变固体酒精燃烧时火焰的颜色。

【思考题】

(1) 除以硬脂酸钠作为承载酒精的可凝固物质外，还有哪些固化剂可用于制备固体酒精？

(2) 影响固体酒精凝固性能的因素主要是什么？

实验 28　催化加氢制备丁二酸

【实验目的】

(1) 掌握催化加氢的经典制备方法。

(2) 掌握 Raney Ni 的制备方法。

(3) 熟悉低压氢化装置的使用。

【实验原理】

丁二酸也称琥珀酸，是一种重要的有机化合物，可作为合成复杂有机化合物的中间体，广泛用于医药、食品、合成塑料、橡胶、防护涂料、染料等工业中。

丁二酸的生产方法很多，在工业生产上常用的方法有催化加氢法、石蜡氧化法和电化学合成法。本实验以顺丁烯二酸为原料，以 Raney Ni 做催化剂，采用催化加氢法制备丁二酸。

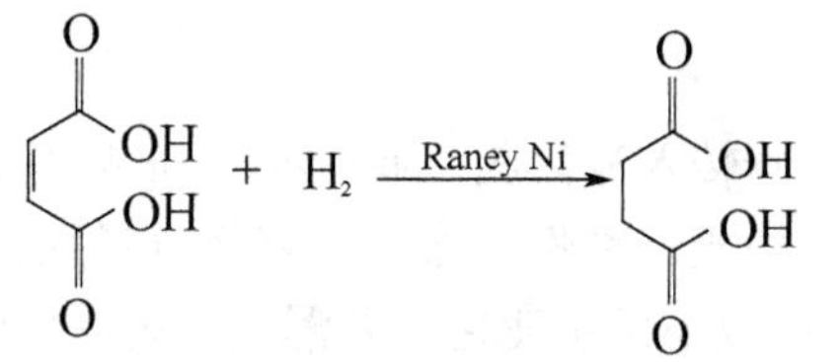

【实验仪器及药品】

主要仪器：烧杯(50mL)、恒温水浴锅、低压氢化装置等。

主要药品[1]：顺丁烯二酸 4g(0.034mol)、氢气、35%和 10%NaOH 溶液、Ni/Al

合金、蒸馏水、95%乙醇、无水乙醇等。

【实验装置】

实验装置如图 6-39 所示。

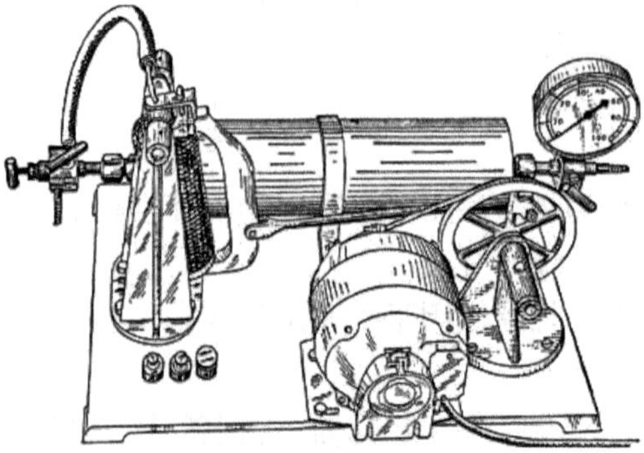

图 6-39　低压氢化装置

【实验步骤】

1. Raney Ni 的制备[2]

将 10mL 35% NaOH 溶液加到 50mL 烧杯中，冷却至 10℃左右。将 1g Ni/Al 合金于 30min 内分批加到碱液中，不断搅拌，使反应温度维持在 15～20℃。加完后于 20℃继续搅拌反应 30min，然后在沸水浴中加热到不再有气泡生成为止。滤出上述碱液，加 10mL 10% NaOH 溶液在沸水浴中继续搅拌 30min，然后滤出碱液。用蒸馏水洗至中性，滤出蒸馏水，用 20mL 95%乙醇洗涤该催化剂两次，再用 10mL 无水乙醇洗涤两次[3]，得 Raney Ni 催化剂。将催化剂保存在无水乙醇中待用。

检验活性：用玻璃棒挑起一点催化剂于干燥的滤纸上，待乙醇蒸发，会有火花产生。

2. 催化加氢反应

催化剂与无水乙醇一同转入氢化瓶，加入溶有 4g 顺丁烯二酸的 15mL 无水乙醇溶液，安装好反应装置，检查气密性。方法是将氢气通入反应瓶，在不摇动时观察各气压表，应在 5min 内读数不发生变化。若漏气，则需仔细检查装置并重新安装，直至合乎要求。

在进行反应前，将水泵与氢化瓶相连，抽掉体系内的空气，通氢气，然后关闭通气阀，再打开与水泵相连的连接阀抽气，如此重复三四次，即将体系内的空气完全置换为氢气。使罐压强为 3～3.5atm（1atm=101.325kPa）。将体系封闭，通入氢气，开动电机，氢化反应开始进行，直到气压保持不变即表示反应完成，记录气压变化。

反应完成后，先将体系内多余的氢气放出，拆下氢化瓶，然后滤除催化剂，将固体用 20mL 乙醇洗涤两次。所得溶液在旋转蒸发仪上蒸干溶剂，称量并计算产率。若产品不纯，可用水进行重结晶。

【注释】

[1] 主要试剂及产物的物理常数见表 6-25。

表 6-25　主要试剂及产物的物理常数

化合物名称	相对分子质量	相对密度 d_4^{20}	熔点/℃	沸点/℃	水溶性(20℃)
顺丁烯二酸	116.07	1.590	138～140	160(脱水)	易溶
丁二酸	118.09	1.572	185	235(分解)	微溶
氢氧化钠	40.01	2.130	318	1390	易溶
氢气	2.0157	8.99×10^{-5}(0℃)	−259.2	−252.77(20.38K)	难溶
镍	58.70	8.9	1455	2730	不溶
铝	26.98	2.70	660	2327	不溶

[2] 在 Raney Ni 的制备中，所用到的水必须是蒸馏水。

[3] 在用乙醇洗涤 Raney Ni 时，时间要控制好，不要超过半小时。

【思考题】

(1) 为什么对活性 Ni 的洗涤要控制在半小时，不能时间过长？

(2) 本实验中催化剂 Ni 为什么不能用 Ni 粉末来代替？

第 7 章　有机化合物性质与官能团测试实验

实验 29　烃、卤代烃、醇、酚的化学性质

【实验目的】

(1) 熟悉烃、卤代烃的化学性质。

(2) 掌握醇、酚的主要化学性质及其鉴别方法。

(3) 掌握饱和烃与非饱和烃的鉴别方法。

(4) 掌握不同类型卤代烯烃的鉴别方法。

【实验原理】

饱和链状烃分子的各原子彼此以牢固的 σ 键结合，性质比较稳定，与强酸、强碱、强氧化剂不起作用，但在日光照射下可发生卤代反应。

不饱和烃分子中含有碳碳双键，性质活泼，能与卤素等亲电试剂发生亲电加成反应，也易被氧化剂如 $KMnO_4$ 等氧化。

有侧链的芳香烃如甲苯，侧链与芳香环相互影响，性质发生变化。例如，苯与 $KMnO_4$ 不反应，而甲苯中侧链甲基却能被氧化为羧基；甲苯与卤素作用因条件不同而不同，有 $FeCl_3$ 催化剂存在时，在环上发生亲电取代反应，有日光照射时侧链发生游离基取代反应。

卤代烃的官能团是卤原子。卤代烃容易发生亲核取代反应，如与 $AgNO_3$ 的醇溶液作用生成硝酸酯。卤代烯烃因结构不同，卤原子的活性大小不同，与 $AgNO_3$ 的醇溶液反应，烯丙基型卤代烃反应很快，一般型卤代烃其次，而乙烯型卤代烃很难反应。

醇的官能团是羟基(—OH)，与水相似，能与金属钠等活泼金属作用放出氢气。但醇与水相比，醇反应较缓和，而水反应非常剧烈，说明醇的酸性小于水。但醇钠的碱性大于氢氧化钠。

多元醇有其特性，羟基相邻的多元醇如甘油，能与新制的浅蓝色氢氧化铜沉淀作用，生成深蓝色的配合物溶液。

酚有弱酸性，但酸性比碳酸弱。酚在室温时在水中溶解度不大，加入碱如氢氧化钠后生成了易溶于水的酚钠。酚及有烯醇式结构的物质，遇三氯化铁产生颜色，不同的酚产生的颜色不同。

【实验仪器及药品】

主要仪器：试管、烧杯、量筒、玻璃棒、滴管、软木塞、蒸发皿、恒温水浴锅等。

主要药品：液状石蜡、松节油、甲苯、乙醇、5% NaOH 溶液、3%溴的四氯化碳溶液、饱和溴水、苯、0.5% $KMnO_4$ 溶液、5% Na_2CO_3 溶液、正丁基氯、仲丁基氯、叔丁基氯、正丁基溴、正丁基碘、2% $AgNO_3$/乙醇溶液、正丁醇、仲丁醇、叔丁醇、钠、酚酞、无水 $ZnCl_2$、浓盐酸、5% $CuSO_4$ 溶液、甘油、乙二醇、苯酚、饱和溴水、小铁钉、5%铬酸钾试剂、1% KI 溶液、浓硫酸、20% H_2SO_4 溶液、1∶5 H_2SO_4 溶液、5% HNO_3 溶液、浓 HNO_3、$FeCl_3$、广泛 pH 试纸。

【实验步骤】

1. 脂肪烃的性质

1) 溴代反应

取 2 支干燥试管，分别加入 10 滴液状石蜡[1]和 10 滴松节油[2]，然后向每支试管中分别加入 5 滴 3%溴的四氯化碳溶液，振荡试管。观察哪支试管褪色，哪支试管不褪色。

将不褪色的试管用软木塞塞紧后放置于阳光下照射(若无阳光可放置在日光灯下)，20min 后观察颜色是否消失或减弱。

2) 与 $KMnO_4$ 作用

取 2 支试管分别各加 10 滴液状石蜡和 10 滴松节油。然后向每支试管中各加入 5 滴 0.5% $KMnO_4$ 溶液和 5 滴 20% H_2SO_4 溶液，振荡试管。观察哪支试管褪色，哪支试管不褪色。

2. 芳香烃的性质

1) 溴代反应

取 2 支试管各加入 10 滴甲苯和 2 滴 3%溴的四氯化碳溶液，用软木塞塞紧后，将一支置于阳光下，另一支置于黑暗处。15min 后观察哪支试管褪色，哪支试管不褪色。

2) 亲电取代反应

向不褪色的试管中加入一支小铁钉，塞紧后继续放置于暗处，30min 后取出观察颜色是否消失或变浅。

3. 卤代烃的活性比较

(1) 取 3 支试管，分别加入 4 滴正丁基氯、4 滴仲丁基氯和 4 滴叔丁基氯。然后向每支试管中加入 10 滴 2% $AgNO_3$/乙醇溶液，观察有无浑浊出现及出现浑浊的先后次序。若无沉淀可于 70℃热水浴中加热 5min，观察有无沉淀生成。有沉淀生成时，加入 2 滴 5% HNO_3 溶液，观察沉淀是否溶解。沉淀不溶者视为正反应；若加热后只稍微出现浑浊，而无沉淀，加 5% HNO_3 溶液又会发生溶解者，则视为负反应。根据生成卤化银沉淀的速度排列各卤代烃的反应活性顺序，并解释原因。

(2) 另在 3 支干燥的试管中分别加入正丁基氯、正丁基溴、正丁基碘各 2～3 滴，然后向每支试管中各加入 2% $AgNO_3$/乙醇溶液 1mL，按(1)的步骤重复上述实验，并比较实验结果。

4. 醇的化学性质

1) 醇钠的生成及水解

向 1 支干燥的试管中加入 1mL 无水乙醇，投入一小粒(米粒大小)用滤纸擦干的金属钠，观察有无气体冒出。待反应完后，将试管中的反应液倒一半至蒸发皿中，使多余乙醇完全挥发(必要时可将蒸发皿置水浴中加热)，观察残留的固体乙醇钠、在蒸发皿中加几滴水和 1 滴酚酞，有何现象？

2) 醇与卢卡斯试剂的作用

在 3 支干燥的试管中分别加入 0.5mL 正丁醇、仲丁醇和叔丁醇，再各加入 2mL 卢卡斯试剂，振荡，保持 26～27℃，观察 5min 及 1h 后混合物的变化。

3) 醇的氧化

在 3 支干燥的试管中分别加入 2 滴正丁醇、仲丁醇和叔丁醇，再加入 1 滴 5%铬酸钾试剂和 1 滴 1∶5 H_2SO_4 溶液，摇匀，观察现象。

4) 多元醇与 $Cu(OH)_2$ 作用

取 3 支试管各加入 6 滴 5% $CuSO_4$ 溶液、8 滴 5%NaOH 溶液，生成浅蓝色沉淀。然后分别加入 2 滴甘油、2 滴乙二醇、2 滴 95%乙醇，振荡试管，比较 3 支试管的颜色变化，观察沉淀是否消失。

5. 酚的性质

1) 苯酚的酸性

在试管中加入苯酚的饱和水溶液 6mL，用玻璃棒蘸取一滴于 pH 试纸上实验其酸性。取 1 支试管加入 1mL 苯酚乳状液，逐滴加入 5% NaOH 溶液，直至浑浊消失。然后逐滴加入 5% H_2SO_4，有何现象发生？

2) 苯酚与溴水作用

取苯酚饱和水溶液 2 滴，用水稀释至 2mL，逐滴滴入饱和溴水至淡黄色。将混合物煮沸 1～2min，以除去过量的溴，然后放冷，再在此混合液中加入 1% KI 溶液数滴及 1mL 苯，用力振荡，观察现象。

3) 苯酚的氧化

取苯酚饱和水溶液 3mL 置于试管中，加 5% Na_2CO_3 溶液 0.5mL 及 0.5% $KMnO_4$

溶液 1mL，振荡，观察现象。

4) 苯酚与 $FeCl_3$ 作用

取苯酚饱和水溶液 2 滴于试管中，加入 2mL 水，并逐滴滴入 $FeCl_3$ 溶液，观察颜色变化。

【注释】

[1] 液状石蜡是一种熔点在40℃以下的从C_{10}到C_{18}的各种正构烷烃组成的混合物。

[2] 松节油是由萜烯类化合物组成的液体混合物，主要化学成分是 α-蒎烯和 β-蒎烯等单萜类化合物。

【思考题】

(1) 用卢卡斯试剂检验伯、仲、叔醇的实验成功的关键是什么？对于六个碳以上的伯、仲、叔醇是否都能用卢卡斯试剂进行鉴别？

(2) 与氢氧化铜反应产生深蓝色配合物是邻羟基多元醇的特征反应，此外，还有什么试剂能起类似的作用？

实验 30　醛、酮、羧酸及其衍生物的性质

【实验目的】

(1) 验证醛、酮、羧酸及其衍生物的化学性质。

(2) 掌握鉴别醛、酮和羧酸的化学方法。

【实验原理】

醛和酮都含有羰基，因此它们具有许多相似的化学性质。例如，醛和酮都能与2，4-二硝基苯肼反应而析出晶体。醛和酮由于它们的羰基所连的基团不同，在性质上又表现出一些差异。例如，醛能和一些弱氧化剂如土伦(Tollens)试剂和费林(Fehling)试剂等反应，能与品红亚硫酸试剂发生颜色反应，而酮不能发生这些反应，由此可以鉴别醛和酮。

具有 CH_3—CO—R(H)结构的醛、酮或 CH_3—CH(OH)—R(H)结构的醇在碱性溶液中与碘作用生成碘仿，碘仿为黄色固体，有特殊的气味、易识别，称此反应为碘仿反应。

羧酸最典型的化学性质是具有酸性，酸性比碳酸强，故羧酸不仅溶于氢氧化钠溶液，而且也溶于碳酸氢钠溶液。饱和一元羧酸中，以甲酸的酸性最强，而低级饱和二元羧酸的酸性又比一元羧酸强。羧酸能与碱作用成盐，与醇作用成酯。甲酸和乙二酸还具有较强的还原性，甲酸能使高锰酸钾溶液褪色，也能发生银镜反应，但

不与 Fehling 试剂反应。由于两个相邻羧基的相互影响，乙二酸易发生脱羧反应和被高锰酸钾氧化。

羧酸衍生物都含有酰基结构，具有相似的化学性质。在一定条件下，都能发生水解、醇解和氨解反应，其活泼性为：酰卤＞酸酐＞酯＞酰胺。

乙酰乙酸乙酯是由酮式和烯醇式两种互变异构体共同组成的混合物，因此它既有酮的性质，如能与 2，4-二硝基苯肼反应生成橙色的 2，4-二硝基苯腙沉淀，又有烯醇的性质，如能使溴水褪色，与三氯化铁溶液作用发生显色反应等。

【实验仪器及药品】

主要仪器：试管、烧杯、量筒、恒温水浴锅等。

主要药品：2，4-二硝基苯肼、甲醛、乙醛、庚醛、苯甲醛、3-己酮、苯乙酮、丙酮、环己酮、乙醇、氨基脲盐酸盐、Benedict 试剂、饱和 $NaHSO_3$、NaAc、$KI\text{-}I_2$ 溶液、1-丁醇、异丙醇、Na_2SO_3、$AgNO_3$、$NH_3 \cdot H_2O$、碳酸钠、饱和 Na_2CO_3 溶液、硫酸铜、1∶5 H_2SO_4 溶液、浓 H_2SO_4、$3mol \cdot L^{-1}$ H_2SO_4 溶液、甲酸、乙酸、乙二酸、苯甲酸、5%NaOH 溶液、10%NaOH 溶液、20%NaOH 溶液、2%$AgNO_3$ 溶液、0.5% $KMnO_4$ 溶液、10%盐酸、浓盐酸、乙酰氯、乙酸酐、乙酸乙酯、乙酰胺、苯胺、乙酰乙酸乙酯、1% $FeCl_3$ 溶液、饱和溴水、刚果红试纸、红色石蕊试纸。

【实验步骤】

1. 醛、酮的化学性质

1)2，4-二硝基苯肼实验

取 3 支试管，各加入 1mL 2，4-二硝基苯肼，分别滴加 1～2 滴试样，摇匀静置，观察结晶颜色。

试样：甲醛、乙醛、丙酮。

2)与饱和 $NaHSO_3$ 溶液加成

取 3 支试管，各加入 2mL 新配制的饱和 $NaHSO_3$ 溶液，分别滴加 1mL 试样，振荡置于冰水中冷却数分钟，观察沉淀析出的相对速度。

试样：苯甲醛、乙醛、丙酮。

3)缩氨脲的制备

将 0.5g 氨基脲盐酸盐、1.5g 碳酸钠溶于 5mL 蒸馏水中，然后分装入 4 支试管中，各加入 3 滴试样和 1mL 乙醇摇匀。将 4 支试管置于 70℃水浴中加热 15min，然后各加入 2mL 水，在水浴中再放置 10min，待冷却后将试管置于冰水中，用玻璃棒摩擦试管至结晶完全。

试样：庚醛、3-己酮、苯乙酮、丙酮。

4) 碘仿实验

取 5 支试管，分别加入 1mL 蒸馏水和 3～4 滴试样，再分别加入 1mL 10% NaOH 溶液，滴加 $KI\text{-}I_2$ 至溶液呈黄色，继续振荡至浅黄色消失，析出浅黄色沉淀。若无沉淀，则放在 50～60℃水浴中温热几分钟(可补加 $KI\text{-}I_2$ 溶液)，观察结果。

试样：乙醛、丙酮、乙醇、异丙醇、1-丁醇。

5) Tollens 实验

在 5 支洁净的试管中分别加入 1mL Tollens 试剂，再分别加入 2 滴试样，摇匀，静置。若无变化，在 50～60℃水浴中温热几分钟，观察现象。

试样：甲醛、乙醛、苯甲醛、丙酮、环己酮。

6) Benedict 实验

在 4 支试管中分别加入 Benedict 试剂各 1mL，再分别加入 3～4 滴试样，摇匀，在沸水浴中加热 3～5min，观察现象。

试样：甲醛、乙醛、苯甲醛、丙酮。

2. 羧酸的化学性质

1) 酸性实验

在 3 支试管中分别加入 5 滴甲酸、5 滴乙酸、0.2g 乙二酸，再各加入 1mL 蒸馏水，振荡使其溶解。然后用玻璃棒分别蘸取少许酸液，在同一条刚果红试纸[1]上画线。比较各线条颜色和深浅程度，并比较三种酸的酸性强弱。

2) 成盐反应

(1) 苯甲酸钠的生成与分解。取 0.2g 苯甲酸晶体，加入 1mL 水，振荡后观察溶解情况。然后滴加几滴 10%NaOH 溶液，振荡后观察有什么变化。再滴加几滴 $6mol\cdot L^{-1}$ 盐酸溶液，振荡后观察现象。

(2) 乙酸铁的生成与分解。在试管中滴入 3 滴冰醋酸并加入 2mL 水，用 5%NaOH 溶液中和至中性(碱不要过量)，然后加 1 滴 1% $FeCl_3$ 溶液，振摇后，观察溶液呈现的颜色。再加热煮沸 1～2min，观察发生何种变化[2]。

3) 成酯反应

在干燥试管中加入 1mL 无水乙醇和 1mL 冰醋酸，并滴加 3 滴浓 H_2SO_4。摇匀后放入 70～80℃水浴中加热 10min。放置冷却后，再滴加约 3mL 饱和 Na_2CO_3 溶液，中和反应液至出现明显分层，并可闻到特殊香味。

4) 氧化作用

在 3 支试管中分别加入 0.5mL 甲酸、乙酸及 0.2g 乙二酸和 1mL 水所配成的溶液，然后分别加入 1mL 稀硫酸(1∶5)和 2～3mL 0.5% $KMnO_4$ 溶液加热至沸，观察现象。

3. 羧酸衍生物的化学性质

1) 水解反应

(1) 乙酰氯的水解。在试管中加入 1mL 蒸馏水，沿管壁慢慢滴加 3 滴乙酰氯，略微振荡试管，乙酰氯与水剧烈作用，并放出热(用手摸试管底部)。待试管冷却后，再滴加 1～2 滴 2%$AgNO_3$ 溶液，观察溶液有何变化。

(2) 乙酸酐的水解。在试管中加入 1mL 水，并滴加 3 滴乙酸酐，振荡，观察能否溶解。再略微加热试管，观察现象并嗅其气味。

(3) 酯的水解。在 3 支试管中，分别加入 1mL 乙酸乙酯和 1mL 水。然后在第 1 支试管中再加入 0.5mL 3mol · L^{-1} H_2SO_4，在第 2 支试管中加入 0.5mL 20% NaOH 溶液，将 3 支试管同时放入 70～80℃的水浴中，一边振荡，一边观察并比较酯层消失的快慢。

(4) 酰胺的水解。

碱性水解：在试管中加入 0.2g 乙酰胺和 2mL 20% NaOH 溶液，小火加热至沸，闻一闻有无氨的气味，也可在试管口用润湿的试纸检验。

酸性水解：在试管中加入 0.2g 乙酰胺和 2mL 3mol · L^{-1} H_2SO_4，小火加热至沸，闻一闻有无乙酸的气味。冷却后加入 10%NaOH 溶液至碱性，再加热并嗅其气味(或用试纸检验)。

2) 醇解反应

(1) 乙酰氯的醇解。在干燥的试管中加入 1mL 无水乙醇，在冷却与振荡下沿试管壁慢慢滴入 1mL 乙酰氯[3]。反应剧烈进行并放热，待试管冷却后，慢慢加入约 3mL 饱和 Na_2CO_3 溶液中和至出现明显的分层，并可闻到特殊香味。

(2) 乙酸酐的醇解。在干燥的试管中加入 1mL 无水乙醇和 1mL 乙酸酐，混匀后，再加 3～4 滴浓硫酸。振荡下在小火上微沸。放置冷却后，慢慢加入约 3mL 饱和 Na_2CO_3 溶液中和至析出酯层，并可闻到特殊香味。

3) 胺解反应

(1) 在干燥试管中加入 0.5mL 新蒸苯胺，再滴加 0.5mL 乙酰氯，振荡后，用手摸试管底部有无放热。然后，再加入 2～3mL 水，观察有无结晶析出。

(2) 在干燥试管中加入 0.5mL 新蒸苯胺，再滴加 0.5mL 乙酸酐，振荡并用小火加热几分钟，冷却后，加入 2～3mL 水，观察有无结晶析出。

4) 乙酰乙酸乙酯的互变异构实验

(1) 在试管中加入 10 滴 2，4-二硝基苯肼试剂和 3 滴 10%乙酰乙酸乙酯，观察和记录反应现象并解释。

(2) 在试管中加入乙酰乙酸乙酯 5 滴，加乙醇 2mL，再加 2 滴 5%三氯化铁溶液，注意颜色变化。再加饱和溴水至颜色刚好消失。放置片刻，注意到不久颜色又会重现，观察并解释发生的变化。

【注释】

[1] 刚果红试纸与弱酸作用呈棕黑色，与中强酸作用呈蓝黑色，与强酸作用呈稳定的蓝色。

[2] $3NaAc+FeCl_3 = FeAc_3+3NaCl$，生成的乙酸铁立即部分水解成碱式六乙酸铁配离子$[Fe_3(OH)_2Ac_6]^+Cl^-$，使溶液呈淡红棕色。煮沸时进一步水解，生成不溶于水的碱式乙酸铁 $Fe(OH)Ac_2$，呈红棕色絮状沉淀。

[3] 乙酰氯与醇的反应十分剧烈，并有爆破声。因此，滴加时要慢，一滴一滴地加入，防止液体从试管内溅出。

【思考题】

(1) 在醛、酮与$NaHSO_3$的反应中，为什么$NaHSO_3$溶液要饱和且需是新配制的？

(2) 为什么甲酸有还原性而乙酸没有？

(3) 在羧酸及其衍生物与乙醇反应中，为什么在加入饱和碳酸钠溶液后，乙酸乙酯才分层浮在液面上?

(4) 为什么酯化反应中要加浓硫酸?为什么碱性介质能加速酯的水解反应?

(5) 根据实验事实，比较各种羧酸衍生物的化学活泼性。

实验 31　胺 的 性 质

【实验目的】

了解胺的化学性质，掌握区别伯、仲、叔胺的方法。

【实验原理】

胺是碱性物质，与酸反应生成盐，因而很容易由不溶性的物质转变为水溶性的盐来证明它的碱性。伯胺和仲胺分子中氮原子上都连有氢原子，可以与酸酐、酰氯发生酰化反应，而叔胺的氮上没有氢原子，故不能发生酰化反应。在碱性溶液中，伯胺、仲胺也可与苯磺酰氯发生苯磺酰化反应，叔胺的氮上没有氢原子不反应。反应产物苯磺酰伯胺，氮上还有一个氢原子，受苯磺酰基的强吸电子诱导效应的影响而呈弱酸性，可与碱反应成盐而溶于碱性溶液中。苯磺酰仲胺的氮原子上没有氢原子，不溶于碱性溶液。利用这些性质可以鉴别和分离三种胺类，此反应称为兴斯堡(Hinsberg)反应。

胺都能与亚硝酸反应，但伯、仲、叔胺所得产物不相同。伯胺遇亚硝酸在室温时放出氮气；脂肪仲胺或芳香仲胺与亚硝酸反应，氮上的氢原子被亚硝基(—NO)取代，生成 *N*-亚硝基胺；脂肪叔胺与亚硝酸反应生成不稳定的水溶性亚硝酸盐，芳香叔胺与亚硝酸作用不生成盐，而是在苯环的对位引入亚硝基，生成对亚硝基芳叔胺。亚硝酸与伯、仲、叔胺的反应也可用来鉴别三种胺类。

【实验仪器及药品】

主要仪器：试管、烧杯、量筒、木塞、恒温水浴锅等。

主要药品：苯胺、二苯胺、*N*-甲基苯胺、*N*，*N*-二甲基苯胺、乙胺、二乙胺、三乙胺、乙醇、乙酸酐、苯磺酰氯、亚硝酸钠、浓盐酸、6mol · L^{-1} 盐酸、*β*-萘酚试剂[1]、10%氢氧化钠溶液、5% NaClO 溶液、饱和溴水、KI-淀粉试纸、pH 试纸。

【实验步骤】

1. 溶解性与碱性实验

取 1 支试管，加入 3 滴蒸馏水和 1 滴苯胺，观察溶解情况。向溶液中滴入浓盐酸 1～2 滴，摇动，再观察溶解情况。最后再逐滴加入 15～20 滴 10%氢氧化钠溶液，观察现象。

2. 酰化反应

取 1 支试管，加入 2 滴苯胺，再加入 2 滴乙酸酐，边加边冷却，观察有无乙酰苯胺白色结晶生成。

3. 苯胺的溴代反应

取 1 支试管，加入 5 滴蒸馏水和 1 滴苯胺，摇匀后加入饱和溴水 1 滴，观察有无白色沉淀生成。

4. 与 NaClO 的反应

向小试管中加入 1 滴苯胺，然后加 1mL 水稀释，再加入 1 滴 5% NaClO 溶液，振荡，观察现象[2]。

5. 胺的亚硝酸实验

(1)脂肪胺的亚硝酸实验。取 3 支试管，分别加入 1mL 甲胺、二乙胺和三乙胺，然后加浓盐酸调至 pH=5，置冰水浴中冷却至 0℃，再分别加入 2mol · L^{-1} 亚硝酸钠溶液 2mL，振荡后观察试管内溶液变化情况。

(2)芳香胺的亚硝酸实验。在 3 支试管中分别滴入 3 滴苯胺、*N*-甲基苯胺和 *N*，*N*-二甲基苯胺，再分别加入 1mL 浓盐酸和 2mL 水，使胺溶解。然后用冰水浴冷却至 0℃，在搅拌下慢慢加入已冷却的亚硝酸钠溶液(1g 亚硝酸钠溶于 5mL 水中)，直到混合液遇 KI-淀粉试纸呈深蓝色为止[3]。按下列现象区别伯、仲、叔胺：溶液中无固体产生，将此溶液加入 β-萘酚试剂几滴，析出橙红色沉淀，表示为伯胺；溶液中有黄色油状物或固体析出，加碱不变色，表示为仲胺；溶液中有红色固体析出，加10%氢氧化钠溶液中和到碱性时转为绿色固体，表示为叔胺。

6. Hinsberg 实验

在 3 支试管中分别加入 3 滴苯胺、N-甲基苯胺和 N，N-二甲基苯胺，再各加入 3mL 10%氢氧化钠溶液及 5 滴苯磺酰氯，塞住试管口，剧烈振荡 3～5min，然后拔去塞子，振荡下在水浴上温热，直至无苯磺酰氯的气味为止，再加蒸馏水 5mL[4]。冷却混合液至室温，用 pH 试纸检验溶液是否为碱性，若不呈碱性，应加氢氧化钠使其呈碱性。

(1) 溶液中若无沉淀析出，再逐滴加入 $6mol \cdot L^{-1}$ 盐酸酸化并用玻璃棒摩擦试管壁，析出沉淀的为伯胺。

(2) 如果溶液中有沉淀或油状物析出（可能是未反应的叔胺），滴加浓盐酸 5 滴，用力振荡后，沉淀溶解的为叔胺[5]，不溶者为仲胺。

【注释】

[1] 4 克 β-萘酚溶于 40mL 50%氢氧化钠溶液中。

[2] 次氯酸钠起氧化作用，先出现绿色，再变为紫色。

[3] 亚硝酸钠是氧化剂，当它过量后与 KI 反应，生成碘，所以试纸会变蓝。

[4] 因某些苯磺酰胺钠盐在碱溶液中溶解度不大，可能以钠盐的形式沉淀出来，所以加水使其溶解。

[5] 若上述苯磺酰氯水解不完全，则也可看到油状物。

实验 32　糖 的 性 质

【实验目的】

(1) 了解各类糖的化学性质与其结构之间的关系。

(2) 掌握鉴别各类糖的方法。

【实验原理】

糖类化合物是指多羟基醛或多羟基酮，以及能水解成多羟基醛或多羟基酮的一类化合物。糖类化合物根据其单元结构分为单糖、双糖和多糖三大类。

糖类化合物一个比较普遍的定性反应是 Molisch 反应，即在浓硫酸存在下糖类化合物与 α-萘酚作用生成紫色环，单糖、双糖和多糖一般都能发生此反应[1]。紫色环生成的原因通常认为是糖被浓硫酸脱水生成糠醛或糠醛衍生物，后者再进一步与

α-萘酚缩合成有色物质。

单糖又称还原性糖，能还原 Fehling 试剂、Benedict 试剂和 Tollens 试剂，并且能与过量的苯肼作用生成脎。糖脎有良好的结晶和一定的熔点，不同的糖脎有不同的晶形，反应中生成的速度也不同。因此，可根据糖脎的晶形和生成的时间来鉴别糖。

酮糖能与 Seliwanoff 试剂反应呈鲜红色，而醛糖则不显色，借此可以鉴别醛糖和酮糖。

双糖由于两个单糖的结合方式不同，有的有还原性，有的则没有。麦芽糖、乳糖、纤维二糖等分子中有一个半缩醛基，属于还原糖，也能成脎。蔗糖分子中没有半缩醛结构，所以没有还原性，也不能成脎。

淀粉和纤维素都是由很多葡萄糖缩合而成的。葡萄糖以 α-苷键连接形成淀粉，若以 β-苷键结合则形成纤维素，两者均无还原性。淀粉遇碘变蓝色，在酸或淀粉酶的作用下水解成葡萄糖。

【实验仪器及药品】

主要仪器：试管、烧杯、量筒、恒温水浴锅等。

主要药品：2%葡萄糖、2%木糖、2%果糖、2%麦芽糖、2%乳糖、2%蔗糖、1%淀粉、Benedict 试剂、Tollens 试剂、Molisch 试剂、Seliwanoff 试剂、间苯三酚盐酸溶液、10%苯肼盐酸盐溶液、15%乙酸钠溶液、10%氢氧化钠溶液、浓盐酸、浓硫酸、1∶5 硫酸溶液、1%碘-碘化钾溶液、红色石蕊试纸。

【实验步骤】

1. Molisch 实验

取 5 支试管，编号后分别加入 2%葡萄糖、果糖、木糖、蔗糖和 1%淀粉溶液各 1mL，再滴入 2 滴 Molisch 试剂，振荡均匀后，将各试管倾斜 45°，沿管壁徐徐加入 1mL 浓硫酸(勿摇动试管)，静置片刻，观察上下两液层界面处的颜色变化。若数分钟后无颜色变化，可在水浴中温热，再观察结果。

2. Seliwanoff 实验

取 4 支试管，编号后各加入 10 滴 Seliwanoff 试剂，再各取 2 滴 2%葡萄糖、果糖、麦芽糖和蔗糖溶液，分别加入上述试管。摇匀后将四支试管同时放入沸水浴中加热，观察各试管中的颜色变化，并比较显色次序。

3. 间苯三酚实验

取 4 支试管，编号后各加入 1mL 间苯三酚盐酸溶液，再分别加入 5 滴 2%葡萄糖、果糖、木糖和蔗糖溶液，摇匀后将试管放入沸水浴中煮沸 1～2min，观察各试管中的颜色变化，比较结果。

4. Benedict 实验

取 6 支试管，编号后各加入 1mL Benedict 试剂，再分别滴加 5 滴 2%葡萄糖、果糖、木糖、蔗糖、麦芽糖溶液和 1%淀粉溶液，摇匀后将各试管同时置沸水浴中加热 3～5min，观察颜色变化及沉淀的生成。

5. Tollens 实验

取 4 支试管，分别加入 1mL Tollens 试剂，再分别加入 10 滴 2%葡萄糖、果糖、蔗糖和麦芽糖溶液，摇匀后将各试管同时置 50℃水浴中温热，观察有无银镜生成。

6. 成脎反应与鉴定

取 6 支试管，编号后分别加入 2%葡萄糖、果糖、木糖、麦芽糖、乳糖和蔗糖溶液各 20 滴，再各加入 10 滴 10%苯肼盐酸盐溶液和 10 滴 15%乙酸钠溶液[2](或 20 滴苯肼试剂)，混合均匀，用棉花塞住管口[3]。再将各试管同时浸入沸水浴中加热(注意随时振荡)，记录各种糖脎生成的时间，30min 后，若结晶析出不明显，可取出试管自然冷却[4]，并用玻璃棒摩擦管壁以促结晶。最后用玻璃棒取糖脎结晶少许于载玻片上，在低倍(80～100 倍)显微镜下观察其结晶形状。

7. 蔗糖的水解与鉴定

取两支试管，各加入 2%蔗糖溶液 1mL，在甲试管中加 2 滴浓盐酸，在乙试管中加 2 滴蒸馏水，摇匀。将两支试管同时放入沸水浴中加热 10～15min，取出冷却，甲管用 10%氢氧化钠溶液中和至红色石蕊试纸呈蓝色。向两支试管中各加入 1mL Benedict 试剂，摇匀后，同时置沸水浴中加热 2～3min，观察并分析所发生的现象。

8. 淀粉与碘作用

取 1 支试管加入 5 滴 1%淀粉溶液和 2mL 蒸馏水，然后加 1 滴 1%碘-碘化钾溶液；将试管放入沸水浴中加热 5～10min，取出试管冷却。观察并分析每步操作中所发生的现象。

9. 淀粉的水解

在试管中加入 3mL 1%淀粉溶液，再加 0.5mL 1∶5 硫酸溶液，于沸水浴中加热 5min，冷却后用 10%氢氧化钠溶液中和至中性。取 5 滴与 1mL Benedict 试剂作用，在沸水浴中加热 3～5min，观察现象。

【注释】

[1] 丙酮、甲酸、乳酸、葡萄糖醛酸、各种醛糖衍生物、甘油醛等均产生近似的颜色反应。因此，阴性反应证明没有糖类化合物的存在，而阳性反应则说明有糖存在的可能性，需要进一步通过其他糖的定性实验才能确定有糖的存在。

[2] 苯肼盐酸盐与乙酸钠作用生成苯肼乙酸盐，这种弱酸与弱碱形成的盐在水中容易水解成苯肼。

$$C_6H_5NHNH_2 \cdot HCl + CH_3COONa \longrightarrow C_6H_5NHNH_2 \cdot CH_3COOH + NaCl$$

$$C_6H_5NHNH_2 \cdot CH_3COOH \rightleftharpoons C_6H_5NHNH_2 + CH_3COOH$$

苯肼试剂也可用 2 份苯肼盐酸盐与 3 份乙酸钠混合研匀供用，临用时取适量与糖溶液混合即可。

[3] 苯肼毒性很大，操作时应小心，防止试剂溢出或沾到皮肤，如不慎触及皮肤，应先用 5%乙酸洗，再用水冲洗。为防止苯肼蒸气中毒，要用棉花堵塞管口，以减少苯肼蒸气逸出。

[4] 自然冷却有利于获得较大的结晶，便于用显微镜观察。麦芽糖和乳糖更是如此。

【思考题】

(1) 为什么所有的糖都与 Molisch 试剂作用而显色？

(2) 是否所有的糖都能还原 Benedict 试剂？为什么？

(3) 为什么葡萄糖和果糖的糖脎的晶形是相同的？

实验 33　氨基酸、蛋白质的性质

【实验目的】

(1) 熟悉氨基酸主要的化学性质。

(2) 了解蛋白质的基本结构和重要的化学性质。

(3) 掌握鉴别氨基酸和蛋白质的方法。

【实验原理】

1. 蛋白质及氨基酸的呈色反应

蛋白质所含有的某些氨基酸具有特殊结构，可以与某些试剂反应，生成有色物质。

1) 双缩脲反应

尿素被加热至 180℃左右时，两分子尿素缩合放出一分子氨而形成双缩脲。双缩脲在碱性条件下可与 Cu^{2+}结合生成复杂的紫红色化合物。此反应称为双缩脲反应。

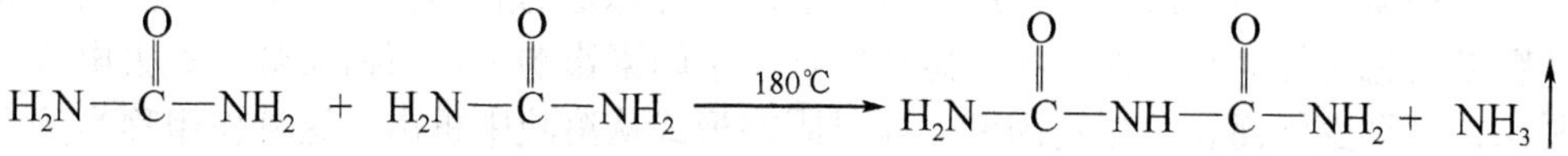

所有含有两个或两个以上肽键的化合物均有此反应。

蛋白质或二肽以上的多肽分子中含有多个与双缩脲结构相似的肽键，因此也有双缩脲反应，可用此法鉴定蛋白质的存在或测定其含量。

2) 茚三酮反应

蛋白质、多肽和各种氨基酸可发生茚三酮反应。除无 α-氨基的脯氨酸和羟脯氨酸呈黄色外，其他氨基酸生成紫红色，最终为蓝色化合物。

除蛋白质、多肽和各种氨基酸能进行茚三酮反应外，氨、β-丙氨酸和许多一级胺化合物都发生此反应。该反应的灵敏度达 1∶1 500 000(pH5～7)，现已广泛地用于氨基酸定量测定。

3) 黄色反应

凡是含有苯基的化合物都可与浓硝酸反应产生黄色化合物。芳香族氨基酸及含有酪氨酸和色氨酸的蛋白质分子具有此反应。苯丙氨酸很难反应，需加少量浓硫酸才有黄色反应。

2. 蛋白质的两性反应及等电点的测定

蛋白质和氨基酸都是两性电解质。当调节溶液的酸碱度达到一定的离子浓度时，蛋白质分子所带的正电荷和负电荷相等，以兼性离子状态存在，在电场内该蛋白质分子既不向阴极移动，也不向阳极移动，这时溶液的 pH 称为该蛋白质的等电点(pI)。当溶液的 pH 小于蛋白质等电点时，即在 H^+ 较多的条件下，蛋白质分子带正电荷成为阳离子；当溶液的 pH 大于蛋白质等电点时，即在 OH^-较多的条件下，蛋白质分子带负电荷成为阴离子。

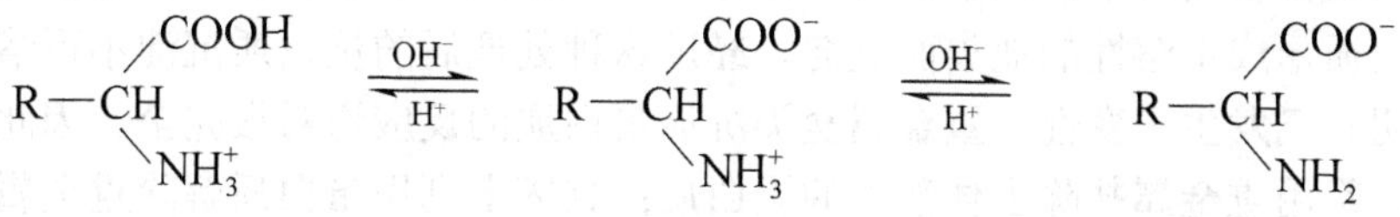

正离子	偶极离子	负离子
pH < pI	pH = pI	pH > pI
在电场中：向阴极移动	不移动	向阳极移动

本实验采用蛋白质在不同 pH 溶液中形成的浑浊度来确定其等电点，在等电点时蛋白质溶解度最小，最容易沉淀析出。

3. 蛋白质的沉淀反应

蛋白质分子由于形成水化层和双电层而成为稳定的胶体颗粒。但是，蛋白质胶体颗粒的稳定性是相对的。在一定的物理化学因素影响下，蛋白质颗粒失去电荷、脱水，甚至变性而丧失稳定因素，即以固态形式从溶液中析出，这种作用称为蛋白质的沉淀反应。该反应可分为以下两种类型。

1) 可逆沉淀反应

在发生沉淀反应时，蛋白质虽已沉淀析出，但其分子内部结构并未发生显著变化，基本上保持原有的性质。沉淀因素除去后，蛋白质沉淀可再溶于原来的溶剂中，这种沉淀反应称为可逆沉淀反应。属于此类反应的有盐析作用，低温下乙醇或丙酮对蛋白质的短时间作用以及等电点沉淀等。

用大量中性盐使蛋白质从溶液中析出的过程称为蛋白质的盐析作用。蛋白质是亲水胶体，在高浓度的中性盐影响下，蛋白质分子被盐脱去水化层，同时，蛋白质分子所带的电荷被中和，蛋白质的胶体稳定性遭到破坏而沉淀析出。沉淀出的蛋白质仍保持其天然蛋白质的性质，当降低盐的浓度时，其还能溶解。

沉淀不同的蛋白质所需中性盐的浓度、种类不同，所以在不同条件下，采用不同浓度的盐类可将各种蛋白质从混合溶液中分别沉淀析出，这种方法称为蛋白质的分级盐析。它在酶的生产和制备等工作中被广泛应用。

2) 不可逆沉淀反应

在发生沉淀反应时，蛋白质的分子内部结构，空间构象遭到破坏，失去其天然蛋白质的性质，这时蛋白质已发生变性。变性后的蛋白质沉淀不能再溶解于原来的溶液中，这种沉淀反应称为不可逆沉淀反应。重金属盐、生物碱试剂、过酸、过碱、加热、振荡、超声波、有机溶剂等都能使蛋白质发生不可逆沉淀反应。

重金属盐类易与蛋白质结合成稳定的沉淀而析出。蛋白质在水溶液中是酸碱两性电解质，在碱性溶液中(对蛋白质等电点而言)，蛋白质分子带负电荷，能与带正电荷的金属离子，如 Zn^{2+}、Cu^{2+}、Hg^{2+}、Pb^{2+}、Fe^{3+}结合成蛋白质盐。在有机体内，蛋白质常以其可溶性的钠盐或钾盐存在，当加入汞、铅、铜、银等重金属盐时，则蛋白质形成不溶性的盐类而沉淀。经过这种处理后的蛋白质沉淀不再溶解在水中，说明它已发生了变性。重金属盐类沉淀蛋白质的反应通常很完全。因此，生化分析中，常用重金属盐除去体液中的蛋白质；临床上则用蛋白质解除重金属盐食物性中毒。但应注意，过量的乙酸铅或硫酸铜可使沉淀的蛋白质再溶解。

蛋白质在有机酸的作用下带正电荷，与酸根的负电荷结合成为溶解度很小的盐类而沉淀。三氯乙酸和磺基水杨酸最有效，可将血清等生物体液中的蛋白质完全除去，因此得到广泛应用。

【实验仪器及药品】

主要仪器：试管、烧杯、量筒、恒温水浴锅等。

主要药品：蛋白质溶液、5%硫酸铜溶液、0.5%甘氨酸溶液、0.5%酪氨酸溶液、米隆试剂、0.5%苯丙氨酸溶液、饱和硫酸铵溶液、5%碱性乙酸铅溶液、双缩脲试剂、0.5%苯酚溶液、5%甘氨酸溶液、0.1%茚三酮溶液、饱和苦味酸、5%单宁酸、0.02mol · L^{-1} 盐酸、0.02mol · L^{-1} NaOH 溶液、10% NaOH 溶液、95%乙醇、浓硝酸、5%乙酸、红色石蕊试纸、0.5%酪蛋白、0.01%溴甲酚绿。

【实验步骤】

1. 盐析实验

取 1 支试管，加入蛋白质溶液 20 滴，再加入 20 滴饱和硫酸铵溶液，振荡后析出蛋白质沉淀，溶液变浑浊。取浑浊液 10 滴滴于另一试管中，加入蒸馏水 2mL，振荡后观察现象并解释。

2. 醇对蛋白质的作用

取 10 滴蛋白质溶液于试管中，加入 10 滴 95%乙醇，振荡，静置数分钟，溶液变浑浊。取浑浊液 10 滴滴于另一试管中，再加入蒸馏水 1mL，振摇，观察现象，同时与盐析结果进行比较。

3. 蛋白质与重金属盐作用

取 2 支试管，各加入蛋白质溶液 10 滴，然后在其中一支试管中加入 5%碱式乙酸铅溶液 1 滴，另一支试管中加入 5%硫酸铜溶液 1 滴，均立即产生沉淀(切勿加过量试剂，否则沉淀又复溶解)[1]。再用水稀释，观察沉淀是否溶解，与盐析结果进行比较(本实验可用 5%甘氨酸溶液做对比实验)。

4. 蛋白质与生物碱试剂作用

取 2 支试管，各加入 10 滴蛋白质溶液和 2 滴乙酸[2]，然后在一支试管中加入饱和苦味酸 2 滴，另一支试管加入 5%单宁酸 2 滴[3]。观察有无沉淀生成。

5. 茚三酮实验[4]

取 2 支试管，分别加 4 滴蛋白质溶液和 4 滴 0.5%甘氨酸溶液，再分别加入 3 滴 0.1%茚三酮溶液，混合后，放在沸水浴中加热 1～5min，观察并比较两试管的显色时间及颜色变化情况。

6. 双缩脲实验[5]

取少量尿素晶体置于干燥试管中，用微火加热使尿素熔化。当熔化的尿素开始硬化时，停止加热，尿素放出氨，形成双缩脲。冷后加入 10 滴双缩脲试剂，混匀，观察颜色变化。

另取 2 支试管，分别加入 10 滴蛋白质溶液、0.5%甘氨酸溶液，再各加入 5 滴双缩脲试剂，振荡后，观察现象并比较结果。

7. 黄蛋白实验[6]

取 1 支试管，加入 5 滴蛋白质溶液及 2 滴浓硝酸，出现白色沉淀或浑浊，然后加热煮沸，观察现象。反应液冷却后再滴入 10%氢氧化钠溶液至反应液呈碱性，观察颜色变化(这一反应结果表明蛋白质分子中含有什么基本结构?可能有哪些氨基酸？用苯丙氨酸和酪氨酸做对比)。

8. 米隆(Millon)实验[7]

取 4 支试管，分别加入 20 滴蛋白质溶液、10 滴 0.5%苯酚溶液、10 滴 0.5%酪氨酸溶液和 10 滴 0.5%苯丙氨酸溶液，再分别加入 5～10 滴米隆试剂[8]，振摇，观察现象。再将试管置于沸水浴中加热(不要煮沸，加热勿过久，否则颜色消退)，观察现象。

9. 蛋白质的两性反应

(1)取 1 支试管，加入 1mL 0.5%酪蛋白溶液和 5～7 滴 0.01%溴甲酚绿指示剂[9]，混匀，观察溶液的颜色。

(2)用滴管缓慢加入 0.02mol · L^{-1} HCl 溶液，随加随摇，直到有大量沉淀产生。说明原因，并观察溶液颜色的变化。

(3)继续滴入 0.02mol · L^{-1} HCl 溶液，观察沉淀和溶液颜色的变化，说明原因。

(4)再缓慢滴入 0.02mol · L^{-1} NaOH 溶液，观察沉淀和溶液颜色的变化过程，说明原因。

【注释】

[1] 沉淀复溶于过量沉淀剂中，这是由沉淀吸附了过量的金属离子使沉淀胶粒带电形成新的双电层所致。

[2] 加乙酸的作用是使蛋白质处在酸性环境中呈阳离子状态存在，使它更易于与生物碱试剂作用，沉淀更明显。

[3] 生物碱试剂过量时，也会出现沉淀复溶于过量沉淀剂的现象。

[4] 对茚三酮实验，蛋白质、α-氨基酸均有正性反应，但脯氨酸、羟脯氨酸、β-氨基酸与茚三酮作用显黄色(并非正常的紫红色)，为负性结果，N-取代 α-氨基酸、γ-

氨基酸也为负性结果，而伯胺、氨及某些羟胺化合物对本实验有干扰。

[5] 双缩脲反应正常显蓝紫色或淡红色，这是由双缩脲与铜离子形成配合物所致。

[6] 本实验的显色反应，主要是由含有苯环的氨基酸或蛋白质中的苯环与硝酸起硝化作用，在苯环上导入硝基所致。

[7] 含酚基的氨基酸及蛋白质均有此反应，先产生白色沉淀，加热后转为砖红色。酚类也显正性反应，有干扰。加热不要煮沸，也不要时间过长。

[8] 米隆试剂为汞剂，有毒！避免皮肤接触和入口。

[9] 溴甲酚绿指示剂的变色范围是 pH 3.8～5.4，在酸性溶液中为黄色，在碱性溶液中为蓝色。

【思考题】

(1) 盐析作用的原理是什么？盐析在化学工作中有什么应用？

(2) 怎样区别氨基酸与蛋白质？

(3) 蛋白质有哪些颜色反应和沉淀反应？对蛋白质的分离与鉴别有什么意义？

第 8 章　设计性实验

有机化学设计性实验是在学生已初步掌握了有机化学相关理论知识和化学实验中的基本操作、基本知识与技术的基础上开设的实验。设计性实验是指学生根据给定的实验任务书，查阅文献资料，自行设计实验方案，组织实验系统，独立进行实验，最后书写实验报告，得出实验结果的实验。设计性实验旨在培养学生的创新意识与创新精神，提高学生分析问题和解决问题的能力。

在设计性实验中，教师一般只给出实验的目标产物，学生需要结合实验室的现有条件自行设计出实验方案。设计性实验方案必须切合实际，具有可操作性，尽量选择原料易得，反应条件温和，催化剂价廉，后处理方便，产品产率高及环境友好的方案。方案中应介绍目标产物的用途、意义、合成路线，列出使用的试剂与仪器，绘制实验装置图，写出制备目标产物的实验方法、主副产物的分离方法、产品的精制、鉴定方法及实验中应该注意的事项等，并附上参考文献。

设计性实验报告应按小论文形式撰写。其格式可参照一般化学、化工杂志的论文，应当包括题目、作者、摘要、关键词、实验内容、实验结果与讨论、主要参考文献等栏目。要简要地介绍题目的背景、实验的目的意义，要有实验步骤的精确描述(包括原料的配比和用量、工艺流程和实验条件、有关数据和现象等)，要有实验结果的有关数据(包括产物的产量和产率、产品质量的有关物理参数及文献值、图表、波谱及其他有关数据等)，要有讨论(包括对实验结果的评价、对实验的改进意见、意外情况的分析及自己的心得体会等)。

实验 34　苯甲酸乙酯的制备

【设计内容及要求】

以 4.0g 苯甲酸和适量的乙醇为原料，选用合适的催化剂合成苯甲酸乙酯。

(1)通过查阅文献，了解苯甲酸乙酯的主要应用、常用合成方法以及制备中常用的催化剂。

(2)根据实验室的现有条件，按要求设计出合成苯甲酸乙酯的实验方案。

a. 写出实验原理，并写出主反应和副反应的反应方程式。

b. 列出实验所需药品、实验仪器及检测设备。

c. 列出反应物和生成物的主要物理常数。

d. 绘制合成实验装置图。

e. 按照设计的投料比，计算各原料投料量。

f. 设计实验步骤，确定最佳反应条件。

g. 设计纯化产物的实验方法，提出反应的后处理方案。

h. 制订产物的分析测试方法。

i. 写出本实验的关键和实验操作注意事项。

j. 列出相关参考文献的出处。

【设计提示】

合成苯甲酸乙酯的常用方法是利用浓硫酸为催化剂的直接酯化法。虽然浓硫酸价格低廉，催化活性高，但存在易发生副反应(如氧化、炭化)使反应变得复杂，副产物多，后续处理麻烦，产品色泽较深，催化剂不易与原料产物分离等问题。并且浓硫酸对设备的腐蚀严重，“三废”多，易引起环境污染，不符合当今的环保要求。

近年来，随着催化剂的广泛研究，以杂多酸、对甲苯磺酸、强酸性阳离子交换树脂、固体超强酸以及某些硫酸盐和金属氯化物等作为酯化反应的催化剂正日益受到人们的关注。这些催化剂的优点是三废污染少，腐蚀性小，反应后处理简单方便，工艺过程简单，有很高的催化活性和选择性，使反应速率加快、酯化率提高。请以此为依据选择较佳的催化剂合成苯甲酸乙酯。

实验 35　阿司匹林的合成

【设计内容及要求】

利用微型化合成方法，以 0.3g 水杨酸为起始原料，合成阿司匹林。

(1)通过查阅文献，了解阿司匹林的主要应用及常用合成方法，总结研究进展状况。

(2)根据实验室的现有条件，按要求设计出合成阿司匹林的实验技术路线和方法。

a. 写出实验原理，并写出主反应和副反应的反应方程式。

b. 列出实验所需药品、实验仪器及检测设备。

c. 列出反应物和生成物的主要物理常数。

d. 绘制合成实验装置图。

e. 按照设计的投料比，计算各原料投料量。

f. 设计实验步骤，确定最佳反应条件。

g. 设计纯化产物的实验方法，提出反应的后处理方案。

h. 写出合成产品的定性检验方法和产品结构表征方法。

i. 写出本实验的关键和实验操作注意事项。

j. 列出相关参考文献的出处。

【设计提示】

微型化学实验(microscale chemical experiment)是20世纪80年代崛起，国际上公认的能体现绿色化学理念的一种化学实验的新技术和新方法。它是指在微型化的仪器装置中进行的化学实验，其试剂用量是常规实验的 1‰～10%。它具有节约药品、减小仪器损耗、节省时间、提高实验安全程度等优点。阿司匹林(aspirin)是一种常用的解热镇痛、抗风湿类药物，广泛应用于临床治疗和预防心脑血管疾病。阿司匹林(乙酰水杨酸)对从事化学的人来说是一个较为熟悉的有机产品，在有机实验的教材中已有合成。本实验要求利用微型化合成方法，设计出合理的合成路线与方法。

要注意的是，微型化学实验的设计不是对常规实验的简单缩小，而是根据常规实验的目的、原理和要求进行科学创新。在实验设计中尽可能采用一些最新的科技知识和技能，运用科学的方法和手段解决设计过程中出现的问题；实验设计的内容应显示出一定的创造智慧和策略，要敢于标新立异。

实验 36　从辣椒中提取分离辣椒红色素

【设计内容及要求】

以1.5g干红辣椒粉为原料，利用溶剂提取法提取分离辣椒红色素。

(1)通过查阅文献，了解辣椒红色素的理化性质，了解目前提取辣椒红色素的方法，总结研究进展状况。

(2)根据实验室的现有条件，按要求设计出提取分离辣椒红色素的实验方法。

a. 设计出提取和分离辣椒红色素的详细实验方案。

b. 写出测定辣椒红色素组分的分析方法。

c. 写出辣椒红色素的定量测定方法。

d. 列出所需试剂和仪器。

e. 写出本实验的关键和实验操作注意事项。

f. 列出相关参考文献的出处。

【设计提示】

红辣椒的主要有效成分为辣椒红色素和辣椒碱类物质。辣椒红色素又名椒红素、辣椒红，是一种优质的天然色素，属于叶黄素类共轭多烯烃含氧衍生物，主要成分为辣椒红素和辣椒玉红素，辣椒红色素中还含有胡萝卜素、油酸和硬脂酸等对人体有益的物质。辣椒红色素不仅色泽鲜艳、色价高、着色力强，而且安全性高，具有营养保健作用，作为天然红色素，是最有开发价值的实用红色素之一。辣椒红色素是脂溶性物质，极性很小，易溶于植物油、丙酮、乙醚、三氯甲烷、乙醇等有机溶剂，不溶于甘油和水。可根据辣椒红色素的性质选择提取溶剂。

(1) 提取溶剂的选取。可利用索氏提取法，用不同溶剂从辣椒中提取辣椒红色素，从而确定较佳的提取溶剂。

(2) 可利用薄层色谱法分析测定辣椒红色素的组分，从而计算出系统薄层层析的 R_f 值。

(3) 可利用柱色谱法分离得到辣椒红色素。

(4) 辣椒红色素的定量测定可利用紫外分光光度法，计算出被测辣椒红色素的色价。

实验 37　常见有机化合物的鉴别实验

在有机化学实验中，为使学生对理论知识融会贯通，更好地掌握各种常见有机化合物的物理性质、化学性质以及反应原理，有必要开设“常见有机化合物的鉴别”这一实验。该实验具有很强的综合性，有利于培养学生理论联系实际、动手解决实际问题的能力。

【设计内容及要求】

设计一个鉴别化合物①石油醚、②松节油、③氯化苄、④乙醇、⑤乙醛、⑥丙酮、⑦乙酸、⑧三乙胺、⑨葡萄糖的实验方案。方案要求如下：

(1) 查阅各化合物的物理性质和化学性质。

(2) 列出所需试剂，并标明所用试剂的浓度和用量。

(3) 写出鉴别各化合物的实验步骤，列出实验流程图，并写出有关反应方程式。

(4) 要以最小量的试剂、最简便的方法和最短的时间完成实验。

【设计提示】

有机化合物的鉴别主要是根据化合物的物理特性或化学特性进行的。物理特性一般包括气味、颜色、状态、熔点、沸点、挥发性、密度、溶解度和相对分子质量等。并不是化合物的所有化学性质都可以用于鉴别，对于化学特性的选择有一定的要求：

(1) 化学反应中应有颜色变化、气体产生、生成沉淀、原有沉淀溶解或分层、能使指示剂变色之一的明显现象产生。

(2) 实验操作要简便安全，反应比较容易进行且步骤也较少。

在对物质进行鉴别时，可先采用一般物理方法，然后采用化学方法，即根据被鉴别物质的结构特点，遵循上述原则选定其特征的化学反应进行鉴别。

第 9 章　研究型实验

有机化学研究型实验是在综合性、设计性实验的基础上，学生在教师指导下自选研究小课题，通过查阅资料，设计实验方案，完成研究内容，撰写研究小论文。此类实验模拟了科学研究的基本过程，学生可以接受科研工作的全过程训练，在培养科研与创新意识的同时，了解学科发展与科技创新的前沿领域，受到良好科技氛围的熏陶。研究型实验具有实验技能的综合性、实验操作的独立性、实验过程的研究性等特点，是提高学生独立设计实验、独立完成实验的能力以及培养学生创造性思维能力的一条重要途径。

实验 38　离子液体催化尼泊金酯的合成研究

尼泊金酯(Nipagin)，即对羟基苯甲酸酯，由于具有高效、低毒、广谱及适用于较宽 pH 范围等优点，对真菌、酵母菌和细菌等微生物均有良好的抑制效果，广泛应用于日化、医药、食品及饲料等行业。

传统工艺是以浓硫酸为催化剂合成尼泊金酯。众所周知，浓硫酸存在一系列难以克服的问题，鉴于浓硫酸催化的一系列缺陷，近年来国内外相继开发了新型催化剂如酸性阳离子交换树脂、Lewis 酸、杂多酸、固体超强酸、离子液体等一些催化剂，取得了较好的效果。

离子液体是由有机阳离子和无机或有机阴离子构成的在室温或近于室温下呈液态的物质，又称室温离子液体。它具有不挥发性、低熔点、宽液程(液态存在的温度范围较宽)、高稳定性、可循环使用的独特性质，被认为是现代有机合成中具有良好应用前景的绿色溶剂和催化剂。本实验出于寻找高效、可重复使用的催化剂以替代传统酯化反应催化剂的思路，对尼泊金酯的合成进行研究。

【研究的主要内容】

以尼泊金乙酯合成为例，重点研究咪唑类室温离子液体的合成方法及其作为合成尼泊金乙酯催化剂的催化性能和重复使用寿命，并优化其催化工艺。研究的主要内容包括：

(1)离子液体的合成研究。合成 1-丁基-3-甲基咪唑溴盐([Bmim]Br)、1-丁基-3-甲基咪唑四氟硼酸盐([Bmim]BF_4)、1-丁基-3-甲基咪唑六氟磷酸盐([Bmim]PF_6)、1-丁基-3-甲基咪唑硫酸氢盐([Bmim]HSO_4)、*N*-甲基咪唑硫酸氢盐([Hmim]HSO_4)和 *N*-甲基咪唑对甲苯磺酸盐([Hmim]TsO)等咪唑阳离子液体。

(2) 催化剂的确定。在相同的反应条件下，考察不同离子液体对合成尼泊金乙酯反应的影响，从中筛选出较佳的离子液体作为合成尼泊金乙酯的催化剂。

(3) 合成条件的优化。在较佳的离子液体催化下，考察原料配比、反应温度、反应时间、催化剂用量以及催化剂重复使用性等因素对合成尼泊金乙酯反应的影响，确定最佳反应条件，并进行优化工艺验证实验。

(4) 产品检测及结构表征。对合成的目的产品用 IR、^{1}HNMR 等方法进行表征，并对其纯度、酸度、熔点、干燥失重和燃烧残渣等项目进行检测。

【主要要求】

(1) 查阅文献并搜集资料，了解本研究课题的意义，撰写文献综述。

(2) 设计出可行的实验方案。简要介绍题目的背景、实验的目的意义，列出实验所用的主要试剂和仪器，画出实验流程图和实验装置图，详细说明合成产品的实验方法、提纯及结构表征方法。

(3) 做好实验准备工作，研究实验方案的可行性、有效性。

(4) 实验操作必须科学规范，严格遵守实验操作规程。

(5) 整理分析实验数据，概括分析和总结实验事实，得出科学结果和结论，讨论和分析实验关键问题，撰写实验论文，针对共性问题集体分析讨论。

实验 39　相转移催化合成苄叉丙酮

苄叉丙酮，又名亚苄基丙酮、4-苯基-3-丁烯-2-酮、甲基苯乙烯基酮，在自然界中主要存在于水解大豆或被氢化的大豆蛋白中。该产品的化学性质比较稳定，是一种用途很广泛的有机化合物。它具有很强的香豌豆型香气，在香料工业中，用于调配香豌豆系列香精和果香食用香精，也用于橙花和风信子等香精。在电镀工业中，它用作镀锌、镀镍的光亮剂，重点应用在汽车、自行车等轻工产品上，起防腐作用。另外，它还具有一定的杀虫剂和驱虫剂功效，是重要的农药中间体。其独特的结构，带有苯基、烯键、羰基等官能团，是进一步合成医药、农药、香料的重要中间体。

苄叉丙酮的经典合成方法主要是采用苯甲醛和丙酮在碱的催化作用下的克莱森缩合，但产率一般较低。这种方法的缺点在于反应物分在两相，反应进行得很慢，反应效率不高。相转移催化剂(phase transfer catalyst，PTC)是可以帮助反应物从一相转移到能够发生反应的另一相中，从而加快异相系统反应速率的一类催化剂。本实验以苯甲醛和丙酮为主要原料，在相转移催化剂的作用下，采用克莱森缩合反应合成苄叉丙酮。

【研究的主要内容】

(1) 相转移催化剂的选择。在相同的反应条件下，分别考察十六烷基三甲基溴化铵(CTMAB)、四丁基氯化铵(TBAC)、三乙基苄基氯化铵(TEABC)、PEG(聚乙二醇)-200、PEG-400、PEG-600 等相转移催化剂对合成反应的影响，从中筛选出催化效果较好的相转移催化剂。

(2) 合成条件的优化。以苯甲醛和丙酮为原料，在较佳的相转移催化剂作用下，在水-氢氧化钠体系中合成苄叉丙酮，探讨相转移催化剂的用量、醛酮用量比、氢氧化钠浓度和用量、反应温度和反应时间对反应的影响，确定最佳反应条件。

(3) 产品的结构表征。借助元素分析仪、红外光谱仪、核磁共振仪和电热熔点测定仪等对产物进行表征。

【主要要求】

(1) 查阅文献并搜集资料，了解本研究课题的意义，撰写文献综述。

(2) 设计出可行的实验方案。简要介绍题目的背景、实验的目的意义，列出实验所用的主要试剂和仪器，画出实验流程图和实验装置图，详细说明合成产品的实验方法、提纯及结构表征方法。

(3) 做好实验准备工作，研究实验方案的可行性、有效性。

(4) 实验操作必须科学规范，严格遵守实验操作规程。

(5) 整理分析实验数据，概括分析和总结实验事实，得出科学结果和结论，讨论和分析实验关键问题，撰写实验论文，针对共性问题集体分析讨论。

实验 40　从 PET 废弃物回收对苯二甲酸的技术研究

聚对苯二甲酸乙二酯(PET，简称聚酯)具有良好的透明性、气体阻隔性和力学性能，以及无毒无味等特点，用于生产纤维、薄膜、饮料瓶等，给人们的生活带来了许多便利，特别是在饮料包装行业得到了广泛应用。但大量的 PET 废料排放到环境中难以自然降解，对环境造成白色污染。我国是世界 PET 生产、消费第一大国，为了变废为宝，净化环境，本实验以 PET 废弃物为原料，使用化学法回收一种重要的化工原料——对苯二甲酸(PTA)。

废旧聚酯的回收方法主要分为物理回收、化学回收、物理-化学回收三种。采用化学回收方法，可将各种 PET 废弃物解聚成生产 PET 的单体或用于合成其他化工产品的原料。化学回收法大致可以分为水解、醇解、氨(胺)解、醇碱联合法和其他解聚方法。其中醇碱联合法解聚 PET 是在乙二醇和路易斯碱同时存在的情况下发生的解聚反应，在此条件下，碱解反应和醇解反应均可发生，相互促进，所以 PET 分解较彻底。本研究采用醇碱联合法将废旧聚酯瓶解聚成生产 PET 的单体——对苯二甲酸。

【研究的主要内容】

(1) 醇碱联合法中碱的选择。在相同的反应条件下，分别考察 NaOH、Na_2CO_3、

$NaHCO_3$等常用碱对废旧聚酯瓶解聚效果的影响，以 PET 的解聚率和 TPA 的产率为评价标准，从中筛选出解聚效果较好的碱。

(2)解聚条件的优化。通过单因素实验，考察反应温度、反应时间、物料配比和解聚剂用量对废旧聚酯瓶解聚效果的影响，以 PET 的解聚率和 TPA 的产率为评价标准，最终确定最优工艺条件。

(3)产品的结构表征。通过红外光谱分析、元素分析、热分析等手段表征目标产物对苯二甲酸。

【主要要求】

(1)查阅文献并搜集资料，了解本研究课题的意义，撰写文献综述。

(2)设计出可行的实验方案。简要介绍题目的背景、实验的目的意义，列出实验所用的主要试剂和仪器，画出实验流程图和实验装置图，详细说明合成产品的实验方法、提纯及结构表征方法。

(3)做好实验准备工作，研究实验方案的可行性、有效性。

(4)实验操作必须科学规范，严格遵守实验操作规程。

(5)整理分析实验数据，概括分析和总结实验事实，得出科学结果和结论，讨论和分析实验关键问题，撰写实验论文，针对共性问题集体分析讨论。

实验 41　固体碱的制备及其催化合成 α-呋喃丙烯酸

α-呋喃丙烯酸的相对分子质量为 138，产品为白色粉末或针状晶体，见光后颜色变深，从黄色到咖啡色，熔点为 141℃，沸点为 286℃，微溶于水，可溶于乙醇、乙醚、苯和乙酸等，能随水蒸气挥发。α-呋喃丙烯酸是重要的有机合成中间体，可用于制备庚酮二酸、庚二酸、乙烯呋喃及其酯类，在医药工业上用于合成防治血吸虫病的药物呋喃丙胺。其衍生物酯类是重要的香料，广泛用于食品、化妆品和香精中。实际生产中广泛采用 Knoevenagel 法来合成。针对 Knoevenagel 法需用碱作为催化剂，本研究利用固体碱做催化剂，以糠醛和丙二酸为原料，吡啶为溶剂，合成 α-呋喃丙烯酸。通过制备成本低廉、强度高、不易被杂质污染的固体碱来代替液体碱催化合成 α-呋喃丙烯酸。

【研究的主要内容】

(1)固体催化剂的选择。在相同的条件下，探讨同一前驱体负载不同载体的固体碱对合成 α-呋喃丙烯酸催化活性的影响。分别考察 KF/Al_2O_3、K_2CO_3/Al_2O_3、KAc/Al_2O_3等固体碱催化剂对合成 α-呋喃丙烯酸的影响，从中筛选出催化效果较好的固体碱催化剂。

(2)合成条件的优化。以糠醛和丙二酸为原料，吡啶为溶剂，在适宜的固体碱催化下，合成 α-呋喃丙烯酸，探讨固体碱催化剂的用量、反应物物质的量之比、吡啶的用量、反应温度和反应时间对反应的影响，确定最佳反应条件。

(3) 产品的结构表征。借助元素分析仪、红外光谱仪和熔点测定仪等对产物进行表征。

【主要要求】

(1) 查阅文献并搜集资料，了解本研究课题的意义，撰写文献综述。

(2) 设计出可行的实验方案。简要介绍题目的背景、实验的目的意义，列出实验所用的主要试剂和仪器，画出实验流程图和实验装置图，详细说明合成产品的实验方法、提纯及结构表征方法。

(3) 做好实验准备工作，研究实验方案的可行性、有效性。

(4) 实验操作必须科学规范，严格遵守实验操作规程。

(5) 整理分析实验数据，概括分析和总结实验事实，得出科学结果和结论，讨论和分析实验关键问题，撰写实验论文，针对共性问题集体分析讨论。

实验 42　傅-克酰基化反应催化剂的研究

傅里德-克拉夫茨 (Friedel-Crafts) 酰基化反应 (简称傅-克酰基化反应) 在精细化学品的合成中占有重要地位。通过芳香烃与氯化苄、苯甲醇、苯酐、酰氯等的烷基化和酰基化反应可制得多种农药、医药、香料以及生物活性物等的中间体。此反应也是制备芳香酮的重要方法之一，具有反应简单、选择性高等优点。而芳香酮作为重要的精细化工产品及中间体，在染料、医药、农药、塑料、化妆品等领域都有着十分广泛的应用。

傅-克酰基化反应自 1877 年被发现以来，一直以 Lewis 酸和 Brönsted 酸等均相催化剂为最常用的催化剂。这些催化剂具有催化活性高、反应条件温和的优点，但是它们的缺陷越来越不能被环境友好的大趋势所容忍。例如，应用最为广泛的 $AlCl_3$ 由于能与酰基形成等物质的量的配合物，故实际用量大大超过催化剂用量，反应完毕后需要进行水解而产生大量工业上难以处理的含铝酸性溶液。而且 $AlCl_3$ 催化剂自身具有腐蚀性，遇水强烈分解，放出大量的热且操作处理比较危险，同时放出的热量易使反应产物复杂化。

长期以来，人们一直在探索经济方便、环境友好的催化方法来替代传统的均相催化方法，并进行了多种尝试。本研究以噻吩与乙酸酐进行傅-克酰基化为探针反应，探讨不同类型催化剂对噻吩合成 α-乙酰噻吩的影响。

【研究的主要内容】

(1) 傅-克酰基化催化剂的选择。以噻吩、乙酸酐为原料，在相同反应条件下分别考察以磷酸、杂多酸、酸性离子液体为催化剂对合成 α-乙酰噻吩的影响。从而筛选出催化效果较好的傅-克酰基化反应催化剂。

(2) 合成条件的优化。以噻吩、乙酸酐为原料，在适宜的催化剂催化下，合成 α-乙酰噻吩，探讨催化剂的用量、反应物物质的量之比、反应温度和反应时间对合成 α-乙酰噻吩产率的影响，确定适宜的合成工艺。

(3) 产品的结构表征。借助气相色谱与质谱联用仪、元素分析仪、红外光谱仪等对产物 α-乙酰噻吩进行表征。

【主要要求】

(1) 查阅文献并搜集资料，了解本研究课题的意义，撰写文献综述；

(2) 设计出可行的实验方案。简要介绍题目的背景、实验的目的意义，列出实验所用的主要试剂和仪器，画出实验流程图和实验装置图，详细说明合成产品的实验方法、提纯及结构表征方法。

(3) 做好实验准备工作，研究实验方案的可行性、有效性。

(4) 实验操作必须科学规范，严格遵守实验操作规程。

(5) 整理分析实验数据，概括分析和总结实验事实，得出科学结果和结论，讨论和分析实验关键问题，撰写实验论文，针对共性问题集体分析讨论。

实验 43　壳聚糖-衣康酸水凝胶的制备及其对染料废水(甲基橙)的吸附

壳聚糖是一种天然的可生物降解的阳离子型高分子多糖，具有无毒、无害、生物相容性好等优点，在工业、医学、农业、日用化工等领域有着广泛的应用。但是单独的壳聚糖水凝胶材料溶胀性能差，在生产中容易出现破裂、力学性能差等问题，从而限制了其广泛的应用。衣康酸含有两个羧基和一个碳碳双键，是一种多官能团化合物，性质非常活泼，很容易共聚，可以对部分高分子材料灵活改性，且在凝胶网络中加入少量的衣康酸单体就能增加水凝胶的溶胀率。因此，在壳聚糖的基础上，引入衣康酸制备水凝胶，为开发其在工业、农业、医学和日用化工等领域的可用性提供实验理论数据。本实验通过制备壳聚糖-衣康酸水凝胶，研究壳聚糖-衣康酸水凝胶对染料废水中的甲基橙的吸附行为，为开发和应用壳聚糖-衣康酸水凝胶在处理工业染料废水中的甲基橙提供一定的理论依据。

【研究的主要内容】

(1) 甲基橙溶液标准曲线的绘制。分别配制不同浓度的甲基橙标准溶液，以去离子水作为参比，用 711 分光光度计于 464nm 处测定各溶液的吸光度，进行线性回归得标准曲线。

(2) 壳聚糖-衣康酸水凝胶的制备。以壳聚糖、衣康酸为原料，乙酸溶液为溶剂，

0.5%戊二醛水溶液为交联剂，在一定的温度下进行加热搅拌，反应一段时间后即得到壳聚糖-衣康酸水凝胶。

(3) 水凝胶对甲基橙的吸附测定。取一定质量的水凝胶，放入甲基橙溶液中浸泡24h，滤去多余的水，用湿润的滤纸吸干其表面的水溶液后称量，根据下式计算水凝胶的溶胀率：

$$溶胀率=\frac{m_1-m_2}{m_2}\times 100\%$$

式中，m_1为水凝胶溶胀后的质量(g)；m_2为水凝胶的初始质量(g)。

(4) 探讨水凝胶合成工艺。探讨反应物壳聚糖与衣康酸的质量比、交联剂用量、反应温度、反应时间等对水凝胶吸附甲基橙的影响，得到适宜的合成工艺。

(5) 壳聚糖-衣康酸水凝胶的表征。借助红外光谱仪和热重分析仪等对产物进行结构表征。

【主要要求】

(1) 查阅文献并搜集资料，了解本研究课题的意义，撰写文献综述。

(2) 设计出可行的实验方案。简要介绍题目的背景、实验的目的意义，列出实验所用的主要试剂和仪器，画出实验流程图和实验装置图，详细说明合成产品的实验方法、提纯及结构表征方法。

(3) 做好实验准备工作，研究实验方案的可行性、有效性。

(4) 实验操作必须科学规范，严格遵守实验操作规程。

(5) 整理分析实验数据，概括分析和总结实验事实，得出科学结果和结论，讨论和分析实验关键问题，撰写实验论文，针对共性问题集体分析讨论。

参 考 文 献

蔡炳新，陈贻文. 2007. 基础化学实验. 2 版. 北京：科学出版社.

高占先. 2009. 有机化学实验. 4 版. 北京：高等教育出版社.

古凤才，张文勤，崔建中等. 2010. 基础化学实验教程. 3 版. 北京：科学出版社.

胡昱，吕小兰，戴延凤. 2012. 有机化学实验. 北京：化学工业出版社.

苗深花. 2004. 微型化学实验的设计研究. 曲阜师范大学学报(自然科学版)，30(4)：79-82.

苏丽红，陈彦玲，邱平. 2008. 相转移催化合成苄叉丙酮. 长春师范学院学报(自然科学版)，27(4)：56-58.

张艳，赵丽丽，仝其根. 2011. 辣椒红色素的提取与分离. 北京工商大学学报(自然科学版)，29(6)：45-49.

附　　录

附录 1　常用元素的相对原子质量

名称	符号	相对原子质量	名称	符号	相对原子质量	名称	符号	相对原子质量
氢	H	1	铝	Al	27	铁	Fe	56
氦	He	4	硅	Si	28	铜	Cu	63.5
碳	C	12	磷	P	31	锌	Zn	65
氮	N	14	硫	S	32	银	Ag	108
氧	O	16	氯	Cl	35.5	钡	Ba	137
氟	F	19	氩	Ar	40	铂	Pt	195
氖	Ne	20	钾	K	39	金	Au	197
钠	Na	23	钙	Ca	40	汞	Hg	201
镁	Mg	24	锰	Mn	55	碘	I	127

附录 2　常用有机溶剂的沸点、相对密度和溶解性

名称	沸点/℃ (101.3kPa)	相对密度 d_4^{20}	溶解性
戊烷	36.1	0.626	微溶于水，与乙醇、乙醚等多数有机溶剂混溶
己烷	68.7	0.692	不溶于水，可与乙醚、氯仿混溶，溶于丙酮，与甲醇不混溶
环己烷	80.72	0.78	与乙醇、高级醇、醚、丙酮、烃、氯代烃、高级脂肪酸、胺类混溶
苯	80.1	0.8765	难溶于水，与乙醇、氯仿、乙醚、丙酮、甲苯、冰醋酸、脂肪烃等大多有机化合物混溶
甲苯	110.63	0.87	不溶于水，与甲醇、乙醇、氯仿、丙酮、乙醚、冰醋酸、苯等有机溶剂混溶
邻二甲苯	144.41	0.88	不溶于水，与醇、乙醚、氯仿混溶
间二甲苯	139.10	0.868	不溶于水，与醇、醚、氯仿混溶，室温下溶解乙腈、二甲基甲酰胺(DMF)等
对二甲苯	138.35	0.8611	不溶于水，与醇、醚和其他有机溶剂混溶
氯苯	131.69	1.1057	能与醇、醚、脂肪烃、芳香烃和有机氯化物等多种有机溶剂混溶
二氯甲烷	39.8	1.3266	与醇、醚、氯仿、苯、二硫化碳等有机溶剂混溶
氯仿	61.7	1.4832	与乙醇、乙醚、石油醚、卤代烃、四氯化碳、二硫化碳等混溶

续表

名称	沸点/℃ (101.3kPa)	相对密度 d_4^{20}	溶解性
四氯化碳	76.75	1.5950	与醇、醚、石油醚、石油脑、冰醋酸、二硫化碳、氯代烃混溶
1，1-二氯乙烷	57.28	1.2569	与醇、醚等大多数有机溶剂混溶
1，2-二氯乙烷	83.48	1.2569	与乙醇、乙醚、氯仿、四氯化碳等多种有机溶剂混溶
二硫化碳	46.25	1.2632	微溶于水，与多种有机溶剂混溶
甲醇	64.7	0.7918	与水、乙醚、醇、酯、卤代烃、苯、酮混溶
乙醇	78.5	0.7893	与水、乙醚、氯仿、酯、烃类衍生物等有机溶剂混溶
丙醇	97.4	0 .8035	与乙醇、乙醚、氯仿、水混溶
异丙醇	82.40	0.7855	与乙醇、乙醚、氯仿、水混溶
1，2-丙二醇	188.2	1.04	与水、乙醇、乙醚、氯仿、丙酮等多种有机溶剂混溶
甘油	290.0	1.2636	与水、乙醇混溶，不溶于乙醚、氯仿、二硫化碳、苯、四氯化碳、石油醚
丁醇	117.25	0.8109	微溶于水，与乙醇、乙醚及其他多种有机溶剂混溶
环己醇	160.84	0.9624	与醇、醚、二硫化碳、丙酮、氯仿、苯、脂肪烃、芳香烃、卤代烃混溶
苄醇	205.7	1.0419	与乙醇、乙醚、氯仿混溶，20℃在水中溶解3.8%(质量分数)
二甘醇	244.8	1.118	与水、乙醇、乙二醇、丙酮、氯仿、糠醛混溶，与乙醚、四氯化碳等不混溶
乙醚	34.6	0.7134	微溶于水，易溶于盐酸，与醇、醚、石油醚、苯、氯仿等多数有机溶剂混溶
乙二醇一甲醚	124.6	0.9663	与水、醛、醚、苯、乙二醇、丙酮、四氯化碳、DMF等混溶
乙二醇二甲醚	85.2	0.87	溶于水，与醇、醚、酮、酯、烃、氯代烃等多种有机溶剂混溶，能溶解各种树脂和纤维素
乙二醇一乙醚	135.6	0.9311	与水、乙醇、丙酮、乙醚和液体酯类混溶，可溶解多种油类、蜡和树脂等
1，4-二氧六环	101.3	1.0337	能与水及多数有机溶剂混溶，溶解能力很强
丙酮	56.12	0.7899	与水、醇、醚、烃混溶
丁酮	79.64	0.805	与乙醇、乙醚、苯、氯仿、油类混溶
环己酮	155.65	0.95	与甲醇、乙醇、苯、丙酮、己烷、乙醚、硝基苯、石油脑、二甲苯、乙二醇、乙酸异戊酯、二乙胺及其他多种有机溶剂混溶
乙酸	117.9	1.050	与水、乙醇、乙醚、四氯化碳混溶，不溶于二硫化碳及C_{12}以上高级脂肪烃
乙酸酐	140.0	1.0820	不溶于水，与乙醇、乙醚、氯仿等混溶
乙酸乙酯	77.1	0.9003	与醇、醚、氯仿、丙酮、苯等大多数有机溶剂混溶，能溶解某些金属盐
乙酸丁酯	126.11	0.8825	优良有机溶剂，广泛应用于医药行业，还可以用作萃取剂
四氢呋喃	65～66	0.8892	优良溶剂，与水混溶，能很好地溶解乙醇、乙醚、脂肪烃、芳香烃、氯代烃
甲胺	–6.3	0.66	是多数有机化合物和无机化合物的优良溶剂，液态甲胺与水、醚、苯、丙酮、低级醇混溶

续表

名称	沸点/℃ (101.3kPa)	相对密度 d_4^{20}	溶解性
二甲胺	7.4	0.68	易溶于水，溶于乙醇和乙醚
三乙胺	89.6	0.73	微溶于水，溶于乙醇、乙醚、丙酮等多数有机溶剂
乙二胺	117.26	0.90	易溶于水生成水合乙二胺，溶于乙醇和甲醇，微溶于乙醚，不溶于苯
甲酰胺	210.5	1.133	不溶于醚类及含氯溶剂，微溶于苯，能与水、甲醇、乙醇、乙酸、丙酮、二氧六环、乙二醇、苯酚和低级酯混溶
N-甲基甲酰胺	199	1.011	与苯混溶，溶于水和醇，不溶于醚
N，*N*-二甲基甲酰胺	153.0	0.9487	与水、醇、醚、酮、不饱和烃、芳香烃等混溶，溶解能力强
乙酰胺	221.2	1.159	溶于水、醇、吡啶、氯仿、甘油、热苯、丁酮、丁醇、苄醇，微溶于乙醚
N，*N*-二甲基乙酰胺	166.1	0.9429	溶解不饱和脂肪烃，与水、醚、酯、酮、芳香族化合物混溶
N，*N*-二甲基苯胺	193	0.96	能随水蒸气挥发，与醇、醚、氯仿、苯等混溶，能溶解多种有机化合物
硝基甲烷	101.2	1.14	与醇、醚、四氯化碳、DMF 等混溶，能溶解染料、油脂、蜡、纤维素衍生物、树脂等，能溶解芳香烃，但不与烷烃、环烷烃相混合
硝基乙烷	114.0	1.052	几乎不溶于水，与醇、醚、氯仿混溶，能溶解多种树脂和纤维素衍生物
硝基苯	210.9	1.2037	几乎不溶于水，与醇、醚、苯等有机化合物混溶，对有机化合物的溶解能力强
乙腈	81.60	0.79	与水、甲醇、乙酸甲酯、乙酸乙酯、丙酮、醚、氯仿、四氯化碳、氯乙烯及各种不饱和烃混溶，但是不与饱和烃混溶
丙腈	97.35	0.7818	溶解醇、醚、DMF、乙二胺等有机化合物，与多种金属盐形成加成有机化合物
丁二腈	267	1.02	溶于水，易溶于乙醇和乙醚，微溶于二硫化碳、己烷
糠醛	161.8	1.1594	与醇、醚、氯仿、丙酮、苯等混溶
吡啶	115.2	0.9819	与水、醇、醚、石油醚、苯、油类混溶，能溶解多种有机化合物和无机化合物
喹啉	237.10	1.0929	溶于热水、稀酸、乙醇、乙醚、丙酮、苯、氯仿、二硫化碳等
二甲基亚砜	189.0	1.100	与水、甲醇、乙醇、乙二醇、甘油、乙醛、丙酮、乙酸乙酯、吡啶、芳香烃混溶
环丁砜	287.3	1.261	几乎能与所有有机溶剂混溶，除脂肪烃外能溶解大多数有机化合物

附录 3　常见的共沸混合物

1. 一些溶剂与水形成的二元共沸物(水的沸点 100℃)

溶剂	沸点/℃	共沸点/℃	含水量/%	溶剂	沸点/℃	共沸点/℃	含水量/%
氯仿	61.2	56.1	2.5	甲苯	110.5	85.0	20
四氯化碳	77.0	66.0	4.0	正丙醇	97.2	87.7	28.8
二甲苯	137～140.5	92.0	37.5	异丙醇	82.4	80.4	12.1
苯	80.4	69.2	8.8	异丁醇	108.4	89.9	88.2
丙烯腈	78.0	70.0	13.0	叔丁醇	82.5	79.9	49.6
二氯乙烷	83.7	72.0	19.5	正丁醇	117.7	92.2	37.5
乙腈	82.0	76.0	16.0	吡啶	115.5	94.0	42
乙醇	78.3	78.1	4.4	异戊醇	131.0	95.1	49.6
乙酸乙酯	77.1	70.4	8.0	正戊醇	138.3	95.4	44.7
异丙醇	82.4	80.4	12.1	氯乙醇	129.0	97.8	59.0
乙醚	35	34	1.0	二硫化碳	46	44	2.0
甲酸	101	107	26	二氧六环	101.3	87.8	18

2. 一些溶剂与水形成的三元共沸物

共沸混合物	各组分质量分数/%	共沸点/℃
A 组分-B 组分-C 组分	A 组分-B 组分-C 组分	
水-乙醇-乙酸乙酯	9.0-8.4-82.6	70.2
水-乙醇-四氯化碳	4.3-9.7-86.0	61.8
水-乙醇-苯	7.4-18.5-74.1	64.9
水-乙醇-环己烷	7.0-17.0-76.0	62.1
水-乙醇-氯仿	3.5-4.0-92.5	55.5
水-异丙醇-苯	7.5-18.7-73.8	66.5
水-二硫化碳-丙酮	0.8-75.2-24.0	38.0

3. 常见有机溶剂间的共沸混合物

共沸混合物	各组分沸点/℃	各组分质量分数/%	共沸点/℃
A 组分-B 组分	A 组分-B 组分	A 组分-B 组分	
乙醇-乙酸乙酯	78.3-78.0	30-70	72.0
乙醇-苯	78.3-80.6	32-68	68.2

续表

共沸混合物	各组分沸点/℃	各组分质量分数/%	共沸点/℃
A 组分-B 组分	A 组分-B 组分	A 组分-B 组分	
乙醇-氯仿	78.3-61.2	7-93	59.4
乙醇-四氯化碳	78.3-77.0	16-84	64.9
乙酸乙酯-四氯化碳	78.0-77.0	43-57	75.0
甲醇-四氯化碳	64.7-77.0	21-79	55.7
甲醇-苯	64.7-80.4	39-61	48.3
甲醇-二氯甲烷	64.7-41	7.3-92.7	37.8
甲醇-氯仿	64.7-61.2	12-88	55.5
甲醇-丙酮	64.7-56.2	12-88	55.5
氯仿-丙酮	61.2-56.4	80-20	64.7
甲苯-乙酸	101.5-118.5	72-28	105.4

附录 4　常用酸碱溶液的密度和浓度

试剂名称	密度/(g · cm^{-3}) (20℃)	浓度/(mol · L^{-1})	质量分数/%
浓硫酸	1.84	18.0	96.0
浓盐酸	1.19	12.1	37.2
浓硝酸	1.42	15.9	70.4
磷酸	1.70	14.8	85.5
冰醋酸	1.05	17.45	99.8
浓氨水	0.90	14.53	56.6
浓氢氧化钠	1.54	19.4	50.5

附录 5　常见致癌物质与剧毒化学药品

1. 高毒性固体

很少量就能使人迅速中毒甚至致死。

名称	TLV[a]/(mg · m^{-3})	名称	TLV[a]/(mg · m^{-3})
三氧化锇	0.002	砷化合物	0.5(按 As 计)
汞化合物(特别是烷基汞)	0.01	五氧化二钒	0.5
铊盐	0.1(按 Tl 计)	乙二酸和乙二酸盐	1
硒和硒化合物	0.2(按 Se 计)	无机氰化物	5(按 CN 计)

a TLV(threshold limit value)极限安全值，即空气中含有该有毒物质蒸气或粉尘的浓度，在此极限以内，一般人重复接触不致受害。

2. 毒性危险气体

名称	TLV/(μg · g^{-1})	名称	TLV/(μg · g^{-1})
氟	0.1	氟化氢	3
光气	0.1	二氧化氮	5
臭氧	0.1	硝酰氯	5
重氮甲烷	0.2	氰	10
磷化氢	0.3	氰化氢	10
三氟化硼	1	硫化氢	10
氯	1	一氧化碳	50

3. 毒性危险液体和刺激性物质

长期少量接触可能引起慢性中毒，其中许多物质的蒸气对眼睛和呼吸道有强刺激性。

名称	TLV/(μg · g^{-1})	名称	TLV/(μg · g^{-1})
羰基镍	0.001	硫酸二甲酯	1
异氰酸甲酯	0.02	硫酸二乙酯	1
丙烯醛	0.1	四溴乙烷	1
溴	0.1	烯丙醇	2
3-氯丙烯	1	2-丁烯醛	2
苯氯甲烷	1	氢氟酸	3
苯溴甲烷	1	四氯乙烷	5
三氯化硼	1	苯	10
三溴化硼	1	溴甲烷	15
2-氯乙醇	1	二硫化碳	20

4. 其他有害物质

(1)许多溴代烷和氯代烷，以及甲烷和乙烷的多卤衍生物有毒，特别是以下化合物。

名称	TLV/(μg · g^{-1})	名称	TLV/(μg · g^{-1})
溴仿	0.5	1，2-二溴乙烷	20
碘甲烷	5	1，2-二氯乙烷	50
四氯化碳	10	溴乙烷	200
氯仿	10	二氯甲烷	200

(2) 芳香胺和脂肪族胺类的低级脂肪族胺的蒸气有毒。全部芳香胺，包括它们的烷氧基、卤素、硝基取代物都有毒性。一些代表性例子如下所示。

名称	TLV/$(\mu g \cdot g^{-1})$	名称	TLV/$(\mu g \cdot g^{-1})$
对苯二胺(及其异构体)	$0.1 mg \cdot m^{-3}$	苯胺	5
甲氧基苯胺	$0.5 mg \cdot m^{-3}$	邻甲苯胺(及其异构体)	5
对硝基苯胺(及其异构体)	1	二甲胺	10
N-甲基苯胺	2	乙胺	10
N，*N*-二甲基苯胺	5	三乙胺	25

(3) 酚和芳香族硝基化合物。

名称	TLV/$(mg \cdot m^{-3})$	名称	TLV/$(\mu g \cdot g^{-1})$
苦味酸	0.1	间二硝基苯	1
二硝基苯酚	0.2	硝基苯	1
二硝基甲苯酚	0.2	苯酚	5
对硝基氯苯(及其异构体)	1	甲苯酚	5

5. 致癌物质

下面列举一些已知的危险致癌物质：

(1) 芳香胺及其衍生物。

联苯胺(及某些衍生物)、β-萘胺、二甲氨基偶氮苯、α-萘胺。

(2) *N*-亚硝基化合物。

N-甲基-*N*-亚硝基苯胺、*N*-亚硝基二甲胺、*N*-甲基-*N*-亚硝基脲、*N*-亚硝基氢化吡啶。

(3) 烷基化剂。

双(氯甲基)醚、硫酸二甲酯、氯甲基甲醚、碘甲烷、重氮甲烷、β-羟基丙酸内酯。

(4) 稠环芳烃。

苯并[a]芘、二苯并[c，g]咔唑、二苯并[a，h]蒽、7，12-二甲基苯并[a]蒽。

(5) 含硫化合物。

硫代乙酸胺、硫脲。

(6) 石棉粉尘。

6. 具有长期积累效应的毒物

这些物质进入人体不易排出，在人体内累积，引起慢性中毒。这类物质主要有：

(1) 苯。

(2)铅化合物，特别是有机铅化合物。

(3)汞和汞化合物，特别是二价汞盐和液态的有机汞化合物。

在使用以上各类有毒化学药品时，都应采取妥善的防护措施。避免吸入其蒸气和粉尘，不要使它们接触皮肤。有毒气体和挥发性的有毒液体必须在效率良好的通风橱中操作。汞的表面应该用水掩盖，不可直接暴露在空气中。盛装汞的仪器应放在一个搪瓷盘上以防溅出的汞流失。溅洒汞的地方应迅速撒上硫黄石灰糊。

附录 6　常用有机溶剂的纯化

1. 丙酮

沸点 56.12℃，折射率 1.3588，相对密度 0.7899。

普通丙酮常含有少量的水及甲醇、乙醛等还原性杂质。其纯化方法包括：

(1)向 250mL 丙酮中加入 2.5g 高锰酸钾回流，若高锰酸钾紫色很快消失，再加入少量高锰酸钾继续回流，至紫色不褪为止。然后将丙酮蒸出，用无水碳酸钾或无水硫酸钙干燥，过滤后蒸馏，收集 55～56.5℃的馏分。用此法纯化丙酮时，须注意丙酮中含还原性物质不能太多，否则会过多消耗高锰酸钾和丙酮，使处理时间增长。

(2)将 100mL 丙酮装入分液漏斗中，先加入 4mL 10%硝酸银溶液，再加入 3.6mL $1mol \cdot L^{-1}$ 氢氧化钠溶液，振摇 10min，分出丙酮层，加入无水硫酸钾或无水硫酸钙进行干燥。最后蒸馏收集 55～56.5℃馏分。此法比方法(1)要快，但硝酸银较贵，只宜做少量纯化用。

2. 四氢呋喃

沸点 65～66℃，折射率 1.4050，相对密度 0.8892。

四氢呋喃与水能混溶，并常含有少量水分及过氧化物。如果要制得无水四氢呋喃，可用氢化铝锂在隔绝潮气下回流(通常 1000mL 需 2～4g 氢化铝锂)除去其中的水和过氧化物，然后蒸馏，收集 66℃的馏分(蒸馏时不要蒸干，剩余少量残液即倒出)。精制后的液体加入钠丝并应在氮气中保存。

处理四氢呋喃时，应先用少量进行实验，在确定其中只有少量水和过氧化物，作用不致过于剧烈时，方可进行纯化。

四氢呋喃中的过氧化物可用酸化的碘化钾溶液来检验。如果过氧化物较多，应另行处理为宜。

3. 二氧六环

沸点 101.3℃，熔点 12℃，折射率 1.4424，相对密度 1.0337。

二氧六环能与水任意混合，常含有少量二乙醇缩醛与水，久置的二氧六环可能含有过氧化物(鉴定和除去方法参阅乙醚)。二氧六环的纯化方法如下：在 500mL 二氧六环中加入 8mL 浓盐酸和 50mL 水的混合溶液，回流 6～10h，在回流过程中，慢慢通入氮气以除去生成的乙醛。冷却后，加入固体氢氧化钾，直到不能再溶解为止，分去水层，再用固体氢氧化钾干燥 24h。然后过滤，在金属钠存在下加热回流 8～12h，最后在金属钠存在下蒸馏，压入钠丝密封保存。精制过的二氧六环(1,4-二氧环己烷)应当避免与空气接触。

4. 吡啶

沸点 115.2℃，折射率 1.5095，相对密度 0.9819。

分析纯的吡啶含有少量水分，可供一般实验用。如果要制得无水吡啶，可将吡啶与粒状氢氧化钾(钠)一同回流，然后隔绝潮气蒸出备用。干燥的吡啶吸水性很强，保存时应将容器口用石蜡封好。

5. 石油醚

石油醚为轻质石油产品，是低相对分子质量烷烃类的混合物。其沸程为 30～150℃，收集的温度区间一般为 30℃左右。有 30～60℃、60～90℃、90～120℃等沸程规格的石油醚。其中含有少量不饱和烃，沸点与烷烃相近，用蒸馏法无法分离。

石油醚的精制通常是将石油醚用其相同体积的浓硫酸洗涤两三次，再用 10%硫酸加入高锰酸钾配成的饱和溶液洗涤，直至水层中的紫色不再消失为止。然后再用水洗，经无水氯化钙干燥后蒸馏。若需绝对干燥的石油醚，可加入钠丝(与纯化无水乙醚相同)。

6. 甲醇

沸点 64.7℃，折射率 1.3288，相对密度 0.7918。

普通未精制的甲醇含有 0.02%的丙酮和 0.1%的水。而工业甲醇中这些杂质的含量达 0.5%～1%。为了制得纯度达 99.9%以上的甲醇，可将甲醇用分馏柱分馏。收集 64.7℃的馏分，再用镁去水(与制备无水乙醇相同)。甲醇有毒，处理时应防止吸入其蒸气。

7. 乙酸乙酯

沸点 77.1℃，折射率 1.3723，相对密度 0.9003。

乙酸乙酯一般含量为 95%～98%，含有少量水、乙醇和乙酸。可用以下方法纯化：向 1000mL 乙酸乙酯中加入 100mL 乙酸酐，10 滴浓硫酸，加热回流 4h，除去乙醇和水等杂质，然后进行蒸馏。馏液用 20～30g 无水碳酸钾振荡，再蒸馏。产物沸点为 77℃，纯度可达 99%以上。

8. 乙醚

沸点 34.6℃，折射率 1.3526，相对密度 0.7134。普通乙醚常含有 2%的乙醇和 0.5%的水。久藏的乙醚常含有少量过氧化物。

过氧化物的检验和除去：在干净的试管中加入 2～3 滴浓硫酸，1mL 2%碘化钾溶液(若碘化钾溶液已被空气氧化，可用稀亚硫酸钠溶液滴到黄色消失)和 1～2 滴淀粉溶液，混合均匀后加入乙醚，出现蓝色即表示有过氧化物存在。除去过氧化物可用新配制的硫酸亚铁稀溶液(配制方法是 $FeSO_4 \cdot H_2O$ 60g、100mL 水和 6mL 浓硫酸)。将 100mL 乙醚和 10mL 新配制的硫酸亚铁溶液置于分液漏斗中洗数次，至无过氧化物为止。

醇和水的检验和除去：在乙醚中放入少许高锰酸钾粉末和一粒氢氧化钠。放置后，氢氧化钠表面附有棕色树脂，即证明有醇存在。水的存在用无水硫酸铜检验。除水是先用无水氯化钙除去大部分水，再经金属钠干燥。具体方法是：将 100mL 乙醚放在干燥锥形瓶中，加入 20～25g 无水氯化钙，瓶口用软木塞塞紧，放置一天以上，并间断摇动，然后蒸馏，收集 33～37℃的馏分。用压钠机将 1g 金属钠直接压成钠丝放于盛乙醚的瓶中，用带有氯化钙干燥管的软木塞塞住。或在木塞中插一末端拉成毛细管的玻璃管，这样，既可防止潮气侵入，又可使产生的气体逸出。放置至无气泡产生即可使用；放置后，若钠丝已变黄变粗，须再蒸一次，然后再压入钠丝。

9. 乙醇

沸点 78.5℃，折射率 1.3616，相对密度 0.7893。

制备无水乙醇的方法很多，根据对无水乙醇质量的要求不同而选择不同的方法。

若要求 98%～99%的乙醇，可采用以下方法：

(1) 利用苯、水和乙醇形成低共沸混合物的性质，将苯加入乙醇中进行分馏，在 64.9℃时蒸出苯、水、乙醇的三元共沸混合物，多余的苯在 68.3℃与乙醇形成二元共沸混合物被蒸出，最后蒸出乙醇。工业上多采用此法。

(2) 用生石灰脱水。向 100mL 95%乙醇中加入新鲜的块状生石灰 20g，回流 3～5h，然后进行蒸馏。

若需要 99%以上的乙醇，可采用以下方法：

(1) 在 100mL 99%乙醇中加入 7g 金属钠，待反应完毕，再加入 27.5g 邻苯二甲酸二乙酯或 25g 乙二酸二乙酯，回流 2～3h，然后进行蒸馏。

金属钠虽能与乙醇中的水作用产生氢气和氢氧化钠，但所生成的氢氧化钠又与乙醇发生平衡反应，因此单独使用金属钠不能完全除去乙醇中的水，须加入过量的高沸点酯。例如，邻苯二甲酸二乙酯与生成的氢氧化钠作用，抑制上述反应，从而达到进一步脱水的目的。

(2)在 60mL 99%乙醇中加入 5g 镁和 0.5g 碘，待镁溶解生成醇镁后，再加入 900mL 99%乙醇，回流 5h 后，蒸馏，可得到 99.9%乙醇。

由于乙醇具有非常强的吸湿性，因此在操作时，动作要迅速，尽量减少转移次数以防止空气中的水分进入，同时所用仪器必须事前干燥好。

10. 二甲基亚砜

沸点 189.0℃，熔点 18.5℃，折射率 1.4783，相对密度 1.100。

二甲基亚砜能与水混合，可用分子筛长期放置加以干燥，然后减压蒸馏，收集 76℃/1600Pa(12mmHg)馏分。蒸馏时，温度不可高于 90℃，否则会发生歧化反应生成二甲砜和二甲硫醚。也可用氧化钙、氢化钙、氧化钡或无水硫酸钡来干燥，然后减压蒸馏。也可用部分结晶的方法纯化。二甲基亚砜与某些物质混合时可能发生爆炸，如氢化钠、高碘酸或高氯酸镁等，应予注意。

11. *N*，*N*-二甲基甲酰胺

沸点 153.0℃，折射率 1.4305，相对密度 0.9487。无色液体，与多数有机溶剂和水可任意混合，对有机和无机化合物的溶解性能较好。

N，*N*-二甲基甲酰胺含有少量水分。常压蒸馏时有些许分解，产生二甲胺和一氧化碳。在有酸或碱存在时，分解加快。所以加入固体氢氧化钾(钠)在室温放置数小时后，即有部分分解。因此，最常用硫酸钙、硫酸镁、氧化钡、硅胶或分子筛干燥，然后减压蒸馏，收集 76℃/4800Pa(36mmHg)的馏分。其中如含水较多时，可加入其 1/10 体积的苯，在常压及 80℃以下蒸去水和苯，然后再用无水硫酸镁或氧化钡干燥，最后进行减压蒸馏。纯化后的 *N*，*N*-二甲基甲酰胺要避光储存。

N，*N*-二甲基甲酰胺中如有游离胺存在，可用 2，4 二硝基氟苯产生颜色来检查。

12. 二氯甲烷

沸点 39.8℃，折射率 1.4242，相对密度 1.3266。

使用二氯甲烷比氯仿安全，因此通常用它来代替氯仿作为比水重的萃取剂。普通的二氯甲烷一般都能直接做萃取剂用。如需纯化，可用 5%碳酸钠溶液洗涤，再用水洗涤，然后用无水氯化钙干燥，蒸馏收集 40～41℃的馏分，保存在棕色瓶中。

13. 二硫化碳

沸点 46.25℃，折射率 1.6319，相对密度 1.2632。

二硫化碳为有毒化合物，能使血液神经组织中毒。具有高度的挥发性和易燃性，因此使用时应避免与其蒸气接触。

对二硫化碳纯度要求不高的实验，在二硫化碳中加入少量无水氯化钙干燥几小时，在水浴 55～65℃下加热蒸馏、收集。如果需要制备较纯的二硫化碳，在试剂级的二硫化碳中加入 0.5%高锰酸钾水溶液洗涤三次除去硫化氢，再用汞不断振荡以除去硫。最后用 2.5%硫酸汞溶液洗涤，除去所有的硫化氢(洗至没有恶臭为止)，再经氯化钙干燥，蒸馏收集。

14. 氯仿

沸点 61.7℃，折射率 1.4459，相对密度 1.4832。

氯仿在日光下易氧化成氯气、氯化氢和光气(剧毒)，故应储于棕色瓶中。市场上供应的氯仿多用 1%乙醇做稳定剂，以消除产生的光气。氯仿中乙醇的检验可用碘仿反应；游离氯化氢的检验可用硝酸银的醇溶液。除去乙醇可将氯仿用其 1/2 体积的水振摇数次，分离下层的氯仿，用氯化钙干燥 24h，然后蒸馏。

另一种纯化方法：将氯仿与少量浓硫酸一起振荡两三次。每 200mL 氯仿用 10mL 浓硫酸，分去酸层以后的氯仿用水洗涤、干燥，然后蒸馏。

除去乙醇后的无水氯仿应保存在棕色瓶中并避光存放，以免光化作用产生光气。

15. 苯

沸点 80.1℃，折射率 1.5011，相对密度 0.8765。

普通苯常含有少量水和噻吩，噻吩的沸点为 84℃，与苯接近，不能用蒸馏的方法除去。

噻吩的检验：取 1mL 苯加入 2mL 溶有 2mg 吲哚醌的浓硫酸，振荡片刻，若酸层呈蓝绿色，即表示有噻吩存在。

噻吩和水的除去：将苯装入分液漏斗中，加入相当于苯体积 1/7 的浓硫酸，振摇使噻吩磺化，弃去酸液，再加入新的浓硫酸，重复操作几次，直到酸层呈现无色或淡黄色并检验无噻吩为止。将上述无噻吩的苯依次用 10%碳酸钠溶液和水洗至中性，再用氯化钙干燥，进行蒸馏，收集 80℃的馏分，最后用金属钠脱去微量的水得无水苯。